国家出版基金项目
NATIONAL PUBLICATION FOUNDATION

中国智能城市建设与推进战略研究丛书
Strategic Research on Construction and
Promotion of China's iCity

中国智能城市
空间组织模式与
智能交通
发展战略研究

中国智能城市建设与推进战略研究项目组 编

ZHEJIANG UNIVERSITY PRESS
浙江大学出版社

图书在版编目（CIP）数据

中国智能城市空间组织模式与智能交通发展战略研究 ／
中国智能城市建设与推进战略研究项目组编.—杭州 ： 浙江
大学出版社，2016.5
（中国智能城市建设与推进战略研究丛书）
ISBN 978-7-308-15799-5

Ⅰ．①中… Ⅱ．①中… Ⅲ．①现代化城市—城市空间
—空间规划—研究—中国②现代化城市—城市道路—交通运
输管理—智能控制—研究—中国 Ⅳ．①TU984.2
②U495

中国版本图书馆CIP数据核字(2016)第089969号

中国智能城市空间组织模式与智能交通发展战略研究

中国智能城市建设与推进战略研究项目组　编

出 品 人	鲁东明
策　　划	徐有智　许佳颖
责任编辑	伍秀芳（wxfwt@zju.edu.cn）
责任校对	董凌芳
装帧设计	俞亚彤
出版发行	浙江大学出版社
	（杭州市天目山路148号　　邮政编码　310007）
	（网址：http://www.zjupress.com）
排　　版	杭州林智广告有限公司
印　　刷	浙江印刷集团有限公司
开　　本	710mm×1000mm　1/16
印　　张	18.25
字　　数	314千
版 印 次	2016年5月第1版　2016年5月第1次印刷
书　　号	ISBN 978-7-308-15799-5
定　　价	99.00元

"智能城市的空间组织模式
及智能交通系统"课题组成员

课题组组长

邹德慈	教授级高级城市规划师，中国城市规划设计研究院学术顾问	中国工程院院士

课题组副组长

施仲衡	教授级高级工程师，中国地铁工程咨询公司总工程师	中国工程院院士
吴志强	教授、博导，同济大学副校长	瑞典皇家工程科学院院士

课题组成员

邹德慈院士团队

金晓春	中国城市规划设计研究院学术信息中心	教授级高级城市规划师
李 浩	中国城市规划设计研究院邹德慈院士工作室	高级城市规划师
罗 静	中国城市规划设计研究院学术信息中心	副研究员
肖莹光	中国城市规划设计研究院城乡规划研究室	城市规划师
马克尼	中国城市规划设计研究院邹德慈院士工作室	城市规划师

施仲衡院士团队

全永燊	北京交通发展研究中心	教授级高级工程师
梁青槐	北京交通大学	教授、博士生导师
邓小勇	北京交通发展研究中心	高级工程师
冯爱军	北京市轨道交通设计研究院	教授级高级工程师

关积珍	北京四通智能交通系统集成有限公司	教授级高级工程师
李小红	北京交通大学	工程师
高 永	北京交通发展研究中心	高级工程师
魏 运	北京城建设计研究总院	工程师
施 翅	北京城建设计研究总院	高级工程师

吴志强教授团队

刘朝晖	同济大学智能城镇化协同创新中心	博士
胥星静	上海同济城市规划设计研究院	助理研究员
吕 荟	维也纳技术大学	助理研究员
韩 婧	上海同济城市规划设计研究院	工程师
柏 旸	上海同济城市规划设计研究院	工程师
仇勇懿	同济大学智能城镇化协同创新中心	博士
叶钟楠	同济大学建筑与城市规划学院	博士生
崔泓冰	同济大学战略发展研究院	研究员
杨 秀	同济大学建筑与城市规划学院	博士生
单 峰	同济大学建筑与城市规划学院	博士生
姚 放	同济大学建筑与城市规划学院	硕士生
甘 惟	同济大学建筑与城市规划学院	硕士生
刘 伟	同济大学建筑与城市规划学院	硕士生

杨东援教授团队

杨东援	同济大学原常务副校长	教授、博士生导师
陈 川	同济大学交通运输工程学院	副教授
段征宇	同济大学交通运输工程学院	讲师
程小云	同济大学交通运输工程学院	博士生
狄 迪	同济大学交通运输工程学院	博士生
李玮峰	同济大学交通运输工程学院	硕士生
孙 硕	同济大学交通运输工程学院	硕士生
杨 涵	同济大学交通运输工程学院	博士生

序

　　"中国智能城市建设与推进战略研究丛书"，是由 47 位院士和 180 多名专家经过两年多的深入调研、研究与分析，在中国工程院重大咨询研究项目"中国智能城市建设与推进战略研究"的基础上，将研究成果汇总整理后出版的。这套系列丛书共分 14 册，其中综合卷 1 册，分卷 13 册，由浙江大学出版社陆续出版。综合卷主要围绕我国未来城市智能化发展中，如何开展具有中国特色的智能城市建设与推进，进行了比较系统的论述；分卷主要从城市经济、科技、文化、教育与管理，城市空间组织模式、智能交通与物流，智能电网与能源网，智能制造与设计，知识中心与信息处理，智能信息网络，智能建筑与家居，智能医疗卫生，城市安全，城市环境，智能商务与金融，智能城市时空信息基础设施，智能城市评价指标体系等方面，对智能城市建设与推进工作进行了论述。

　　作为"中国智能城市建设与推进战略研究"项目组的顾问，我参加过多次项目组的研究会议，也提出一些"管见"。总体来看，我认为在项目组组长潘云鹤院士的领导下，"中国智能城市建设与推进战略研究"取得了重大的进展，其具体成果主要有以下几个方面。

　　20 世纪 90 年代，世界信息化时代开启，城市也逐渐从传统的二元空间向三元空间发展。这里所说的第一元空间是指物理空间（P），由城市所处物理环境和城市物质组成；第二元空间指人类社会空间（H），即人类决策与社会交往空间；第三元空间指赛博空间（C），即计算机和互联网组成的"网络信息"空间。城市智能化是世界各国城市发展的大势所趋，只是各国城市发展阶段不同、内容不同而已。目前国内外提出的"智慧城市"建设，主要集中于第三元空间的营造，而我国城市智能化应该是"三元空间"彼此协调，使规划与产业、生活与社交、社会公共服务三者彼此交融、相互促进，应该是超越现有电子政务、数字城市、网络城市和智慧城市建设的理念。

新技术革命将促进城市智能化时代的到来。关于新技术革命，当今世界有"第二经济""第三次工业革命""工业 4.0""第五次产业革命"等论述。而落实到城市，新技术革命的特征是：使新一代传感器技术、互联网技术、大数据技术和工程技术知识融入城市的各系统，形成城市建设、城市经济、城市管理和公共服务的升级发展，由此迎来城市智能化发展的新时代。如果将中国的城镇化（城市化）与新技术革命有机联系在一起，不仅可以促进中国城市智能化进程的良性健康发展，还能促使更多新技术的诞生。中国无疑应积极参与这一进程，并对世界经济和科技的发展作出更巨大的贡献。

用"智能城市"（Intelligent City，iCity）来替代"智慧城市"（Smart City）的表述，是经过项目组反复推敲和考虑的。其原因是：首先，西方发达国家已完成城镇化、工业化和农业现代化，他们所指的智慧城市的主要任务局限于政府管理与服务的智能化，而且其城市管理者的行政职能与我国市长的相比要狭窄得多；其次，我国正处于工业化、信息化、城镇化和农业现代化"四化"同步发展阶段，遇到的困惑与问题在质和量上都有其独特性，所以中国城市智能化发展路径必然与欧美有所不同，仅从发达国家的角度解读智慧城市，将这一概念搬到中国，难以解决中国城市面临的诸多发展问题。因而，项目组提出了"智能城市"（iCity）的表述，希冀能更符合中国的国情。

智能城市建设与推进对我国当今经济社会发展具有深远意义。智能城市建设与推进恰好处于"四化"交汇体上，其意义主要有以下几个方面。一是可作为"四化"同步发展的基本平台，成为我国经济社会发展的重要抓手，避免"中等收入陷阱"，走出一条具有中国特色的新型城镇化（城市化）发展之路。二是把智能城市作为重要基础（点），可促进"一带一路"（线）和新型区域（面）的发展，构成"点、线、面"的合理发展布局。三是有利于推动制造业及其服务业的结构升级与变革，实现城市产业向集约型转变，使物质增速减慢，价值增速加快，附加值提高；有利于各种电子商务、大数据、云计算、物联网技术的运用与集成，实现信息与网络技术"宽带、泛在、

移动、融合、安全、绿色"发展，促进城市产业效率的提高，形成新的生产要素与新的业态，为创业、就业创造新条件。四是从有限信息的简单、线性决策发展到城市综合系统信息的网络化、优化决策，从而帮助政府提高城市管理服务水平，促进深化城市行政体制改革与发展。五是运用新技术使城市建筑、道路、交通、能源、资源、环境等规划得到优化及改善，提高要素使用效率；使城市历史、地貌、本土文化等得到进一步保护、传承、发展与升华；实现市民健康管理从理念走向现实等。六是可以发现和培养一批适应新技术革命趋势的城市规划师、管理专家、高层次科学家、数据科学与安全专家、工程技术专家等；吸取过去的经验与教训，重视智能城市运营、维护中的再创新（Renovation），可以集中力量培养一批基数庞大、既懂理论又懂实践的城市各种功能运营维护工程师和技术人员，从依靠人口红利，逐渐转向依靠知识与人才红利，支撑我国城市智能化健康、可持续发展。

综上所述，"中国智能城市建设与推进战略研究丛书"的内容丰富、观点鲜明，所提出的发展目标、途径、策略与建议合理且具可操作性。我认为，这套丛书是具有较高参考价值的城市管理创新与发展研究的文献，对我国新型城镇化的发展具有重要的理论意义和应用实践价值。相信社会各界读者在阅读后，会有很多新的启发与收获。希望本丛书能激发大家参与智能城市建设的热情，从而提出更多的思考与独到的见解。

我国是一个历史悠久、农业人口众多的发展中国家，正致力于经济社会又好又快又省的发展和新型城镇化建设。我深信，"中国智能城市建设与推进战略研究丛书"的出版，将对此起到积极的、具有正能量的推动作用。让我们为实现伟大的"中国梦"而共同努力奋斗！

是以为序！

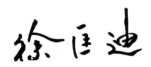

2015 年 1 月 12 日

前　言

2008 年，IBM 提出了"智慧地球"的概念，其中"Smart City"即"智慧城市"是其组成部分之一，主要指 3I，即度量（Instrumented）、联通（Interconnected）、智能（Intelligent），目标是落实到公司的"解决方案"，如智慧的交通、医疗、政府服务、监控、电网、水务等项目。

2009 年年初，美国总统奥巴马公开肯定 IBM 的"智慧地球"理念。2012 年 12 月，美国国家情报委员会（National Intelligence Council）发布的《全球趋势 2030》指出，对全球经济发展最具影响力的四类技术是信息技术、自动化和制造技术、资源技术以及健康技术，其中"智慧城市"是信息技术内容之一。《2030 年展望：美国应对未来技术革命战略》报告指出，世界正处在下一场重大技术变革的风口浪尖上，以制造技术、新能源、智慧城市为代表的"第三次工业革命"将在塑造未来政治、经济和社会发展趋势方面产生重要影响。

在实施《"i2010"战略》后，2011 年 5 月，欧盟 Net!Works 论坛出台了 *Smart Cities Applications and Requirements* 白皮书，强调低碳、环保、绿色发展。之后，欧盟表示将"Smart City"作为第八期科研架构计划（Eighth Framework Programme，FP8）重点发展内容。

2009 年 8 月，IBM 发布了《智慧地球赢在中国》计划书，为中国打造六大智慧解决方案：智慧电力、智慧医疗、智慧城市、智慧交通、智慧供应链和智慧银行。2009 年，"智慧城市"陆续在我国各层面展开，截至 2013 年 9 月，我国总计有 311 个城市在建或欲建智慧城市。

中国工程院曾在 2010 年对"智慧城市"建设开展过研究，认为当前我国城市发展已经到了一个关键的转型期，但由于国情不同，"智慧城市"建设在我国还存在一定问题。为此，中国工程院于 2012 年 2 月启动了重大咨询研究项目"中国智能城市建设与推进战略研究"。自项目开展以来，很多城市领导和学者都表现出浓厚的兴趣，希望投身到智能城市建设的研究与实践中来。在各界人士的大力支持以及中国工程院"中国智能城市建设与推进战略研究"项目组院士和专家们的努力下，我们融合了三方面的研究力量：国家有关部委（如国家发改委、工信部、住房和城乡建设部等）专家，典型城市（如北京、武汉、西安、上海、宁波等）专家，中国工程院信息与电子工程学部、能源与矿业工程学部、环境与轻纺工程学部、工程管理学部以及土木、水利与建筑工程学部等学部的 47 位院士及 180 多位专家。研究项目分设了 13 个课题组，涉及城市基础建设、信息、产业、管理等方面。另外，项目还设 1 个综合组，主要任务是在 13 个课题组的研究成果基础上，综合凝练形成"中国智能城市建设与推进战略研究丛书"综合卷。

两年多来，研究团队经过深入现场考察与调研、与国内外专家学者开展论坛和交流、与国家主管部门和地方主管部门相关负责同志座谈以及团队自身研究与分析等，已形成了一些研究成果和研究综合报告。研究中，我们提出了在我国开展智能城市（Intelligent City，iCity）建设与推进会更加适合中国国情。智能城市建设将成为我国深化体制改革与发展的促进剂，成为我国经济社会发展和实现"中国梦"的有力抓手。

目 录
CONTENTS

第3章　智能交通系统

第4章　智能物流系统

附　录

第1章
iCity

绪 论

改革开放以来，中国经历了人类历史上最为宏大的城镇化浪潮。仅就数字而言，全国城镇化率即已从 1978 年的 17.92% 提高到 2013 年的 53.7%。短短 30 余年，中国从一个农民占绝对主体的社会转变为以城市人口为主的社会，城镇人口从不足 2 亿增长到 7.3 亿。各种相关预测也表明，在 2025 以前，中国仍将延续这一快速城市化过程，届时中国的城市化水平将达到 70% 左右，城市人口将达到 10 亿左右。在这一重大社会变迁的背景之下，城市能否健康可持续发展将决定整个国家能否实现可持续发展，城市的发展质量如何将从根本上决定国民生活质量能否持续提高。因此，未来 15~20 年将成为我国城市发展前所未有的关键时期，而这一时期也将是城市所积累的各种问题集中凸显期。改革开放 30 多年以来的发展虽然造就了一批在世界范围都具有强大竞争力的城市，但这些城市进一步的发展首先面临着资源环境的严重制约，城市发展的内部与外部成本逐渐上升，而且城市快速增长所带来的社会整体效率提高也面临着瓶颈。城市的未来走向将决定我们国家在世界竞争格局中的地位能否继续巩固和加强，并关系到整个国家的命运。我们必须对这一重大挑战有清醒的认识和宏观把握，以智慧来化解城市发展中所出现的各种问题，在全球竞争格局中守住来之不易的局面。

一、城镇化转折点的城市挑战

城市的本质在于通过空间来满足和提升人的需求。城市社会的到来不仅仅意味着城市空间的进一步增长，更意味着人类为提升生活质量而对空间的需求变化。在城镇化水平跨越 50% 门槛的时刻，城市中的人口构成变化、城市发展对自然系统的消耗、城市社会在快速变化中所集结的社会矛盾等都构成了未来的城市挑战。

（一）大规模人口流动带来人口结构的动态化，从而影响了城市空间的需求

城市所提供的大部分服务都是与城市中生活的人的需求

紧密关联的。然而伴随着快速城镇化过程的是人口在全国范围内的大规模流动，简单依赖于以往的地方趋势分析已经很难反映人口构成的实际状态与动态变化。随着经济发展水平的提高和社会的多元化发展，人群需求同样也在不断走向多元化。这也就是说，基于传统城市规划方法的各类设施分析在今天同时面临着数量和类型两方面的困境。例如，根据国家统计局公布的数据，2010 年全国进城务工人员总量已达 24223 万人，其中有 1.5 亿多的农民进入城市，与之相关联的住房、子女教育、医疗、文化等需求显然与一般市民有着明显的不同。

（二）城市与环境之间关系更加紧张

虽然我国的城市发展取得了世所瞩目的成就，但就发展的质量而言，很大程度上属于环境代价型。城市大规模化所导致的土地资源过度消耗、城市生活所导致的能源过度依赖，以及经济发展对自然资源的过度采伐和对环境的污染等，都彻底打破了自然生态系统的原有平衡，并正在逐渐损害其自我更新能力。城市发展与自然环境之间的平衡已经处在危机的边缘，中国城市竞争力的强弱未来在很大程度上将取决于环境是否还能够支撑其发展。

（三）城市不合理增长带来内部压力增大，传统城市发展与治理模式面对挑战

近 10 年以来，中国城市的高速增长在城市内部已经面对着越来越多的制约性瓶颈，特别是交通拥堵与住房两大问题大大提高城市化向前推进的成本，并进一步影响城市的整体运行绩效。而传统的城市发展与治理模式面对这些挑战束手无力，迫切需要以新的革命性技术进步来破解城市的困境。

二、世界城市走向智能化发展

世界范围内，很多国家、地区和城市都先后推出了新的城市信息通信技术基础设施建设、技术研发以及产业发展规划，并将其作为各自应对未来发展的核心战略，"智能化"日益成为全球越来越多城市的共同愿景和目标。对中国 2010 年上海世博会所有国家馆的展示内容的分析也表明，城市的智能化发展是世界主要发达国家对未来的集体判断。从政策体系的完整性、组织架构的建立以及实施的侧重点来看，各国政府、国际组织及各城市都有所侧重，其中又以"欧美日韩新"的智能城市建设最具代表性。

（一）欧盟——起步早、政策体系完备、覆盖面广、资金充足、组织健全，侧重清洁能源及政府服务领域

欧盟最早在2000年6月就已经发布了《E-欧洲2002行动计划》（E-Europe 2002 Action Plan），并在2002年该计划结束时及时更新为《E-欧洲2005行动计划》（E-Europe 2005 Action Plan）；之后，又相继推出了《"i2010"战略》（2005年）、《欧盟物联网行动计划》（Internet of Things——An Action Plan for Europe）（2009年）、《物联网战略研究路线图》（Internet of Things Strategic Research Roadmap）（2009年）、《欧洲2020战略》(European 2020)（2010年）、《欧洲数字化议程》（The Digital Agenda）（2010年）等一系列政策性文件。《欧洲2020战略》(European 2020) 提出了三项重点任务——智慧型增长、可持续增长和包容性增长，其中智慧型增长涵盖了智能城市建设的主要方面。《欧洲数字化议程》提出了七大重点领域：一是要在欧盟建立单一的充满活力的数字化市场；二是改进信息通信技术标准的制定，提高可操作性；三是增强网络安全；四是实现高速和超高速互联网连接；五是促进信息通信技术前沿领域的研究和创新；六是提高数字素养、数字技能和数字包容；七是利用信息通信技术产生社会效益，例如信息技术用于节能环保和帮助老年人等。

在科研计划与资金支持方面，早在2007年，欧盟就推出了为期6年、总预算达到505亿欧元的《欧盟第七框架计划》（7th Framework Programme，FP7），这个计划堪称世界上最大的官方科技合作计划。该计划研究水平高、涉及领域广、投资力度大、参与国家多，其中的无线射频识别（RFID）和物联网研究项目簇涉及智能城市的关键技术。该计划在2013年到期后，又在其基础上推出FP8，时间跨度不变，研究经费则达到创纪录的800亿欧元。此外，欧盟还于2007年推出《竞争力和创新框架项目（2014—2020）》（Competitiveness and Innovation Framework Programme（2014—2020）），用于针对小微企业的融资支持，其下辖三个具体资助方向：企业创新计划 (Enterprise Innovation Program, EIP)、信息沟通技术与政策支持计划 (Information Communication Technology and Policy Support Program, ICT-PSP) 以及欧洲智慧能源计划 (Intelligent Energy for Europe, IEE)。

除此之外，不少官方或非官方的泛区域协调组织也是推进欧盟智慧城市建设的重要力量。一些组织直接受到欧盟官方类似FP7科研项目的资助，如"开放城市计划"（Open Cities）和"城市SDK代码计划"（City SDK），负责微观层面智能技术的推广；另一些则是欧盟的常设机构，如"'火球'组织"

（Fireball）和"市长公约"（Covenant of Mayors）等，它们的工作范围与智能城市的建设密切相关，主攻政企间多方协调与项目管理。总体来看，欧盟作为一个区域性国际组织，在组织、协调、推进欧洲各国智能城市的建设方面成绩显著，堪称典范。

在欧盟智能城市的总体政策框架下，欧盟各成员国相继出台政策，力推智能城市建设。以制造业著称的德国推出了"工业 4.0"战略；2013 年，英国商业、创新与技能部发布了《信息产业战略》（Information Economy Strategy），意在支持本土信息产业，尤其是大数据行业的发展；2012 年，意大利数据署（Italian Digital Agency，AgID）宣布成立以协调政府层面信息通信技术（Information Communications Technology, ICT）推广过程中的各项行动，同时由 68 座城市参与的全国城市联合会 (National Association of Italian Municipalities，ANCI) 增设了智能城市观察委员。

在城市层面，以阿姆斯特丹、哥本哈根、赫尔辛基、伯明翰等为代表的欧洲大中城市，结合城市长远的节能减排和数字城市建设计划，成立负责机构，引入企业和技术，与政府部门合作。阿姆斯特丹的《新阿姆斯特丹气候计划》（New Amsterdam Climate）、伯明翰的《智能城市愿景》（Smart City Commission Vision）、哥本哈根的《哥本哈根 2025 战略》（2025 strategy of Copenhagen）是城市战略文件的代表。相应地，阿姆斯特丹智能城市（Amsterdam Smart City，简称 ASC）、数字伯明翰（Digital Birmingham）、哥本哈根绿色之国（State of Green）是公私合作机构，致力于推进各自城市的智能城市建设。

（二）美国——市场主导、民间参与，政策面重点关注信息基础设施和能源领域

美国的智能城市建设可上溯自 20 世纪 90 年代克林顿政府的信息高速公路计划，这个投资超千亿美元的庞大计划奠定了美国今日在信息技术领域无可匹敌的地位。而"智慧城市"这一概念就源自 IBM 公司"智慧地球"概念。IBM 与美国智库机构信息技术与创新基金会（Information Technology and Innovation Foundation，ITIF）共同向奥巴马政府提出了一份报告——《复苏的数字化之路：一个创造工作机会、促进生产和复兴美国的刺激计划》（The Digital Road to Recover: A Stimulus Plan to Create Jobs, Boost Productivity and Revitalize America），建议将 ICT 投资作为在短期内创造大量就业机会的引爆点。2010 年，美国联邦通信委员会（Federal Communication Commission，

FCC)对外公布了未来 10 年美国的高速宽带发展计划，拟将目前的宽带网速度提高 25 倍，到 2020 年以前，让 1 亿户美国家庭互联网传输的平均速度从现在的 4Mb/s 提高到 100Mb/s。

鉴于庞大的汽车拥有量和较高的人均能耗，美国非常重视保障能源安全，自 2003 年开始出台一系列包括规划、经济法案、输电规划路线图等宏观规划，如《电网 2030 规划》《建设电网 2030 的路线图》《能源政策法》《能源独立与安全法案 2007》《能源独立安全法》等，全力支持智能电网的建设。此外，美国能源部还建立了一个智能电网特别行动小组 (Smart Grid Task Force)，确保、协调和整合联邦政府内各机构在智能电网技术、实践和服务方面的各项活动。美国新近出台的总额达 7 870 亿美元的《经济复苏和再投资法》(Recovery and Reinvestment Act) 重点支持包括智能电网在内的节能建筑、宽带基础设施和医疗产业的发展，给予相关产业直接投资、补贴与减免税结合的一系列优惠政策。总的来说，美国的智能城市发展战略相对务实，对信息基础设施和能源领域给予了特别关注。

在城市层面，IBM、思科等信息产业巨头积极与如迪比克、圣何塞、伦布、南本德等城市的地方政府开展合作，推广包括供水、供电、交通等在内的基础设施智能化技术，打造智能响应的公共服务网络。随着越来越多城市效仿圣弗朗西斯科市开放自己的政府数据库，政府和民间共同合力促成诸如公民黑客日 ①、公民黑客（Civic Hacker）等活动和组织的兴起。

（三）日本——三大战略应对高龄少子和国际竞争，提供完善领先的智能化低碳化公共服务体系

日本从 2001 年开始，相继提出了 "e-Japan" "u-Japan" 和 "i-Japan" 三个重要战略。从最初的宽带化战略 "e-Japan" 到泛在网络建设战略 "u-Japan"，再到以人为本的数字化社会战略 "i-Japan"，日本的智能城市战略逐步深入，逐渐成熟。2009 年 7 月推出的 "i-Japan（智慧日本）战略 2015"，旨在将数字信息技术融入生产生活的每个角落，目前将目标聚焦在电子化政府治理、医疗健康信息服务、教育与人才培育等三大公共事业。

为了推动智能城市在日本的落地，2010 年 4 月，日本经济产业省在多个

① 公民黑客日（National Day of Civic Hacking）是一项由美国政府与美国代码（Code for America）、善意黑客（Random Hacks of Kindness）以及谷歌执行董事长埃里克·施密特 (Eric Schmidt) 的早期投资基金创新会（Innovation Endeavors）合作开展的活动，其目的是增强政府透明度和公民参与度。目前全美国已经有 27 个城市准备举行这样的活动，美国劳工部、人口普查局以及国家航空航天局 (NASA) 都将为黑客提供数据。

申请城市中，最终选定北九州市、横滨市、丰田市、京都府四个城市作为国家级试点城市（见图 1.1），大力推进智能能源管理、可再生能源、智能化社区的建设。与此同时，日本还积极参与智能技术方面的国际合作，由大企业牵头，向海外积极输出成熟的技术，竞争美国夏威夷、印度"德里—孟买工业大动脉构想"、法国里昂等城市的建设工程。

图 1.1　日本四个国家级智能城市试点门户网站（资料来源：http://jscp.nepc.or.jp/cn）

（四）韩国——深度融合、无处不在的智能城市服务

2004 年，韩国政府推出了 U-Korea（Ubiquitous Korea）发展战略，旨在将韩国的所有资源数字化、网络化、可视化、智能化，以促进韩国经济发展和社会变革。U-Korea 战略的核心是"IT839"行动计划，该计划的主要内容包括 8 项服务、3 个基础设施、9 项技术创新产品。2009 年，韩国通过了 U-City 综合计划，将 U-City（Ubiquitous City）建设纳入国家预算，在未来 5 年投入 4 900 亿韩元（约合 4.15 亿美元）支撑 U-City 建设。韩国对 U-City 的官方定义为：在道路、桥梁、学校、医院等城市基础设施之中搭建融合信息通信技术的泛在网平台，实现可随时随地提供交通、环境、福利等各种泛在网服

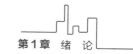

务的城市。全韩国的 U-City 建设规划与管理由政府国土海洋部负责，该部为
U-City 建设制定了两大目标与四大推进战略。两大目标包括培育 U-City 新型
产业和向国外推广 U-City 模式；四大推进战略围绕制度、技术、产业和人才
展开。目前，韩国有 40 多个地区正在建设 U-City，各广域地方政府均有为
期 5~10 年的 U-City 规划，除了已有的首尔、釜山、仁川等 6 个地区外，一
些新城如松岛市、世宗市、华城东滩市也在积极推广 U-City。

（五）新加坡——打造 ICT 驱动的全球竞争力优势

作为一个国土狭小而人口众多的城市国家，新加坡的发展受益于亚欧
中转贸易中无可取代的金融、服务和航运中心地位。新加坡一直有着较强的
创新意识和竞争意识，国家信息与通讯发展管理局（Infocomm Development
Authority of Singapore，iDA）在信息化过程中发挥了关键性的主导作用，20
世纪 80 年代就开始信息化规划和建设，以《国家电脑化计划》《国家科技
计划》《信息与应用整合平台——ICT 计划》《电子政府 2015 计划》等战略
为代表。2006 年，新加坡发布为期 10 年的《智能国 2015 计划》（Intelligent
Nation 2015），主要目的在于通过发展 ICT 产业，将新加坡建设成为以 ICT
驱动的智能化国度和全球化都市，塑造新加坡可持续的竞争力。该计划 2014
年到期时更新为《智慧国 2025 计划》（Smart Nation 2025），进一步推进智能
技术的普及。

目前，新加坡正着手将裕廊湖区打造为一个可持续的、智能和互联
的、以功能混合为特征的城市区域，为此，iDA 与城市再开发局（Urban
Redevelopment Authority, URA）以 及 建 屋 发 展 局（Housing Development
Board, HDB）等政府部门和企业合作，开始了一系列技术试验，其中包括基
于由 1 000 个传感器构成的物联网为基础的智能信号灯系统、智能排队监测
系统等。此外，新加坡还在国际上积极推广智能城市的建设经验，承诺帮助
印度在其全国范围内打造 100 个智能城市。

（六）国际经验的启迪

城市智能化发展在不同国家被赋予的战略重要性也提醒我们，必须高度
重视技术进步对城市竞争力和城市生活质量提高的决定性影响，而信息技术
领域的发展则是改变和塑造人类社会未来的最关键性驱动力量。当前，世界
城市开始向智能发展转型，这种趋势最终将导致全球范围内国家和城市竞争
力属性的变化，并将改变全球城市网络格局。我国的城市发展在这样一个革

命性变化到来前夕，必须紧紧抓住这一发展趋势，并以之为契机改善我国城市发展所面对的各种矛盾问题，强化各城市的国际竞争力，但同时也要谨慎分析智能城市可能对社会、经济发展带来的风险与不利影响，从而提出顺应中国当前特定时代背景的智能城市发展战略。

从世界各国现有的政策实践可以看出，推动智能城市建设的目标主要体现在两方面：一是应对城市发展过程中产生的各种"大城市病"，如资源紧张、能源短缺、交通拥塞等，实现可持续发展，而智能电网和智能交通又是最主要的实践领域；二是将大数据、云计算等新兴技术应用于传统产业，推动经济转型，创新社会服务。简而言之，一方面要守住资源环境的"底线"，另一方面要追求经济社会发展的"高线"。

从政策的体系性构建来看（图1.2），各国在推进智能城市过程中逐渐形成了国际组织合作、国家、城市的完善政策架构；在保证自上而下的政策主线基础上，相关企业和科研教育机构的参与弥补了政策在实证方面的不足。同时，智能城市建设涉及面广，参与主体多，政策制定需考虑从发展蓝图到目标细化、从资金来源到组织模式等多方面内容。因此，通过公私合作模式（Public-Private Partnership，PPP）建设智能城市在发达国家渐成主流。

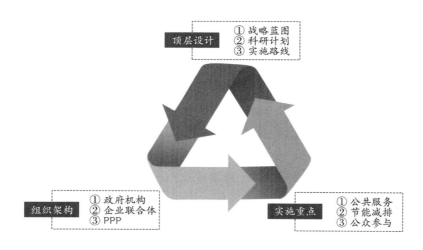

图1.2 智能城市政策制定过程

三、中国的智能城市探索

截至2012年年底，中国已有154个城市提出建设智慧城市，41个地级以上城市在"十二五"规划或政府工作报告中正式提出建设智慧城市，

80% 以上的二级城市明确提出建设智慧城市的发展目标。虽然"智慧城市"的概念在城市研究领域和实践中已经广为应用，但这一术语在世界范围内还缺乏共同认可的界定，在不同场合所表达的实际内涵却相去甚远。中国工程院认为，智能城市是一个更加切合实际的提法，现有的"智慧城市"发展计划都应当被称作"智能城市"发展计划。在很大程度上，这一概念仅仅表达了一个城市希望借助于新的信息通信技术来改善城市的发展绩效，而不同城市所采纳的内涵与举措存在着很大的差别。由于中国仍处于城镇化加速发展的阶段，城市所面临的问题、所关注的热点与西方国家存在着相当大的差异，因而在智能城市的认知与举措上同样体现出巨大的不同。

由于中国城市本身的发展阶段和环境也存在很大的差异，事实上很难以特定城市的智能城市发展策略来代表整个国家的智能城市发展策略。基于地域和城镇化发展阶段的不同，我们从 154 个中国城市中选择了若干城市来进行勾画，从其纷繁的文件中提取出了智能城市的目标和具体举措，并与西方国家的城市进行了比较。从智能城市的目标来看，大体分为六种类型。

（1）解决城市现阶段所面临的突出问题，如通过智能交通体系的建设解决交通拥堵问题。

（2）促进城市经济发展。一些具有战略视野的城市往往试图通过智能设施的研发与建设实现转型，策略集中于各项设施建设层面与产业发展层面；另一些战略性没有那么高的城市也希望能够借助智能城市的手段提升经济效率，如智能物流、智能制造。

（3）强调智能产业本身的发展，这实际上仍是传统的制造业发展思路的延伸。这些城市的智能城市发展战略主要是为产业发展服务，围绕城市优势信息产业打造智能城市。

（4）提升生态保护和节能减碳的成效，策略措施倾向于生态、能源，例如智能环境、智能电表、智能电网。

（5）改善城市治理，如建设电子政务系统，甚至提出基于互联网和移动互联网的公众参与决策途径等。

（6）改善服务水平，强调通过道路交通、文化医疗教育等各类公共服务信息的及时有效供给或通过在线服务等方式改善原有各类设施的服务水平。

然而，也有很多城市并没有对为什么需要发展智能城市有真切的认识，仅仅是为了抓住流行趋势。它们的智能城市发展目标体系相对较全面，往往并没有与城市本身的发展需求有很好的联系，因而难以付诸行动。欧美国家的智能城市在目标上普遍聚焦到某一具体的领域，更加关注节能减碳、生活质量提升和治理水平的改善，很少涉及城市经济发展，同时在推进手段上更加注重政府与市场的合作；而中国的绝大多数城市都将智能城市对经济的带动放在首要位置，强调对产业和经济的推动，更多地体现了竞争性导向，政府主导的特征明显。这种特征在一定程度上也是因为对于正处于城镇化中期的中国城市来说，创造更多的就业岗位以容纳不断涌入城市的新市民具有最高的重要性；离开经济发展，社会稳定也将受到极大的威胁。

四、关注实体网络和流动的组织

在新型城镇化发展的背景下，用信息手段提升城市发展绩效、解决城市问题能起到事半功倍的效果。建设智能城市对于我国城镇化的未来发展具有十分重要的意义。在新一轮信息技术革命的推动下，信息技术将会融入城市发展的方方面面，无论是实体的城市空间，还是金融、制造、商务、设计等领域都将面临着重塑。这将是一个系统性的浩大工程。在本书，我们将详尽阐述实体城市的建设和实体流动的组织，包括城市空间的组织、城市交通系统的组织以及城市物流系统的组织。

第2章

iCity 智能城市空间的组织

一、智能城市空间组织的理论基础

（一）对智能城市的基本认知

随着云计算、物联网、大数据、移动互联网等一些新的信息技术的大规模兴起，所谓智慧城市（Smart City）日益成为世界范围内城市话题的热点。越来越多的城市试图应用这些新兴的信息技术来改善城市发展的决策、城市运行与管理的效能，改变市民的行为，并最终致力于构建一个更加可持续的城市，使人们过上更好的生活。在中国，更是掀起了持续的智慧城市建设热潮。根据工信部电信研究院的统计，截至 2014 年 5 月，全部副省级以上城市、89% 的地级及以上城市（241 个）、47%的县级及以上城市（51 个）正在推动智慧城市建设（工业与信息化部电信研究院，2014）。

中国工程院认为，西方国家已经普遍进入城镇化的成熟阶段，在"物质—社会—赛博"三元空间的塑造中更多地强调了赛博空间，并相应提出"智慧城市"概念，而我国仍处于城镇化发展和转型期，需要三元空间协同发展，这就要求我们更加突出"智能"的概念。阶段不同、目标不同，这也决定了我国智能城市发展的路径必须自我创新。城市空间、交通、物流是三元空间彼此融合与协同的平台，实体空间与虚拟空间正在走向逐步融合。

从世界范围来看，智能城市本身是一个含混的概念，不同的城市往往根据自己的需要赋予其不同的内涵。我们认为，这些智能城市的不同内涵实际上反映了不同的视角。学者、企业、政府往往针对同一概念有着完全相异的理解。Hollands（2008）和 Caragliu et al.（2009）曾经从学者的角度对智能城市的发展状况作出总结。总的来说，学术视角的智能城市聚焦于如何通过智能城市来改善城市发展的社会经济进程。例如，Giffinger et al.（2007）强调的是城市的发展能力，他们认为智能城市应在六个维度实现智慧，分别是经济、交通、环境、人、生活和治理。这一概念界定试图将区域和新古典城市增长与技术的发展相结合，强调区域竞争力，把 ICT 和交通、经济、自然资源、人力与社会资本、生活质量以及公众参与等理论融合在一起。智能城市的六个维度框架被广泛引用，但城市在任何一个维度的绩效都与是否接纳了智能技术没有直接联系，易于开展智能城市的评价与排名，但对于如何引用技术来提升城市发展能力没有贡献。Hollands（2008）则强调通过智能城市提升个人能力，他认为智能城市是建立在人的创造性、知识生产的制度、数字基础设施等基础上的一个地区，应当具有很强的学习和创新能力。这一定义的关键在于——利用网络化的基础设施促进社会、环境、经济和文化发展。他认为智慧城市的概念应当包含四项主要内容：①在城市中大范围应用电子和数字技术；②通过 ICT 改变城市在区域中的工作和生活方式；③在城市中嵌入 ICT；④通过 ICT 与人的结合将各种实践领域化，以增强创新、学习、知识和问题解决的能力。另一类观点强调的是通过技术进步提升社会资本。例如，Caragliu et al.（2009）认为，智能城市应当是通过参与式的治理，来提升城市的人力与社会资本，将传统的交通与现代通信基础设施相结合，以促进经济的可持续增长并提升生活质量，同时更智慧地经营自然资源。他们认为，智能城市是一套现代城市生产要素的分析框架，其中特别强调 ICT 对增强城市竞争力的重要意义。他们还认为，今天的城市绩效不但依赖于城市物质基础设施（物质资本），而且越来越依赖于知识交流的可获取性和质量，以及社会基础设施（人力和社会资本），而后者对城市竞争力有着决定性的影响。Halpern（2005）也认为智能城市的意义在于服务于社会资本的强化，他将社会资本理解为由各种规范、规则、价值观和期望的集群所组成的网络，而 ICT 网络对于激发地方社会资本具有重要的潜力。还有一类观点认为应当通过技术进步促进城市的可持续发展。例如，Abdoullaev（2011）提出，所有智慧的城市都应当是信息／网络城市、智能／知识城市、生态／清洁城市三位一体的，只有同时具备这三方面成就的城市才能够被称作智慧城市。一方面，可以通过使用服务替代物理产品、提高社会资源利用率来减少二氧化碳排放，改善基础服务，如智能交通、智能电网、智能家居；另一方面，还可以加快基础设施和服务从物理向虚拟的转变，如智能医疗、电子阅读、远程办公。

然而，商业视角的智能城市却更强调如何设计和兜售城市解决方案以获取最大的企业收益，往往结合并强化了既有的权力格局和治理结构（Dirks & Mary，2009；贺东林，2010；Dirks，2010）。诸多信息技术巨人在中国所提供的智能城市方案无不以自上而下的系统设计为卖点即是最好的明证。

实践视角的智能城市则是从地方政府的角度，强调当地政治经济环境背景下的各类城市热点问题以及方案的可行性，因而实践中的智能城市可能被赋予了无线城市、电子政府、智能社区、低碳城市等不同的内涵。

智能城市不是一个纯技术的概念，它与"园林城市""生态城市""山水城市"一样，是对城市发展方向的一种描述，是信息技术、网络技术渗透到城市生活各个方面的具体体现，不仅具有物质空间的一般属性，还具有信息技术导向下虚拟空间的特性。只有在正确认识智能城市的概念基础上，我们才有可能探讨如何应对智能技术的发展趋势，如何在此基础上开展智能城市的空间组织。

1. 智能城市的二重性

我们认为智能城市从多个角度看都具有二重性，必须从辩证的角度理解智能城市，以对未来的发展趋势建立客观的认识，并在其建设过程中不断作出正确的选择。

（1）空间二重性——既是实体，又是虚拟

伴随着新技术不断涌现并进入生活，实体世界与虚拟世界之间的隔阂逐渐被打破并呈现出融合发展之势。虚拟城市空间取代传统城市空间、虚拟空间与实体空间彼此融合的大量案例正在逐渐浮现。也就是说，即使不考虑个体需求的变化，满足这些需求的途径也发生了显著的变化；对整个社会而言，经济活动的组织方式也正在经历变迁，这些都正在导致城市内部功能的逐渐变化。

以商业为例，近 10 年以来一直保持高速扩张的电脑市场也在在线商城的冲击下走向衰退，2011 年全国著名的太平洋电脑城被关闭，其原因在于电子产品销售的主要空间已经转向网络。[①]书店是另一个受到剧烈冲击的行业，越来越多的传统书店因无法与网上书店竞争而关闭，如上海福州路是书店最为集中的街道，如今大部分书店已经改作他用。而其他产品的在线销售也以难以置信的速度高速增长并蚕食传统城市商业空间。一个最有冲击力的数据是，成立仅 10 年的淘宝网 2011 年的销售额就达 1 万亿元，2012 年 11 月 11 日的购物节一天销售额就达 191 亿元，超过全国最大的实体商业公司北京王府井集团在全国的几十个商场的全年销售额及物业收入。这些网络活动所导

---

① 信息来源：中国制造网

致的生活习惯改变也带来了仓储和物流行业的快速发展，使大量分散的无组织的出行行为变成集中的有组织的运输行为。然而传统的城市规划通常很难意识到这种变化对城市空间，包括土地使用的深刻影响，在很多大城市普遍都面临着仓储用地的供给不足问题。中国仓储协会的统计表明，虽然中国经济总量在过去 15 年增长巨大，而仓库面积却一直没有增加。

这些新的情况表明，即使是电子商务等相对初级的信息技术融入已经能够对城市实体空间的发展产生深刻而重要的影响；随着智能城市相关技术的推进，城市实体空间发展模式与路径将会受到越来越大的冲击。智能城市的空间组织必须充分预见到城市功能向虚拟空间转移和发展所带来的影响，并有效统筹城市活动在两个空间的协同运作，否则城市空间组织将陷入巨大的困境。

（2）价值二重性——既具诱惑，又是陷阱

技术进步对人类社会发展的作用往往被一厢情愿地描绘成一片光明的前景。事实上，技术进步具有价值二重性，既有推动社会进步、改善人类普遍生活质量的一面，又有使人类面临更多危险与挑战，甚至带来更多的不公平的一面。归根到底，智能技术之于城市空间组织只是一种工具，善用工具将促使城市变得更加高效、集约和公平，但如果不能意识到技术的另外一面，技术则有可能带来意想不到的负面后果。

从历史来看，工业化是人类文明发展历史上的一个重要里程碑，然而与之相伴的技术进步虽然带来了物质上的丰硕成果，但是也给人类带来了前所未有的不安，环境污染、社会冲突、战争与技术发展相伴而行。

信息化为人类文明发展建立了新的里程碑，但如果没有明确的战略引领，技术发展反而可能给城市带来更多的问题。信息化改变了城市中诸多要素的配置规则，无论是人还是企业都有可能在更大范围内进行空间选择。这中间存在着大量空间关系的匹配问题。由于信息化所释放的选址自由很可能在后续发展中造成更加不平衡的空间匹配关系，并继而衍生出更加复杂的城市问题，正如原本为了解决交通问题而推动的小汽车和高速公路发展计划最后却加剧了交通问题。信息化也意味着与之相关的各类需求大规模增长，很多所谓被创造出来的需求可能导致更加严重的资源消耗。庞大基础设施网络的运转可能带来更高的能耗需求，更大的运行、维护和更新成本，以及日益突出的系统脆弱性和安全风险。在很大程度上，人们很难衡量智能化对社会进步所产生的结果究竟是得还是失。城市的智能化发展能够通过信息的有效供给促进决策的民主化，带来政府与市民之间更加顺畅而直接的沟通。但另一方面，不同地区发展基础、特色资源条件的不同，在信息化发展过程中所获得的不同发展机遇可能导致区域不平衡与极化发展更加突出；人们信息化能力的差异也将很可能加剧已有的阶层分化与社会隔离。

因此，在智能城市建设过程中我们必须认识到这种二重性，提出明确的战略愿景和路径设计，使之真正服务于人的生活质量提升，而不是让人和城市成为技术的仆从。

（3）发展二重性——既是趋势，又是选择

从世界技术进步的长期发展过程来看，智能化和信息技术的大规模使用是无法阻挡的必然趋势，同时，技术的具体发展路径仍然是社会选择的结果。也就是说，从宏观角度，技术发展和应用是必然的，但从微观角度，不同的技术又是彼此竞争的。我们不能仅仅满足于技术的自然演进或是采取被动应对的态度，而是要根据城市发展的实际问题、实际需求、每个地方的现实条件进行有目的的选择。

从国际上不同城市在走向智能发展的选择上也可以看出，虽然这些城市共同认识到一个更加智能化的社会的到来是无法阻挡的趋势，并认为应当拥抱技术进步，使之服务于城市的发展需求，但是每个城市所面临的问题是有差异性的，所具有的条件和所能够采取的对策也是有差异性的。从更大的范围来说，一部分城市选择了通过智能城市建设来提升自身的发展绩效和民众的幸福感，但同时也有一部分城市并没有这样选择，而是借助于其他方法实现同样的目标。在这样的认识基础上，城市发展才可以理性地应对自身的未来发展，作出最为恰当的选择。

2. 理性看待智能城市

在认识到智能城市具有以上多个二重性之后，我们就可能用一种理性的态度来看待智能城市。就城市空间的组织而言，我们认为至少需要从四个方面来思考。

（1）信息技术发展乃是未来城市发展的必然趋势，城市空间组织必须加以积极的应对。正如上文所述，电子商务在中国高速发展以及对相当多的实体商业产生了很大的冲击，一部分城市特定地段的原有空间功能不得不发生转变。然而，更大范围的变化可能才刚刚开始。电子商务的快速发展不仅正在重塑城市内部的商业空间格局，也在更大范围内重塑区域空间发展格局。

一方面，电子商务跨越了原有实体商业的服务范围限制，将其触角延伸到每一个市县和乡镇乃至全球，强化了某些电子商务中心城市的能级，也削弱了其他城市的商业发展；另一方面，诸如淘宝村等新的发展现象不断出现，也为新的城镇化模式展现了光明的前景，任何一个地点只要能够将其特色融入无差别的全球性网络，都有可能在不具备传统区位优势的情况下实现崛起。我们一直强调，电子商务仅仅是大规模变化的前奏，城市中更多的公共服务功能，如教育、医疗、文化设施等原本依赖于实体空间并受到服务范围和自身规模限制的各类城市功能，都将有可能随着信息化的深入发展而被彻底重塑；而各类企业布局也可能发生深刻的变化；新的城市功能将会不断产生，同时一些旧的城市功能可能逐渐消失。可以说，如果不能认识到实体空间与虚拟空间的融合与协同发展，继续按照原有的城市规划经验和思路去规划城市，将会丧失预见性，继而丧失其合理性。

（2）信息技术可以帮助城市空间的规划者和管理者更好地认识城市发展所蕴含的内在规律，从而更好地规划城市空间布局，更高效地组织城市空间运行。对于传统的城市规划与管理工作而言，诸如人的运动轨迹、经济活动轨迹、空气污染现象过程等在城市中真实发生的流动是无法测度的，更无法对其运动规律进行描述并提出相应的调控机制，因此，只能借助于局部抽样或依据经验进行简单的应对。在这种情况下，很多公共资源的投放只能根据经验性的服务范围设定进行均一的布局，而这通常与城市中人口和经济要素格局的不均衡性相矛盾，继而导致城市中的种种问题。例如，一部分公共设施门可罗雀，而另一部分却人满为患。新的各种信息技术，特别是物联网和大数据的发展，为解决这些传统上无法解决的问题展现了曙光。在相当多的案例中，我们可以看到，遍布全国的空气质量监测传感器使我们能够描绘出动态的大范围空气质量变化、污染源排放指标变化；手机数据分析能够让城市规划师更加准确地掌握城市中市民的空间活动规律、不同城市中心和公共设施的真实服务范围、城市事件对城市中各种流的真实影响；浮动车数据分析也使得城市交通在不同时间和空间的变化情况能够被准确地掌握。信息技术发展所带来的这些突破为科学认识城市发展和运行的内在规律提供了难得的机遇，使城市规划与管理者第一次有可能对城市空间的布局和运行提出真正可信可靠的调控策略。

（3）各种智能化的技术为解决很多传统城市问题提供了新的方法，能够在很大程度上改善城市空间组织模式。以城市防洪规划为例，传统的城市防洪规划所依据的降水模型多为大尺度模型，且数据陈旧，忽视自然环境的排蓄调洪能力，忽视建筑和场地布局对地表水汇集的影响，而防洪设施标准又不可能无限提高，在北京等城市已经造成重大的灾难。在应用了新的信息技术之后，防洪规划将能够整合空间布局应对措施和应急响应措施，将场地规划与精细化气象数据相结合，合理布局调蓄洪空间，对场地规划布局作出排水影响评价，并实现多部门防洪应急联动。再如城市交通问题的解决，传统上要么依赖于不断扩建城市道路等交通设施，要么依赖于限行限停等行政举措，而智能化的技术并不寻求就道路论交通、就管理论交通的少数途径，而可能通过更加高效和更加个性化的公共交通组织方式（如定制公交或共享出行）或更加透明的交通信息供给来影响交通系统的运行状况。这就突破了就某一单点论其改善空间的局限性，能够以开放的视角来看待问题并提出最有效的解决方案。

（4）信息技术的大规模使用为改善城市空间组织的决策过程创造了条件。首先是集聚众智。智能城市的建设能够使每个市民都有可能参与城市规划与管理，将城市不同地区的真实发展需求、城市规划存在的不足、城市发展的思考建议收集并汇聚到决策者手中，帮助城市规划改善决策质量。例如，在北京和武汉都分别开展了通过在线方式提交市民规划方案，提出城市空间改善设计的实验。其次是促进民主。信息技术的最新发展已经使大规模组织城市空间发展决策的公众参与成为可能，决策民主化得到深入发展。最后是突出理性。对城市发展规律的深入认识以及对情景决策模拟，使城市规划师有能力向决策者展示不同决策可能导致的发展后果，从而做到知情地决策，在一定程度上能够改变"拍脑袋"随意决策的状况，促进城市建设的理性化。

（二）城市空间层次与城市功能系统

按照从宏观到微观的空间分类，可以将智能城市空间层次分为六个层面：城市区域空间、城市整体空间、城市片区空间、城市社区空间、家庭空间和个人空间（见图 2.1）。其中城市整体、城市分区和城市社区又构成了城市空间组织过程中最为核心的三大层面。

智能化系统既包含以互联网、传感网为代表的信息基础设施系统，又包含电力、安全、环境、建筑、医疗、制造、金融、教育等城市功能系统（见图2.1）。这些系统都建构在城市空间之中，为智能城市空间功能的正常运作服务。

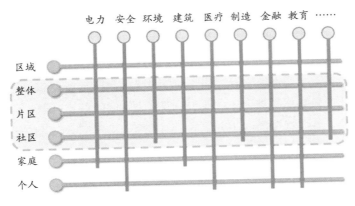

图 2.1　智能城市空间体系示意

智能城市的实现过程体现在智能技术向城市空间组织与运行的渗透之中。因此，在进行智能城市的空间组织时，既需要考虑到城市空间本身的层次性特征，又需要考虑到智能技术与城市功能本身的系统性特征。在一个由不同层级城市空间与不同城市功能系统所构成的矩阵结构中，对于每一个节点来说，纵横两个维度所发生的相互影响具有很大的差异性，所蕴含的结合能力也各有区别。对于不同的智能系统来说，所渗入的空间层级各不相同。例如，金融、医疗服务系统会关联到城市中的每个个体，而环境系统却只能关联到社区层级。因此，对于智能城市的空间组织来说，我们首先要理解这种空间层次性和功能系统性，并准确认知每个维度的交点所具有的需求和潜力。

（三）智能城市空间组织的四个原则

新的技术为我们规划、建设、运营城市物质实体提供了可能的支持，然而，仅仅利用新的信息技术就能够被称作智能城市吗？工业化时代的经验已经告诉我们，技术带给人类和城市的未必是幸福与安宁，也可能是孤独与浮躁。因此，是否利用新技术绝不能成为评价城市是否智能的唯一标准。只有技术真正服务于城市生活质量的提升、运行效率的提高，才可以说城市通过这些技术走向了智能。

智能的相对面是机械。中国过去的城镇化发展道路虽然取得了巨大的成就，甚至将国家带到了世界第二大经济体的位置，但是我们已经清醒地意识到，传统的城市发展道路是高消耗、低产出、低效率的，不可持续的。城市走向智能发展在于，通过新技术的使用，在城市建设和使用的过程中贯彻系统的、全生命周期的理念，实现资源消耗最小化、社会产出最大化。

1. 环境价值观

传统的城市在建设过程中普遍缺乏对环境所应有的尊重，填水造路、挖山筑城、宏大构图等简单粗放的设计和建设模式成为过去 30 多年的常态。这种扭曲的发展观对原有自然基底造成了极大的破坏，带来更高的城市自然灾害发生可能性，继而又需要为抵御灾害提出更多的人工化干预举措，从而形成低智能的恶性循环。与此同时，城市也普遍失去了其原有的特色，城市人成为这个星球上孤独的存在。

这种状况可以归咎于多方面的原因。首先是因为条件所限。在快速城镇化过程中，城市始终处于急速扩张的状态，在大规模、低成本、高速度的建设条件下，城市很难实现精细化管理和运行。其次是因为经验决策。由于技术手段和基础数据的缺失，城市发展决策往往更多地依赖于经验和定性判断，也就是所谓的"拍脑袋"决策，很难实现理性、知情的决策。再次是因为权力决策。过度集中的决策权力往往导致对一切制约条件的忽视，而技术部门也很难以可靠的分析去预见决策可能产生的后果，继而提出警示并对权力实现制衡。

离开环境价值观，城市就可能一边高喊"智能城市"，一边作出削山填湖、滥建新区等"愚蠢"的决策。我们认识到，技术并不能改变决策的权力运行和制度性障碍，但技术可以带来知情决策、预知后果、汲取智慧、创新方法。只有将技术与价值两者相结合，才有可能实现真正的智能。这意味着，智能城市的建设手段应当以"天人合一"的可持续发展价值观为指导，建立城市信息网络基础设施（诸如感知器等多层级设备），以实时收集、存储、监测、反馈海量数据；借助计算机系统及大数据技术强有力的分析手段，一方面，对基地的地形地貌、地质土壤、水文气候、日照风向、生物物种、植被群落等自然条件进行充分的动态研究和分析；另一方面，对传统城市营造方式、功能组织形式、建筑建设策略进行研究分析与归纳总结，充分挖掘其在经历了千百年后所形成的应对自然的生态策略。综合以上两方面的分析，形成一系列的顺应原有山水地貌格局、有利于自然自我调节、低碳节能高效的城市建设手段，使城市在建设过程当中更加尊重原有环境。只有这样，现代智能技术才能够真正使城市变得更加美好。

2. 系统性和群落性

传统的城市建设往往从单点、单线程出发来思考和干预原本彼此关联的城市系统，结果造成城市功能片区之间的割裂、功能分区过于纯粹化，使居民出行距离过长，进一步造成了城市交通拥堵、活力不足的问题，加剧了城市的无序扩张，从而形成了类似于北京这样的"越堵越大，越大越堵"的摊大饼的恶性循环。

中国的城市正在经历翻天覆地的变化，无论对其规模还是功能结构都难以进行长久性的预测和决断。因此，随着城市功能的演变，城市规划一轮又一轮地进行修编，城市大拆大建的行为屡见不鲜，看似合理的城市规划战略与策略在数年之后又得调整。这就说明了传统的结果导向型的"蓝图式"的规划策略不能适应不断发展中的城市。

新型智能城市的规划策略应当从方法论上突破这一局限，形成整体的、系统的、普遍联系的、复杂适应性的、动态的城市功能组织形式。平面复合、立体复合、错时复合的多层次复合型的功能组织方式，将突破传统的从二维考虑而形成的割裂的城市功能组织模式，形成二维、三维、多维普遍联系的城市功能组织模式。城市基本单元之间的普遍联系使得城市内部各个群落、单体城市群落以及区域城市族群群落之间形成多维度的网状动态适应系统。

3. 全生命周期

现行的城市规划手段使得城市规划、建筑设计、建筑施工三个阶段处于分离的状态。而单从城市规划的角度来看，城市总体规划、控制性详细规划、修建性详细规划三个部分虽然在法律上有着一脉相承的继承关系，但是在实际操作中存在许多下层规划突破上层规划的现象。各阶段的规划策略都是由最后施工的具体实施体现的，而规划和建设策略的逐级分离和错位使得上层的规划策略难以体现，这就造成了城市结构的模糊、城市功能的混乱、供给需求的失衡、总体容量的失控等问题。

智能城市的建设手段应当突破这一局面，从规划和建设的全过程对建设行为进行统筹与管理。"全生命周期"的城市建设策略体现在以下两个方面：一方面指不同决策层面的"全生命周期"，即改变现行的总体规划、控制性详细规划、修建性详细规划之间相互割裂的现象，对上层规划中需要严格控制的内容进行严格把关，而对其不能控制的部分进行完全放松，打破现在各阶段规划都追求面面俱到的问题，使得上、下层规划之间形成良好的衔接关系；另一方面指不同时间阶段的"全生命周期"，即在设计之初就充分考虑到建筑及环境在规划设计、建造施工、维护管理以及拆除改建的各个阶段的各种可能性，并制定统一的运行策略。对城市细胞进行全生命周期的精细化运营管理，就有可能使整个城市处于动态、有序、持续更新的适应状态，城市得以像一个生命体一样具有发展活力。

4. 最小化策略

传统的城市空间规划和建设过程虽然也强调节能、节地、节水、节材，但受制于简单的技术条件、低廉的物质与人力成本、薄弱的信息组织与系统协调，往往并不能真正实现这些目标。据相关报道，中国在近三年所消耗的水泥就已经超过了美国在整个 20 世纪所消耗的总量；不仅如此，中国的人均水泥消耗量也同样远高于世界其他国家的平均水平。虽然中国所处的发展阶段决定了大规模建设仍然是必需的，但大量无谓的消耗确实已经成了国家可持续发展，乃至环境破坏的重要原因。要建设智能城市，就必须从整体性、系统性角度将最小化策略纳入根本原则，使城市发展的方方面面都能够落实最小自然消耗、最小社会消耗、最小时间消耗、最小负面产出的目标。

（四）智能城市空间组织的四大核心要素

智能城市的空间组织最终目的是解决智能城市中各种构成要素之间的空间关系，并使之符合前述的四项基本原则。我们认为，从抽象的角度可以将城市中的空间关系概括为四大核心要素，即位置、邻居、环境和网络（见图2.2）。通过抽象，城市空间关系得以从纷繁的复杂现象表面被剥离和分析。

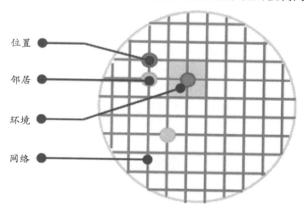

图 2.2　智能城市空间要素示意

位置：指某一城市要素在地理空间中的位置。

邻居：指某一城市要素相关联的邻居。

环境：指城市要素所依存并与之展开物质、信息、能量交换的区域环境。

网络：指各类要素之间彼此联系所形成的网络关系。

1. 位置的确定方式

城市功能、设施的布局合理性和空间集约性，在信息供给和应用能力发生质变的基础上，塑造着城市空间功能和设施的节点，而每个功能在城市空间的位置确定方式是不同的。

经济因素是传统城市在市场经济条件下影响城市功能分区的最重要因素。经济学传统区位理论认为，区位选择的主要影响因素包括运输费用、劳动力费用、市场需求、资源禀赋因素、集聚因素以及产品生命周期、经济政策环境等其他因素。简单来说，传统城市是由某一个城市的功能与周边的交流成本所决定的，以外部的经济代价作为选点的最重要依据。例如，在水运时代，城市的主要功能区会靠近水，在公路、铁路时代则会靠近公路、铁路，外部运输成本影响了位置（Location）。阿伦索的城市地价空间结构模型（见图 2.3）对传统城市的区位选择进行了总结，功能区位选择因位置（距市中心的远近）和通达度（交通条件）的不同，使得城市各地区土地价格或地租不同。在竞争条件下，对于一块特定的土地，只有支付能力最高的功能活动才能租用。因此，商业、工业和住宅的付租能力随空间的变化呈现出不同的趋势。商业活动付租能力随距离的变化最急剧，而居住活动付租能力随距离的变化最不敏感，表现为变化直线的斜率较小。如果仅从付租能力这一经济因素考虑，那么城市的布局方式应为自城市中心向外依次分布商业区、工业区和住宅区。

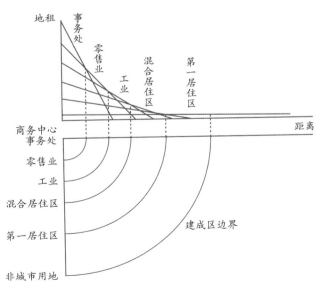

图 2.3　阿伦索的城市地价空间结构模型（Alonso，1964）

除了经济因素，社会因素也对城市功能分区产生影响，主要表现在：①在居住区的布局中，由于收入的差异造成高级住宅区与低级住宅区的背向发展。②区域知名度的影响，也是社会认知的体现，如我国北京新成立的高新技术公司大多愿意布局在中关村。③种族的影响。一般来说同一种族往往聚居于同一地区，如在西方许多大城市里形成的华人街，而在我国城市中，也有以地域、民族为吸引要素的人群集聚。此外，各种功能的位置确定也有其特殊性，例如居住区的位置，在保证安全、卫生与效率的前提下，应尽可能地接近工业等就业区，以减少居民上下班的时耗。

进入智能城市以后，科技是生产力的最重要因素，技术创新的过程也是人们行为变化的过程，对城市功能位置产生着越来越大的影响力。技术因素的改变，对智能城市功能的位置选择有着重要影响和作用，如商品的包装、加工、装卸、运输、储存等技术进步，以及电子计算机应用，对商品流通网络布局有多方面影响，使传统布局形成发生变革。虽然产品本身的交通运输成本是不可减少的，但是信息网络的广泛发展和信息处理能力的迅速提升，使得传统城市原本的海量管理及信息、能源等外部交流可以大量减少，因此会对未来的智能城市的空间位置的决定起到相当大的影响。

在工作生产领域，员工之间的联系可以更多地虚拟化，利用部门会议、电子邮件、电话、在线软件之类的交流方式，工作环境在地理位置上可以变得松散，人们之间的联系不再完全依赖于地点的一致，决定人们选择的因素可能是方便有效、优美环境或者其他私人原因，位置的布局更加自由和人性化。而在生活方面，创新在居住和服务设施等区位选择影响因素的作用机制中同样有充分的体现，比如电子商务的开展、无人售货机等的推广，改变了传统的"面对面"交易方式。

信息交流可以在一定程度上替代能源的交流，取代开会、见面，减少产品生产而产生的能源流动。但需要认清的是，与传统城市相比，智能城市位置选择的差异并不是完全差异，而是一部分的外部成本的剥离。

2．邻居选择的自由度

在智能技术发展背景下，空间距离的制约被打破和改变，每一空间个体在选择邻居时也与传统城市中的产生了较大的区别。

（1）生产的自由度

信息社会、网络社会、移动技术的日趋发展使得企业在选择邻居的时候有更多的自由度。这种自由度的叠加继而导致宏观层面的企业空间格局发生较大的变化。

一方面，移动信息技术的成功意味着现代的人们有能力在任何地点工作。技术和工具可以在一定程度上取代实际空间满足效率的要求，人们有更多的机会来选择在工作中的位置。这一变化的一个重要例子是咨询、金融、电信及市场销售行业，工作环境甚至可以是移动的，没有特定的地点，即人们在多种环境中工作，而不仅仅是每天都到同样的地方去工作。

另一方面，由于地理上的邻近而具有的经济集聚效应是单个企业孤立地在某个区位生产所无法获得的优势，包括专业化分工，交易费用的节约，企业之间以及企业与大学、研究机构的合作、信息共享、知识与技术的扩散等。网络技术的发展可以逐渐将传统产业中间的需要频繁联系的人员支持的邻居功能剥离开，如产业金融服务、咨询服务等技术支撑类服务并不需要直接与生产业的服务发生联系。"新的产业空间"学派的斯哥特、斯多波等也认为，现代企业生产应采取弹性专精的生产方式，强调企业之间建立在一体化基础上的物质联系，集聚的主要目的是节约运输成本，取得外部规模经济。智能城市使得企业的集聚也发生了改变，上下游需要在空间上密切联系的产业有了更加集聚的条件，比方说高等教育学校周边生产群落的空间支持、产业的金融支持、生产服务等。

（2）生活的自由度

城市智能化指的是城市能够充分满足其居住者的需求，并且具备与市民的需求和渴望相匹配的潜在能力（布里格斯，2010）。过去传统城市中，企业、机构、单位的人一定要居住在同一个社区，而进入智能城市后，这种集聚状态会更加解构。由于信息化的发展，同一个单位的人不需要再在单位的附近空间生活和工作。工作人员可能会根据自身身份所带来的邻居需求来进行选择，如领导、中层和普通工作人员可能会围绕特定喜好类型的居住区域集聚在一起。

先进的移动网络远远超越任何早前的科技，随着越来越多的人使用移动电脑，人们可以随时随地体验和参与公共交谈，而且几乎没有时间延迟（塞勒，2013）。这种信息网络技术带来的便利，直接导致了上班弹性的可能性，人们不一定要去办公室工作，这样不仅导致空间的改变，还会降低交通成本。相比传统城市受到通勤交通的限制，个人喜好的要素对于人们选择理想居住环境的影响力要大得多，对于空间环境的取向成为生活型空间邻居选择的最重要因素。

3．环境的分散与集聚

城市的生态条件不佳，资源消耗较高，其对周边环境的影响度就高。城市的环境品质不仅影响了城市的安全便捷和人的舒适度，也是城市生态可持续的底线。高密度动态化的人口对城市空间环境提出了更高要求。智能化的城市空间关联性需要最小外部性和最大相容性的特征组合，不管是城市片区，还是城市，甚至是大区域，对于功能区单元的环境选择也在智能城镇化的发展中不断变化。城市空间的总体特征是分散与集聚；城市随着智能化的出现，分散的更加分散，集聚的更加集聚。

分散的空间将更加分散，智能城市技术以无空间的方式超越了空间的需求，某些城市功能对城市空间的需求减小甚至消失，这就使得空间的拓展通过网络的发展可以更加自由，空间的选择更多地看重环境需求。虚拟空间对实体空间的替代作用降低了部分城市空间的使用强度，为城市空间的生态低影响、低冲击和生态效益最大化提供了新的可能性。

曾经的社会是以地点为纽带的，人们朝夕相处，彼此熟悉，并且每天交换信息，而今这种纽带逐渐被割断。在一个不断增强分散度、虚拟的世界中，如何保持联系以及如何与其他人交换看法，变得比以前更加重要了。因为网络技术不能完全满足人们交流和体验的要求，所以集聚的空间将更加集聚，特别是那些需要人们面对面交流、现场体验和举行仪式的场所，尤其是具有历史文化或当代文化等特色场所。最典型的例子就是旅游，或在城市广场举行的各种仪式，如果没有人群可以集聚的空间，仪式就无法完成。城市是一个既要提供丰富虚拟的环境又要逐渐变得更加实际的中心；随着人口的不断增加，人们之间的联系变得更加实际，对于面对面交流的需求变得更加迫切。实体空间在制造氛围时扮演很重要的角色；当虚拟环境的联系更加紧密、更加便捷时，实体环境应该变得更加明确。因此，城市的核心功能在于提供多种类型的会面与聚集的空间，提供特别的文化、背景以及吸引人的气候等；特定的文化空间场所会更加集聚，以满足人们情感、社会和创新的需求。

4．网络的层级联系

城市完成的每一种功能，可以抽象为人与人的网络、物与物的网络、信息与信息的网络；跨越城市的城镇群不是传统城市的斑块堆积，而是一种"点对点"的线性链接模式。以城区片区之间的联系为例，同一所高校的两个校区，比如同济大学本部与嘉定校区之间的特殊服务关系形成了特别的链接。

大、中、小城镇群的网络与城镇的集聚，会完成共同的集聚，因为信息技术的产生，使得城镇群联系更加紧密，共同协调发展，使得不同层级的网络在城镇群扩散。在这种网络层级关系下，城市功能在智能技术造成的虚拟化环境中对空间的影响之一，就是在智能信息网络的组织下，实体的客货流网络组织更加面向需求的高效化，以城市运营的高适应性突破城市建设的低适应性；客货流网络组织需要更加高效，对管理的需求也将提高。

二、智能技术对城市发展的影响

（一）城市"时空"概念的转型

智能技术对城市发展的影响完全体现在"时空"概念的转型。时间（效率）与空间（距离）是城市空间结构规划约束布局结构的传统因素。集聚往往是工业时代城市产生效益的重要条件，集中式的特大城市、巨型城市不断增长的根本原因即在于此。信息时代提供一种全新的"时空观念"：零距离的信息传递，依靠快速交通的人员和货物流通可以使城市的重要职能（经济的、科学的、文化的、管理的）比较自由地、分散地分布在广大的地域范围。居住与工作地点的空间关系也不必拘泥于距离的远近，而仅仅决定于公共交通的通达，因此，人们可以选择在更加优美的地点工作和生活。

1. 智能技术对城市发展的影响

城市的功能布局在不同历史时期具有不同的特点，与社会生产力的发展水平相关。城市功能布局通常会受历史、经济、社会、行政等多方面因素的影响。对于发展较为成熟的城市来说，其功能布局具有较高的稳定性。同一种土地利用方式对空间和区位的需求往往是类似的，而智能信息技术的不断发展，将会使得技术因素对城市功能布局的影响逐渐从虚拟的信息层面延伸到实体空间，为城市发展提供更多可能性。同时，在智能城市的发展框架下，智能技术对城市功能布局的影响会更为直接。例如：

（1）在经济活动方面，现代信息技术的发展大大降低了企业内部管理和信息传递成本，使原来局限于某一固定地区进行的一体化生产过程可以分布在不同的地域，进一步增加了布局的灵活性，在生产效率提高的同时，促使生产组织形式向分散化和广域化转变。

（2）在居住生活方面，信息和通信技术为人们提供了全方位的信息交换功能，移动办公使更多的人摆脱了有形空间和距离的束缚；人们为物质生产而付出的社会必要劳动时间越来越少，闲暇时间将大大增加，人们可以花更多的时间进行休闲、旅游、文化娱乐等活动。

（3）对于公共服务而言，在信息化高度发达的条件下，社会公共服务的方式也发生着深刻的变革。智能交通的建设使道路、使用者和交通系统之间紧密、活跃和稳定地相互传递信息并进行信息处理成为可能，使市民能够安全、便捷地出行。远程医疗、远程教育、网上娱乐、购物、文化交流等的互联互通、数据共享平台的实现，可以在更大的范围内合理配置资源，为城市居民提供更为便捷的服务。如今，网络已经成为人们生活的重要部分，也是他们参与政治的重要途径。

（4）对于市政管理而言，通过网上办公、协同办公、政务公开平台的建设和多部门集成，包括城管执法、城市供水供电供气、公共安全、交通管理、道路畅通、环境保护、食品药品安全等，将逐步实现"零距离"办事和"零跑路"服务。

在信息技术驱动城市变化的背景下，城市的规划和建设过程中需要突破专注于物质性思维的障碍，以无形的服务替代有形的设施，以高效的运行组织替代低效的物质供给，以分散的网络形态转变集中的核心形态。这就要求我们在开展智能城市的规划布局时，前瞻性地考虑到实现市民各种需求的新途径，将基于信息技术的各类城市服务作为城市各项功能组织的一部分，真正以城市运行绩效提升、市民生活便利、生态环境友好为中心开展布局。比：①通过高品质的在线医疗可以改变当前医疗质量差别巨大、部分医院门可罗雀的状况；与之相应，医疗设施布局的基本原则将产生重大变化。②通过交通信息的整合与投放，将能够更有效地调配交通设施运营，促进市民在知情的情况下更有效地选择出行时段、出行方式和出行路线。③通过无所不在的网络使偏远地区也能够将自身的独特优势融入现代经济体系，改变经济发展主要集中于少数地区的不平衡状况。很多淘宝村崛起已经为此提供了成功的案例。

总之，信息化、智能化发展对人类的影响是全方位和深层次的，它们不仅为城市居民提供了各种各样的便利，还在深刻地改变着人们的活动方式和生活方式。新的科技发展与社会变革，必然也对城市空间组织模式产生新的内在推动力，要求城市规划与城市建设适时进行相应的调整。

2. 智能技术对城市社会的影响

中国的城镇化不仅是人口的地理迁徙过程，同时也是数亿农民转化为市民的过程和社会学习的过程。这一过程伴随着人们权利意识的日渐觉醒以及对公众生活关注度的提高。根据中国互联网络信息中心的数据（见图2.4），截至2012年年底，中国网民规模达到5.64亿，其中手机网民达到4.20亿，微博用户数量从2010年年底的6 311万迅速增长到3.09亿。这种信息产生与传播方式的变化带来的直接效果就是公众领域事务被置于高度透明和高度关注的状况之下，以往地方性的、孤立的小型事件很容易变成全国性的热点。这些公共事件在诸如环境保护、历史遗产保护、重大项目的选址、土地开发中越来越多地发挥作用，集体主义的思想逐渐被个体权利的意识所取代；城市规划中的社会公平问题、邻避问题变得更加突出，极大地改变了原有的城市规划进程，极大地增加了规划中的不确定性。

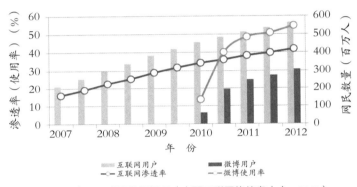

图2.4 中国互联网发展概况（中国互联网络信息中心，2013）

城市中个体的空间决策在很大程度上取决于个体能力的差异和决策支撑信息的供给。信息技术的发展，特别是智能城市的技术发展，普遍增强了个体获取信息的能力，从而使市民在分散决策时拥有更多的选择。

（二）对城市四大功能的空间影响

基于智能技术的发展，城市将变得数字化、云端化和物联化，城市空间的作用将发生变革，某些功能的需求会增加，而另一些功能的需求会减少甚至消失。同时，未来的城市系统中各功能布局将出现更加分散和更加综合的两种功能趋势。作为城市居民的基本功能内容的居住、工作、休闲等将成为城市实体空间的主要内容，功能空间更加混合；交通作为城市功能的连接则有所减弱，特别是随着城市中人的工作时间和空间的双重弹性化，通勤交通将大为减少，相应的是物流交通的比重提升。智能城市的密度降低，人口分布更加分散，汽车的拥有率升高但使用率下降。在重要城际交通枢纽位置，将出现复合功能的城市综合功能节点。城市之间的联系和一些必须见面的活动将在城市对外交通的枢纽复合体中直接解决，如一种集成了城际城市交通、商务商业、货运物流、居住等多要素的机场城市（Reiss，2007），已作为一种新的城市形式被提出并得到认可。

智能城市的功能布局将基于城市主要功能的发展或衰退而重构，包括但不限于居住、工业、基础设施、公共服务、管理等。在智能技术的发展下，城市居民的需求发生的变化将最终体现在各类城市功能空间的布局上。

1. 居住社区的混合化和碎片化

传统的城市功能布局受经济因素和社会因素的影响较大，从传统的城市功能布局理论的角度出发，通达度以及距离市中心的远近都会影响到城市功能的布局，而人们在选择居住地时也需要综合考虑收入以及通勤。但在智能技术的影响下，人们的生活空间和时间都变得混合化和碎片化了，这本身并不会提高或者降低城市的生活品质。在一个良好的智能城市中，未来城市条件需求的城市是复合的功能集成体。城市空间上的密度可以视情况降低到适宜居住水平，而城市功能的密度则将提升。

从过去传统城市向现代城市的发展过程中，居住模式已经从某个企业、机构、单位居住在同一社区向类似阶层的人居住在同一社区的状态解构。过去的发展中，同一个单位的人已经不一定需要在单位附近工作，通勤的可能性使得居民在地租、环境、时间等多成本中综合考虑和选择。这一结果呈现的空间分布是领导、中层或底层员工等收入阶层的居住集聚，可能会围绕某个类型居住在一起。由于信息网络智能技术化，工作的通勤可以减少，工作内容更加弹性。

居住社区作为社会交往基本单元的作用正在逐渐弱化，并且将会进一步减弱。一个移动的社交世界将在社交虚拟网络技术的支持下成为社交的主要载体。同时虚拟网络可以支撑很大一部分人在社区工作的需求，新的工作方式将使这些人的居住选择更具弹性。混合电子社会、虚拟工作环境可以是任何地点，对空间的要求也很低。城市社区将形成两类形态：首先是大多数人群的更加分散化，选择环境优先和设施次之共同导向的居住地，这类社区往往集中了居住、工作、休闲等多内容的工作内容；其次是少数人群保持高密度的集中，选择服务优先的居住地点。

2. 公共服务的移动化和共享化

在城市物联网、云计算中心等信息基础技术的布局先导下，实施智能交通、智能电网、智能安防设施、智能环境监测、数字化医疗等物联网示范工程，将城市基础设施、公共服务设施等与市民的个人需求直接关联，形成动态、弹性的公共供给，并随着城市中市民的行为选择而自我调节。

针对高密度的城市可以形成可持续性的公共服务系统，如医疗、教育等设施的建设，高效和集中的城市发展将提高城市的资源使用效率。城市中提供全要素公共服务的中心区将作为最具可达性的公共服务中心。这一区域将以供给公共交通服务和步行空间为主，对小汽车等个人交通的需求减少。通过提高服务质量和服务能力满足更大范围内具有一定密度的居民需求。对于一些本是集中提供的公共服务，如商业、医疗等，将出现远程化和移动化的服务方式，通过在线平台进行咨询和定制，再提供相应的远程操作或及时的移动上门服务，并辅以一定距离内的较大空间的服务中心，更好地应对人口老龄化带来的医疗健康服务方面的挑战。

教育设施则将远程化和网络化，通过线上服务，以更低廉的成本和网络学校的方式使优质的教育资源可以达到更广泛的影响范围。同时，在云环境数字化的虚拟社区的支持下，可实现接近现实的人与人之间的相互讨论和交流，教育更加均等化和普及化，教学模式和教育体制都将有革命性的创新。

3. 工业生产的分散化和协同化

第二次工业革命带来的是世界工业集中化的发展趋势，资本、技术和劳动力都集中于城市中，同时也是所谓城市病形成的重要原因。在信息技术和智能技术革命的驱动下，智能城市的工业将在环境、内容、方式上都发生变革。

工业生产同样将有两种基本模式的分化趋向。首先是主要生产及其物流运输依赖于新信息技术的沟通，在市场需求的基础上，在全球化与地方化双重驱动下提供相应的个性化产品和服务。在工业生产中，将只有少量围绕某一项目或技术需要产生人与人碰面的交流，通常是创新性的管理和科研内容。在"新经济"理论的定义中（格莱恩和维勒，2001），人力资源将成为最为昂贵的部分，技术和科研则是生产中较为廉价的组成。其次是围绕特定项目将形成多方面的虚拟协作。产业的合作制度将是在智能技术发展上的超越空间的协同方式。以人为本的城市将围绕居民的生活空间构成，而生产空间的构成将集中于能源中心的区位，以能源生产为中心的分散化工业布局可以远离城市建成区。产业之间的协作和产业服务业都可以建立在虚拟平台上运作。

4. 基础设施的个体化和离心化

城市的发展总是以基础设施和服务网络为基本要素。基础设施作为城市的保障，往往是城市中各种活动特别是经济活动可以顺利开展的基础。随着智能技术持续发展，未来的智能城市的基础设施各系统间会更为协调一致。基础设施不仅是经济性的设施，更是生态性和智能性的基础设施，在城市发展的引导和保障上更加完善，并影响智能城市的总体功能布局。

智能的交通设施通过各类公共和私人交通信息（包括天气、温度、流量、噪声、路面、事故等）的采集，保障人、车、路与环境之间的相互交流，进而提高交通系统的效率、机动性、安全性和可达性，实现各交通方式的相互合作。其他基础设施系统，包括给水、排水、电力、电信等市政公用设施，在城市中心区通过信息化、智能化、集成化和网络化，采集各系统的信息、运行状况等，使得城市所有基础设施的投资和建设、更新和维护能够多个领域互相协调，通过可视化、分析和预测实现基础设施运行的效率最优化，并及时预警，使得城市的运转更为安全便捷。同时在产业和居住都更为分散和小规模的基础上，基础设施的供给也会通过智能感知和判断，实现经济性和最高效率的个体化。基础设施适应城市发展碎片化的趋势，在智能技术的促进下，集成的小规模综合基础设施将提供以核心家庭或小组团为基本单元的综合基础服务，成为居住功能日益分散的技术支撑保障。

三、智能技术对城市空间规律认知的支撑

随着信息技术，尤其是移动通讯、物联网、大数据等技术的真正推广和普及运用，越来越多的工具可以帮助我们认知城市中各种社会经济和环境要素的空间运动规律。手机位置数据、浮动车数据、网络开放数据、沉淀在不同部门手中的业务过程数据等资源的开发利用，使得城市中每个个体对城市空间的使用状况、每种城市空间的被使用状况、不同空间之间的联系与竞争图景都可以被科学地呈现。新型数据源的应用和新的数据处理与模拟技术为我们提供了前所未有的机遇，可以对城市开展分析和建模，大大推进了我们对城市空间的理解，也使得我们对城市空间发展的预测和诊断成为可能，这在以往是不可想象的。但归根到底，这是一种方法论的转变，也就是开展城市空间组织必须从城市中流的运动规律入手，而不是像以往一样从空间布局形态和资源分配入手。

（一）城市运行状态及其诊断技术

1. 流的运动

离开了人类的各种社会经济活动，城市的实体空间将毫无意义。在人类开展自身活动的组织时，也在与各种自然环境的流动发生着密切的联系，利用自然赋予城市的能量，开展物质交换，带走城市所产生的废气和污染。从类型来看，城市中运行的各种流可以包括社会流、经济流、物质流、能量流、自然流、信息流等。

社会流是城市中人类活动的总和，包括城市中的人们为满足居住、购物、工作、交往、休闲等各类需求而发生的空间移动。在真实的世界里，每个人都具有不同的社会属性，其价值偏好、选择能力都存在巨大的差异性，由此汇聚而产生的社会流动具有高度复杂性。城市空间组织的最终目的是尽可能通过每个个体流动的成本效益最大化，来实现城市整体运行绩效的最大化。通俗地说，就是让尽可能多的人能够就近获取最满意的就业岗位、公共服务和社会服务，避免不平等和潜在的安全威胁，促使空间的供给与空间的需求实现最优化匹配，降低无效消耗。

经济流是城市中各类经济活动的总和，包括城市中的企业和各类组织为实现贸易、协作和竞争而发生的空间联系。与个体人相似，每个企业因其自身属性对选址有着不同的偏好，也对邻居、环境和支撑性网络的选择有着相异的要求。从世界、地区或城市等不同层级来看，经济流动所形成的结构都决定了每个位置的重要性以及其空间格局，与此同时，空间格局的静态特征和动态演化也同样对流的运动具有影响。最优化的空间格局应当能够让经济活动协作与联系成本最低，又能够控制最大范围的腹地。

物质流和能量流支撑了城市系统的运行，城市建设和运行的方式又决定了物质和能源消耗水平，又进一步决定了城市发展的可持续性。与其他因素相比，城市空间形态和结构对能源和物质消耗的影响往往更加显著。正如我们前文所提出的，环境价值观和最小消耗是智能城市的两条关键原则。认识到城市空间组织与物质和能量流之间的规律，不仅对于推进智能城市具有重要作用，也对于中国未来30年的发展目标的实现具有重要意义。这是因为，中国的城镇化发展已经进入了一个新的阶段，城市已经成为能源的主要消费者，而城镇化过程不仅直接导致能源消费的空间集聚，而且意味着人均能耗的大幅度增加。生活水准的提高、生产方式的转变、经济活动的复杂化都要求更多的能源消费。在终端能源消费中，2010 年中国公交行业和城镇生活能源消费占 84.6%，其中城镇人均生活能耗是农村人均水平的 1.54 倍；中国城镇单位建筑面积耗能约为 13.2 千克标煤 /（m² · 年），是农村地区的 4.52 倍。在过去 30 余年中，全国城镇化率的增长率为 30%，同时全国总能耗也增长 6 倍。也就是说，城镇化率每增加 1 个百分点，平均能耗相应增加 18 个百分点。根据 BP 世界能源统计 [①]，2013 年中国的一次能源消费占世界的比重为 22.4%。如果按照过去的能耗增加趋势持续下去，到城镇化水平进入 70% ~ 80% 的成熟阶段，全国的能源消耗还将增长 3 ~ 5 倍。显然，粗放的、高耗能的发展方式不可能再支撑未来中国的城镇化发展。因此，在未来智能城市的建设过程中，理解物质流和能量流的运动规律并从不同层级的空间组织开始就将最小化原则贯彻其中的重要性十分突出。

　　自然界的各种流动，如风、水、生物的运动既构成了城市所依存的生态本底，又使城市生命体的新陈代谢循环过程成为可能。然而，在旧的城镇化和城市建设模式下，对自然流动的忽视已经造成严重的后果。原本畅通的水流脉络被截断，原本实现水循环的柔性表面为道路、铺装等硬性表面所覆盖，本应滋养大地和万物的水被集中到有限的管道排往自然系统，而河湖湿地又为大规模的城市建设所侵蚀，这些正是屡屡发生城市内涝和造成生态破坏的重要原因。近年来大气污染更是成为举国关注的重点话题，长期盘旋在华北、华东地区的雾霾也正是城镇化过程中的大气污染超出了大气循环能力的后果。要解决这些问题，首先必须要认识城市区域和城市小环境中这些自然要素的内在运动规律，循着对自然的敬畏之心，合理布局城市空间和各类产业、行业发展。

　　信息流的高速增长本身是与智能城市建设相伴而行的，但信息流还有着更加深刻的含义。随着实体空间与虚拟空间的融合发展，越来越多的城市活动正在以信息流动的形式对实体流动产生着替代。前文我们已经对此展开了充分的介绍，但在此我们仍然可以用流的组织过程进行重新诠释。第一层替代是信息流的介入改变了原有物质流和社会流的结构性组织效率，如原本商品从出厂到消费者手中这一过程所涉及的流动至少包括从工厂到商场的货流和消费者从家到商场的客流，而独立电商的兴起使之简化为工厂到商场的货流和独立电商的集中配送货流，平台电商甚至可以进一步将其简化为从工厂到客户的直接配送货流。这种流的变化极大地提升了社会经济运行效率，降

---

① 数据来源：英国石油公司，BP Statistical Review of World Energy, June 2014.

低了社会成本，但同时也造成了深刻的空间影响：①部分实体商业空间受到冲击而难以为继；②城市不同功能用地比例需求发生了变化，仓储用地需求增加，零售业用地需求降低；③道路交通状况发生了变化，客流降低而货流增加，同时交通活动在一整天中的动态分布也将受到较大影响。第二层替代则是信息流的介入导致原有物质流和社会流的消失。例如慕课等在线教育使原本依附于实体空间的教育形式承受巨大的竞争压力，在线金融服务或政府审批使相关的出行行为变得不再必需。虽然就当前而言这些替代仍然是小规模现象，但随着智能城市建设的推进和信息技术的进一步渗透，大规模替代现象的发生是大概率事件。

需要指出的是，上文为方便阐述将流的组织按照不同的类型进行讨论，但真实世界里，所有这些流是彼此相关、相互促进又相互制约的。在全面应用流的概念并借助其进行城市研究时，必须回到我们在前文所提出的智能城市空间组织的四大核心要素——位置、邻居、环境和网络，从它们之间的复杂关联性中寻求对过去的合理解释和对未来的理想答案。

可以说，城市的物理形态和运行于其中的各种流动共同塑造了我们的城市。离开对这些流动规律的认识，开展城市的空间组织就如同在黑暗中摸索，很难预料每一步选择所产生的后果。令人遗憾的是，城市连同其所依存的系统实在太过复杂，大部分流动既不可见，又难以测度。这也是导致我们此前的城市规划与建设工作往往在解决一个问题的过程中产生更多新问题的重要原因之一。在智能城市建设的背景下，开展空间组织首先要探索的就是对这些城市社会运动规律的理解，新的数据源和新的分析方法应用恰逢其时。

总体而言，"以流定形"的方法是智能城市空间组织的核心原则。这对城市规划的传统理论来说是一种颠覆。传统的城市规划方法通常是基于总量（如人口规模）的预测提出未来特定阶段的发展目标，继而通过形态设计将其平均分配到不同的空间和时间。这种方法可以称之为"以形载流"。从科学的角度，这种方法所依存的假设显然较为粗糙，认为人的需求是一致的，各种设施也是匀质的，城市的发展过程服从线性规律；而从社会的角度，这种方法要求人类社会的活动服从于既有的形态，而不是根据真实的人类活动需求来规划城市，显然也背离了城市应当以人为本的出发点。建设一个更加智能的城市，我们需要借助于更广泛的数据源对城市中的流的运动规律展开全面的探索，而不是局限于已有的分析工具。

2. 形的特征

城市的实体结构及其功能支撑了大部分流的运动，因此，形体空间的设计仍然高度重要。传统城市规划的缺陷在于仅仅关注形体空间设计，而忽视了其与人类活动的关系。改进城市规划方法首先需要理解形体空间在城市中的真实特征。例如，要规划一处城市副中心就必须要知道它的实际影响范围可能有多大，需要产生什么样的经济流动，而潜在的服务群体能否维持这样的流动，这样的服务群体定位是否又会带来干扰其他系统运行的流动。在过去，城市空间布局往往忽视此类问题或是没有能力对此类问题进行解答，而只能凭借经验或是理想进行决策，结果要么城市副中心无法形成，要么造成大规模的拥堵。通过智能技术实现对城市发展规律的精准认知，离不开对现有城市形态空间特征的把握。我们认为，这些特征可以从城市形体的结构、服务范围、内部构成、动态趋势等几个方面来进行描述。

结构特征体现了区域中不同城市或城市内部不同地区之间的总体关系，如区域功能结构、就业岗位结构、城市中心体系结构、土地开发强度结构、城市景观结构、公共设施体系结构等。确定结构是城市空间组织工作的核心，但实际的城市结构往往与规划有所不同，这是因为在规划阶段很难预计到流的运动是否能够支撑结构的需求。尽管如此，规划的结构在很大程度上决定了城市资源的投入并继而对流的运动产生很大的影响。智能城市的空间组织首先需要通过新的技术方法描绘出真实的城市结构特征，继而分析其与流的相互关系，为后续的干预举措提供理性的支撑。

范围特征体现了一种类型的城市实施所能触及的真实服务范围。在传统的城市规划中，服务半径一般来说都是各类设施布局的理论基础。然而，实际情况中每一类设施的服务并不是严格按照服务半径来提供的，市民选择设施同样也并不仅仅考虑距离。例如，城市中的三甲医院经常人满为患，很多市民即使仅仅遇到一些小毛病也会选择去大医院，而社区医院却门庭冷落，从而导致资源的错配；中小学虽然划定了学区，但学校之间的教学质量或学生构成差别很大，家长往往费力费时将子女送往很远的学校就读。识别城市中心的服务范围是一个更加复杂的问题。对于市级和区级中心来说，在大多数服务并无差别的情况下究竟哪些职能拥有更大的服务范围？究竟是规模和多样性，还是消费能力决定了城市中心的级别？这对规划城市结构来说至关重要。因此，要理解城市空间运行规律就必须面对这种差异性，而不是简单地假定所有设施的服务范围都是一样的。

构成特征体现的是城市空间所包含功能的复杂性程度。传统的城市规划往往追求严格的功能分区，忽视城市生活的复杂性和多样性，这不但造成城市功能之间的联系变得弱化，降低了城市运行的效率，而且造成城市活力和创新氛围的丧失。因此，当代的城市规划理念普遍将空间的多样性作为追求的目标。然而，多样性通常并不是规划形成的，而是城市自组织活动产生的。认识城市中现有的多样性格局及其背后的形成机制对于谨慎地规划城市空间具有重要的启发意义。

趋势特征反映了城市空间的发展变化动态。城市空间的结构和内在构成始终是处于发展变化之中的。从宏观而言，城市用地的扩张、城市功能的集中或分散反映了城市的生长趋势；从微观而言，城市用地的更迭，城市功能、高度和密度的变化，城市设施的增长反映城市的新陈代谢。这些变化是城市作为一个整体应对外部环境变化所作出的自适应结果。洞察了这些趋势性特征将有助于我们在进行城市空间组织时提高预见性。

3. 数据支持

制约我们理解城市空间运行规律的一个关键因素在于大多数流是不可见而又难以测度的，即使能测度又是数据量极为庞大而难以分析的。因此，我们需要建立用于记录和分析流的运动规律的工具。如果将各种数据的来源端都视为智能城市的神经末梢或是城市传感系统的传感器，那么首先需要的就是建立这样的传感网络，或是发现并激活城市中大量沉睡的此类传感器。

实际上，经过 20 余年的发展，互联网本身已经积累了大量的城市数据，可为城市研究提供支撑。近 10 余年以来，基于用户生成信息的互联网络发展更是为描绘城市中的各种活动与事件提供了源源不断的数据。互联网用户本身已经成为最大规模的城市传感器。例如，Sakaki et al.（2010）曾经试图通过 Twitter 热点图建立城市空间的使用特征，结果证明 Twitter 用户可以被当作传感器，能够在一定程度上描绘出空间中的静态事件或运动模式。Martinez et al.（2012）发现，微博不仅可以用于理解人的行为，还可以模拟人们与城市环境之间的互动过程，甚至可以作为城市规划决策的补充信息来源。他们建构了一套可以根据微博类型自动生成土地使用性质、根据微博活动自动判别兴趣点（Points of Interest，POI）的技术模型。Noulas et al.（2013）利用西班牙 Foursquare 运营商提供的百万基础数据库数据，以签到类型对城市空间进行划分，并成功预测了人们在临近地区的签到行为。社交网站的数据挖掘还能获得关系数据，为进一步了解空间关系提供可行数据。传统的研究数据基本上都是属性数据，例如性别、年龄、收入等，但人们是生活在一个特定社会环境中，个体行为都受到其他人的影响，这种影响效应会对单体的属性数据产生极大的影响。空间也是如此，城市空间单位之间必然会因为活动或人员的联系产生相互影响，关系数据就能够完整地记载这些相互影响，从而为更好地理解空间作用模式提供可能。

此外，互联网上还存在着大量的免费和付费开放数据库，或是可以通过抓取获得的数据。例如地图网站提供的兴趣点数据能在一定程度上呈现出各种城市功能之间分布格局和相关关系，像 Open Street Map 就是一个完全开放数据的网站，能够提供全球范围的兴趣点数据下载服务。政府网站同样提供了很多原始数据，如环保部数据中心向公众完全开放了空气污染、地表水、辐射环境等大量环境监测的实时数据，为研究污染状况和演变规律提供了宝贵的数据支持（见图 2.5）。科技部遥感中心等部门也公开了部分遥感影像数据，为宏观监测城市变化提供了重要的帮助（见图 2.6）。互联网上的诸多信息聚合平台，如百度、大众点评、豆瓣同城等采集了大量关于城市设施使用状况和社会活动组织的信息，这些对于分析城市各类活动的空间分布规律也具有重要意义。

图 2.5　环境保护部数据中心网站界面（数据来源：http://datacenter.mep.gov.cn/）

图 2.6　国家综合地球观测数据共享平台界面（数据来源：http://www.chinageoss.org/）

网络开放数据也有着很多先天缺陷，比如，真正的全样本数据很少，而与严谨的科学研究采样相比其样本偏差往往很大；数据挖掘成本高，往往需要耗费大量时间通过爬虫程序爬取；数据品质差，主要研究精力被用于数据清洗和结构化的过程等。但是网络开放数据极大地丰富了用于城市研究的数据类型，并在以下四个方面展现出来独特的优势。

（1）网络数据搜集法对传统数据搜集方法形成了有效的补充。以社会研究为例，对于调查对象而言，通常不能记住或提供给研究者全部所需数据，尤其是那些不甚重要的"长尾数据"。因为这不但要求消耗其大量的时间精力，而且对其即时的记忆力和反应力也是一种考验。而依靠网络社交平台，网络上大量的数据是人们主动提供的，而不是被调查者索求的，数据的完整性、系统性、客观性得到了保证。

（2）有效弥补了官方和商业数据空白。官方机构在数据搜集方面存在目标设置和人员配置的刚性，虽然准确性较高，但是缺乏弹性。对公共空间而言，主要集中统计大型公共设施的利用情况，很难对在其视野之外的对象进行搜集。另外，对于一些草根的、自发形成的、社会效益大于经济效益的、没有进入官方视野的园区，这更有助于人们获得有效信息。商业数据则往往偏重于企业层面，如企业名录等数据较好获得，但是更多基于公共利益的社会活动则鲜有统计。

（3）在数据尺度层面实现宏观空间表现和微观主体行为的统一，即通过细颗粒的数据来表达大范围的空间现象。以往宏观尺度的空间研究往往采用粗颗粒的数据，虽然这类数据更直接方便，但是在数据筛选合并过程中会有不可避免的损失。

（4）对大数据的研究方式而言，海量数据本身就会对很多问题有较好的解释性，不需过分强调分析方法。这对于许多新兴且复杂的研究对象而言，能够在研究早期更好地把握研究对象和研究问题。

另一块重要的数据源是政府和企业日常获取的业务数据。这些数据通常沉睡在各个机构的纸质或电子文件中，以往并没有获得过多的重视，有时还面临着被定期销毁的命运。究其原因，一是对于数据存储机构来说，往往局限于循惯例进行统计汇总，忽略了业务数据本身所蕴含的其他分析价值；二是这些数据占据实体或数字存储空间过大，可预见的产出效率又低，机构不屑于对其开展研究；三是数据价值的很大一部分在于与其他机构数据的交叉分析，持有数据的部门无从受益，又缺乏分享共赢的机制。随着大数据的观念深入人心，不同部门逐渐开始重视手头的业务数据，开始与相关部门或科研机构合作开展价值挖掘。这种变化也为城市研究提供了广阔的舞台。从当前实践来看，工商部门的企业注册数据、智能电表数据、航班售票数据、逐项的土地出让数据和规划许可证发放数据等，都已经在城市规律的研究中发挥了重要的作用。

当然，我们无法忽视移动通信数据和浮动车数据。特别是前者，几乎前所未有地向我们展示了洞察完整的城市中人的活动轨迹的可能性。在这方面，规划界已经产生了初步却具有革命性意义的成果，在本节的后续部分将深入阐述。

除了发掘这些传统上已经存在却没有加以利用的数据源，在智能城市时代不得不提及物联网数据和主动收集的公众数据。中国已经开启了大规模的物联网建设热潮，几乎覆盖大部分城市的视频网络已经建成，建设、环境、水利部门所投资兴建的监测系统也基本到位，但与之相关的研究尚未展开。此外，主动收集市民意愿和地方性知识也将在未来的城市研究中扮演越来越重要的角色。例如，在一项志愿者活动"北京钟鼓楼改造项目社区规划参与计划"中，规划师建立了基于 Web GIS 的信息采集平台，市民能够上传新老照片并发起建议和意见，这些照片和文字都与地理位置相关联（见图 2.7）。

图 2.7　保护北中轴网站界面（数据来源：http://archlabs.hnu.cn/bj/）

（二）基于网络开放数据的城市空间诊断

互联网既是一个人们自愿分享信息的平台，也是真实世界的映射，无论企业还是个人，或多或少都会在网络中留下踪迹。这一开放而庞大的信息库本身已经能够为城市空间的诊断提供无限的可能性，各种信息聚合平台更为开展特定目标的研究创造了比较好的基础。例如，针对企业空间位置和营业状况等基本信息，可以选择类似于黄页的数据网站进行挖掘；针对房地产交易信息可以选择交易中介类网站或者政府房地产管理信息网站进行采集；针对环境信息同样也可以访问政府公开的监测数据接口。北京市城市规划设计研究院规划信息中心曾经对可用于分析城市空间规律的现有网络开放数据源作出一定的梳理，无论是空间位置、医疗等公共设施，还是就业岗位，都有着内容十分丰富的网络开放数据支持（见图 2.8）。

这里可以通过百度地图、新浪微博和豆瓣同城三个网络开放数据用于城市研究的案例来探讨这一领域的未来发展潜力。

1. 基于百度地图热力图的上海城市空间结构分析

上海作为规模巨大的国际都市，其内部空间和功能的复杂性不言而喻。上海的城市空间结构一直以来受到不同领域学者的关注。例如，邓越等(2002) 通过对上海市人口和商业重心计算，分析了上海城市空间结构的演变，并对城市空间发展进行了预测；陈蔚镇和郑炜 (2005) 通过对上海的空间形态指数测定与人口密度空间分析，对溢出效应理论进行实证研究，揭示了上海空间形态变迁的内在作用效应在于郊区化进程与扩散主导型溢出效应的时空

专题类型	典型网站
空间	Baidu、Google、MapABC、MapBar、Sogou、OSM
房产	搜房、安居客、链家、我爱我家、sina、焦点
公司	阿里巴巴、sina等各类公司黄页
社区	北京社区网、房产网
教育	教育黄页、北京教委
医疗	医院黄页、北京卫生局
文物	北京文物局
公共设施	Aibang、dianping等网站
就业	51job，智联招聘
社会活动	dianping、weibo、街旁
……	……

图 2.8　支持城市研究的可能网络开放数据来源（北京市城市规划设计研究院规划信息中心，2014）

耦合；李健和宁越敏 (2007) 基于上海市人口分布的数据资料，对上海市功能区进行聚类分析，确定了中心城区、核心区、服务业高度集聚区等五类功能区，并对上海大都市区空间重构与人口布局优化提出了建议；石巍 (2012) 基于人口分布和密度对上海的多中心结构进行了分析和验证，并在此基础上探索了影响上海城市空间结构演变的因素。

　　但是，由于此类研究的基础信息多来自我国的人口普查数据及其衍生数据，因而也存在着一些局限。一是在时间上具有静态性。上海是一个 24 小时均处于高速运转中的动态有机体，而人口普查数据则反映的是人在一天中某个时段内相对静态的数据。二是在空间上具有局部性。人口普查数据是捆绑在居住用地上的，无法反映城市中商业、商务、产业等不同功能空间的使用情况。城市空间白天和夜晚的人口分布如何变化？写字楼林立的地区是否一定存在密集的商务活动？商业活动的核心是否一定位于商场面积最大的区域？诸如此类的问题都需要依靠更新、更动态的数据来剖析和解答。百度地图热力图为我们提供了一种新的途径。

　　百度地图热力图是百度在 2014 年新推出的一款大数据可视化产品（见图 2.9）。该产品以 LBS（Location Based Service，基于位置的服务）平台手机用户地理位置数据为基础，通过一定的空间表达处理，最终呈现给用户不同程度的人群集聚度，即通过叠加在网络地图上的不同色块来实时描述城市中人群的分布情况。该款产品在面世之初便因其能够提供节假日景区拥挤程度，帮助用户出游决策而受到追捧。同时，作为一个基于亿级手机用户地理位置的大数据新应用，百度地图热力图在不同专业领域内的意义和价值也在被持续地挖掘和开发。

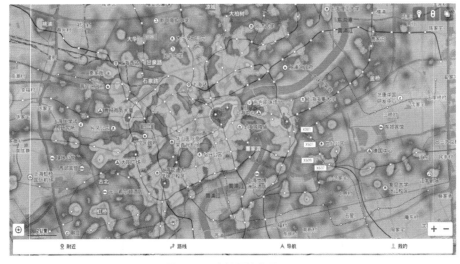

图 2.9　百度地图热力图界面

对于城市研究和城市规划专业人员而言，百度地图热力图提供了一个观察城市空间的全新视角，它所展示的不同时段内人群在城市各地点的聚集信息，在很大程度上反映了城市空间被使用的情况。城市中人口密度最高的是哪些地区？人群是否按照规划者的意愿进行聚集？高密度区域的聚集会持续多久？城市白天和夜晚的人群分布有多大的差异？诸如此类的问题是城市研究者和规划师一直以来热切关注却又不易弄清的，而这些问题在百度地图热力图这个大数据平台面前却显得前所未有的清晰。因此，本研究尝试把百度地图热力图作为分析工具，对其在城市空间结构研究上能够发挥的作用进行一些初步的探索。

（1）研究对象与数据选择

将上海市中心城区作为研究范围，根据《上海市城市总体规划 1999—2020 年》，上海市中心城区的范围为外环线以内地区，是上海政治、经济、文化中心，城市建设用地控制在 $600km^2$。按照规划，上海中心城区的空间结构特点为"多心、开敞"，并由中央商务区和主要公共活动中心构成中心城区公共活动中心（见图 2.10）。中央商务区由浦东小陆家嘴和浦西外滩组成，规划面积约为 $3km^2$。主要公共活动中心指市级中心和市级副中心。市级中心以人民广场为中心，包括南京路、淮海中路、西藏中路、四川北路四条商业街和豫园商城、上海火车站等地区；副中心共有四个，分别是徐家汇、花木、江湾—五角场、真如，用地面积为 $1.6~2.2km^2$。

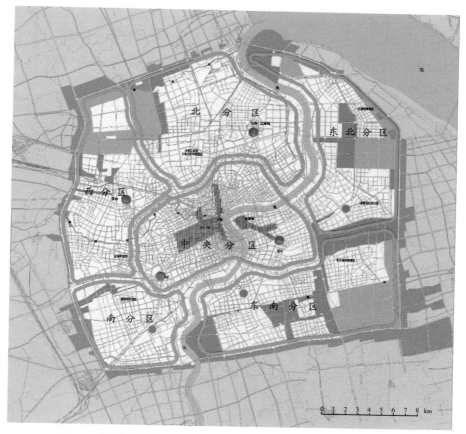

图 2.10　《上海市城市总体规划 1999—2020 年》中的上海市中心城区结构

对 2014 年 5 月 22 日至 5 月 28 日连续一周的上海市中心城区范围内的百度地图热力图数据进行跟踪，并利用自编程序对热力图数据定时截取（见图 2.11），截取时间间隔为一小时，总计截取热力图 108 张，以此作为本研究的重要基础数据。

百度地图热力图作为一款面向大众的数据可视化软件，更注重的是直观的数据感受，而并没有在应用中标注不同颜色所代表的人口密度。根据研究需要，我们对截取的图像数据进行了矢量化处理以及地理坐标投影（见图 2.12）。同时，考虑到利用移动数据来代替真实的人口分布数据可能存在一定的误差 (Kang et al., 2012)，尽管百度地图热力图的数据基础为总数过亿的庞大百度移动用户的地理位置，但也仅能够近似地展现人口在地理空间上的分布趋势，而不能替代实际人口密度的真实数据。因此，本研究更注重不同时段内不同区域的人口集聚和分布的相对情况。为了数据分析的便利，采用热力度来衡量热力地图所反映的密度情况，对不同的色彩区域赋予 1~7 的热力度数值；热力度越高代表人口越密集，反之亦然。同时为了便于描述，在下文中将热力度为 6~7 的区域统称为城市高热区、热力度为 4~5 的区域统称为城市次热区。

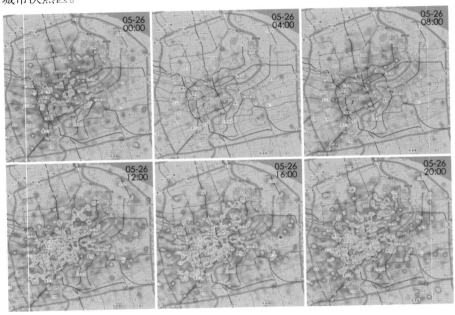

图 2.11　上海市中心城区百度地图热力图部分截图 (2014 年 5 月 26 日)

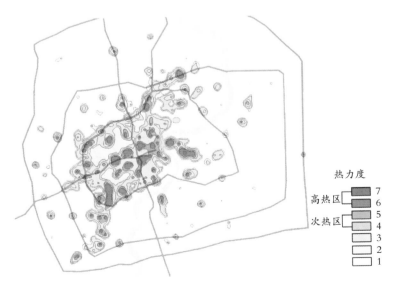

图 2.12　经矢量化及赋值的百度地图热力图数据 (2014 年 5 月 24 日 17 时)

（2）城市热力度分布的时空变化

基于对城市内人群活动规律的通常理解，市民的活动很大程度上呈现出以周为单位的周期性变化，同时周末（周六及周日）和工作日（周一至周五）的人群分布具有一定的差异性，现有的关于基于城市人口分布的研究也论证了这一规律 (Kang et al., 2012)。因此，本研究针对工作日和周末时段内百度地图热力图所反映的热力度分别进行了考察。

①周末数据分析

考虑到周六和周日两天的人群作息活动相对接近，这里首先以周六 (2014 年 5 月 24 日) 为样本，以当日 9:00—23:00 期间每个整点的百度地图热力图数据作为基础开展详细分析。通过对上述热力图进行矢量化后的数据（见图 2.13）进行分析可以发现，各级热力度的区域数量、面积、位置随着一天中的时间推移有着明显的变化。造成这种变化的因素主要有两个：一是移动客户端使用者在城市中移动造成的空间分布变化；二是随着时间的推移人群中移动客户端使用者比例的变化。因素一赋予了热力图数据在一定程度上反映城市人口分布特征的能力；因素二则说明用热力图数据来推测某一区域人口的绝对数量是不可靠的。因此，正如前文所述，我们重点关注的不是如何推测人口分布的精确数据，而是人口在城市不同区位上集中程度的相对比较，并在此视角上对城市的空间结构进行分析。

● 不同热力度区域面积随时间变化情况

如前文所述，本研究将热力度为 6~7 的区域统称为城市高热区，热力度为 4~5 的区域统称为城市次热区。高热区和次热区在一定程度上分别代表了城市内人群高度集中区域和较为集中的区域，它们的面积越大则反映城市人群的集聚度越高，反之则说明城市人群的离散度越高。

从图 2.14 可以看到，在周六 (2014 年 5 月 24 日)9:00—23:00 时段内，城市高热区和次热区的面积随着时间的变化有着明显的波动，大体呈现早、晚面积小，上午至下午面积较大的趋势，而这两类区域在 9:00 时的面积均远远小于 23:00 时的面积。对两条曲线分别考察可以发现，城市次热区的面积在 13:00 到达峰值，随后基本维持不变，形成一个持续大约 6 小时的面积稳定期，直至 19:00 之后开始大幅下降；而城市高热区的面积则在 15:00 和 19:00 前后形成两个较为明显的波峰，其中 15:00 时为高热区面积在一天中的峰值。对周日 (2014 年 5 月 25 日) 的数据分析结论大致相同（见图 2.15）。

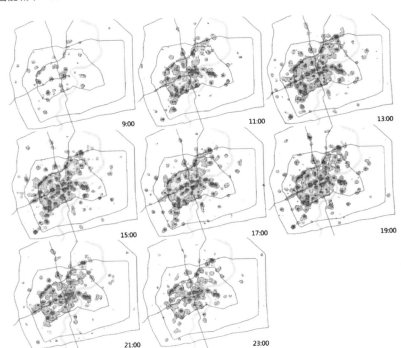

图 2.13　周六 (2014 年 5 月 24 日) 经矢量化处理的百度地图热力图数据 (部分)

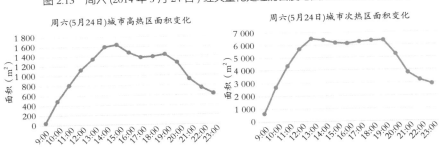

图 2.14　周六 (2014 年 5 月 24 日) 城市高热区及次热区面积随时间变化情况

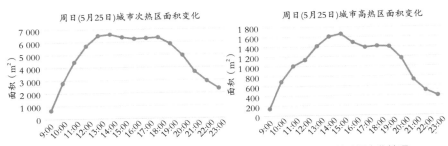

图 2.15　周日 (2014 年 5 月 25 日) 城市高热区及次热区面积随时间变化情况

由此可以推测，在周末，早上的人群活动强度远低于晚上的人群活动强度，城市人群的集聚度自午餐时间之后 (13:00) 开始走向峰值，一直持续到晚餐时间之后 (20:00)，意味着周末大部分家庭很可能在家用完午餐后出门，向城市商业中心集中，开始周末的各项休闲娱乐活动，并在晚餐后陆续回家，城市的大部分重要商业休闲空间在上午时间处于低使用率的状态。可以发现，周日的城市集聚度在 19:00 之后下降速度高于周六，在一定程度上反映出在周日，城市人群结束休闲活动离开商业区回家的时间要早于周六，这可能是大部分人考虑到第二天即将投入工作，因而选择较早回家休息。

● 城市高热区的空间分布

城市高热区作为城市中人口密度最高的区域，在一定程度上也是测度城市空间结构中重要节点的一项标准。为了进一步发现人群在城市中分布的空间特征，需要对高热区所处的地理位置分布进行考察。考虑到百度地图热力图是实时变化的动态数据，故利用 GIS 工具将上海中心城区进行 50m×50m 的栅格单元划分，并对每个单元的整日数据进行平均值计算，以此作为分析的数据基础。

根据图 2.16，整个中心城区范围内连续高热区共有 8 处，对 8 处高热区分别根据地理位置命名，并按照其面积大小依次排序为：人民广场、徐家汇、中山公园、金沙江路地铁站区域、静安寺、五角场、世纪大道以及七浦路。

图 2.16　周六 (2014 年 5 月 24 日) 整日热力度平均值图

通过考察区域的主要城市功能可以发现，所有上述8个高热区均有很强的商业休闲功能，其中5处为上一轮总体规划中确定的城市中心或副中心（人民广场、静安寺属于城市中心；徐家汇属于徐家汇副中心；五角场属于江湾—五角场副中心；世纪大道属于花木副中心），传统商业氛围浓厚；而另外3处高热区所在区域均有较大型的商业设施（金沙江路地铁站：月星环球港；七浦路：七浦路服装批发城；中山公园：龙之梦等）。由此可见，周末上海市中心城区的主要人群集聚活动以购物休闲为目的，商业休闲区是使用强度最高的区域。

此外还可以看到，真如作为上一轮总体规划确定的城市副中心之一，其周末的人群集聚度远低于另外三处副中心，这与真如地区商业发展缓慢的现状符合，而金沙江路地铁站区域在数年前并非传统商业地区，也反映出月星环球港不仅总体规模庞大，也有效地集聚了人气。

②工作日数据分析

相比周末，工作日的人群行为受到工作时间的约束，周一至周五的热力值数据分析结果呈现出更强的相似性，这里以周一（2014年5月26日）的数据为例，分析工作日城市热力值的变化特点。

● 不同热力度区域面积随时间变化情况

从图2.17可以发现，周一高热区与次热区的面积在9:00—10:00期间增长很快，其中高热区面积在9:00—10:00期间的快速增长尤其显著，反映出人群受上班早高峰时间影响，从居住区向商务办公区和商业区等岗位密集区域大量集中，同时也反映出在工作日，岗位密集区域所能达到的最高人口密度远高于居住区域。

通过对数据曲线的观察还可以发现，高热区与次热区的面积大约自11:00起达到一天中相对较高阶段，一直持续大约9小时，并在18:00至19:00出现一个明显的波峰。由此可以看到，在工作日，受到工作时间的影响，人群集聚度稳定在高水平的时段明显较长；同时，相比通常认为的工作时段（9:00—18:00）而言，高热区和次热区面积达到高水平的时段要滞后2小时左右。可以推测，在工作日，一天中人群集聚度首先随着人群从居住区域向工作区域集中而第一次显著提升；随后又受到休闲消费人群向商业、餐饮、休闲区域集中的影响而第二次提升；在两次集中的重合时段，人群的集聚度达到峰值。此外，上海数量庞大的加班人群也在一定程度上促进了高集聚度时段的滞后。

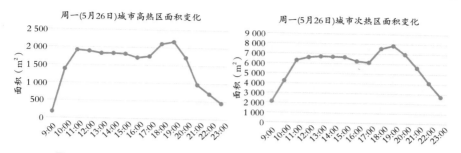

图 2.17　周一 (2014 年 5 月 26 日) 城市高热区及次热区面积随时间变化情况

　　根据图 2.18，周一整个中心城区范围内连续高热区共有 14 处，根据面积大小依次排序为：世纪大道、陆家嘴、静安寺、上海火车站、徐家汇、中山公园、虹口足球场、打浦桥、人民广场、南京东路东段、金沙江路地铁站周边、七浦路、上海马戏城、镇坪路地铁站周边。单个连续高热区的面积相对周六明显较小，其中周六时面积较大的人民广场高热区在周一拆分成了人民广场和南京东路东段两处不连续的高热区，金沙江路站高热区拆分成了金沙江路地铁站和中潭路地铁站两个不连续的高热区。

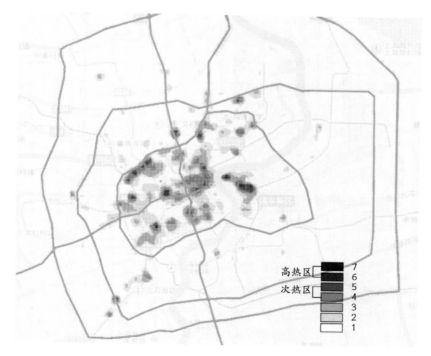

图 2.18　周一 (2014 年 5 月 26 日) 整日热力度平均值图

●城市高热区的空间分布

可以看到，在工作日，人群的集聚呈现出相对分散的趋势，集聚的中心更多，但是每处集聚的面积更小。这一特征单从高热区和次热区的面积上是看不到的。从高热区的城市功能来看，一方面商务办公对人群集聚的影响力远远高于周末时间，不少商务功能比重较高的区域在工作日成为高热区（如陆家嘴、上海火车站、虹口足球场等）；另一方面，传统的商业中心依然是最主要的人群集聚中心（很大程度上是由于传统商业中心的商务功能也很强）。

③周末与工作日的数据比较

通过将上述周末和工作日时间的数据分析结果进行比较可以发现，周末和工作日上海中心城区的人群分布和空间使用具有以下特点：

●无论是周末还是工作日，城市人群的分布在早上和晚上总是较为均质化，而在白天呈现较高的集聚度。

●在工作日，人群集聚度维持在较高水准的时段要长于周末。

●周末城市人群集聚的峰值出现在午后(14:00—15:00)，而工作日城市人群集聚的峰值出现在晚餐时间(18:00—19:00)。

●周末期间人群倾向于向少数几个中心高强度集聚，而在工作日人群倾向于向较多中心集聚，但集聚的强度相对较低。

●周末期间城市商业中心的使用强度远高于其他地区，而在工作日商务中心与商业中心有着大致相同的使用强度。

（3）城市人口重心变化分析

人口重心的概念于1874年由美国学者F. Walker首先提出，旨在借助力学概念来简明、概括地描述某地区人口的分布情况。这一概念在城市研究、地理学等领域被广泛运用，一段时间内的人口重心移动轨迹也常被用来描述某地区人口分布随时间变化的情况。从现有的研究来看，对人口重心轨迹的研究往往基于数年甚至数十年的时段，其周期多与人口普查周期一致，而大数据工具的逐渐成熟使得考察一周甚至一天内的城市人口重心移动情况成为可能。百度地图热力图的数据虽然无法真实反映不同位置人口的实际数量，但是能够较好地展示人口疏密的空间相对关系，理论上用百度地图热力图数据计算所得的"热力重心"可以近似地替代人口重心。

因此，本研究在百度地图热力图数据的基础上，借助GIS工具，首先对于各个封闭的热力等值区域分别计算重心位置，然后按照各自热力值和面积进行加权计算，最终得到工作日、周末一天中人口重心的移动轨迹。可以发现，几乎所有的时候上海中心城区的人口重心都在内环范围内，但在工作日和周末时的分布特征有着较为明显的区别。

① 工作日数据分析

从图 2.19 可以看到，周一（2014 年 5 月 24 日）9:00 上海市中心城区的人口重心大致位于南京西路地铁站附近，并随着时间的推移有向西移动的趋势；到 17:00 时，人口重心到达一天中的最西点，大致位于南京西路与延安西路交叉口北侧；而在 17:00 之后，人口重心又开始逐步向东移动，在 23:00 时到达上海展览中心附近，与 9:00 时的人口重心位置十分接近。整日的人口重心移动较为规律，大致沿逆时针方向呈环形移动。

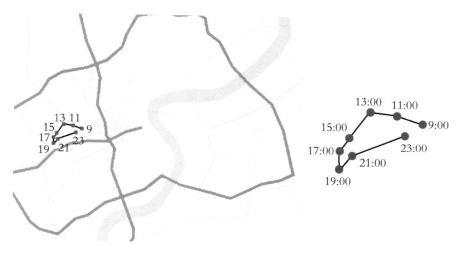

图 2.19　周一 (2014 年 5 月 26 日) 整日人口重心移动轨迹

② 周末数据分析

从图 2.20 可以看到，周六 9:00 时，上海中心城区的人口重心大致位于江宁路与新闸路交叉口，与工作日 9:00 的人口重心位置十分接近。从整日的人口重心移动来看，没有明显的规律，但总体呈现先向东移动，再向西移动的趋势，21:00 时人口重心位置到达市政府大楼附近，为一天中的最东点。

③ 工作日与周末的数据比较

将工作日与周末的人口重心移动情况进行比较可以发现，无论是工作日还是周末，早上和晚上的人口重心位置都是比较接近的，均位于南京西路地铁站周边 1km 的范围内。由于早上和晚上大部分人都在家中，因此这个范围大致代表了大部分人群在居住区时上海中心城区的人口重心范围。随着一天中时间的推移，可以发现工作日人口重心从这个范围开始向西移动，而周末时则正好相反，呈现向东移动的特点。由此可以推测，上海中心城区就业岗位的分布重心比居住区分布重心更偏西一些，而商业休闲设施的分布重心则更偏东一些。此外，工作日的人口重心移动规律明显，轨迹清晰，而周末的人口重心移动趋势则要模糊得多，这反映出在工作日受到工作日程安排的影响，人群整体活动呈现出更多的规律性，而周末人群的活动差异性和随机性较强。

图 2.20　周六 (2014 年 5 月 24 日) 整日人口重心移动轨迹

2. 用新浪微博数据分析城市空间结构

除了百度地图热力图，新浪微博等社交媒体也可以用作类似的研究。在一项探索性研究中，韩靖（2014）用新浪微博数据也对上海的城市空间结构进行了分析。相较于百度地图热力图只能通过截图和矢量化，新浪微博提供了开发者接口用于数据采集。研究抓取了上海市外环线及以内全部范围的带有地理定位信息的位置微博数据，其数据字段包含了用户属性信息、时间、地理位置等。因此，可以用于研究不同时间和地区的城市活动强度变化。在地图上绘制出所有微博的确切发布地点（见图 2.21），我们可以直观地感受到其总体分布呈现为中心紧密、外围分散、局部集聚的特点。还可以通过统计分析对分布模式进行深入的量化研究。

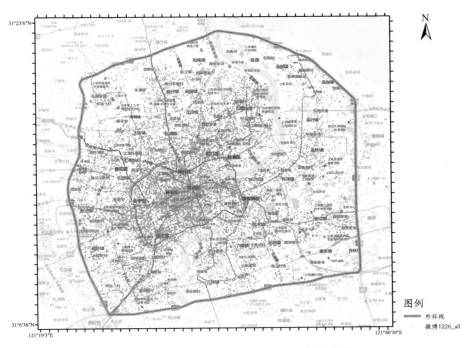

图 2.21　2013 年 12 月 26 日新浪位置微博散点图

（1）微博空间分布模式分析

通过 ArcGIS 空间统计中的平均最近邻指标，可以考察微博在上海中心城区宏观尺度的空间分布模式。从报表（见图 2.22）来看，微博分布的最近邻指数（平均最近邻比率）为 0.353 174，小于 1，说明其表现的模式为聚类；p 值[①]（概率）<0.01，即置信度为 99%，可认为该模式是由随机过程创建的可能性非常小（低于 1% 的概率）；z 得分[②]为 −463.160 097，远小于临界值 −2.58，再次证明所观测到的空间模式非常罕见，不可能是随机过程产生的结果。因而，位置微博的分布具有统计显著性的空间结构。

---

①　ArcGIS 的分布模式分析工具采用推论式统计，以零假设为起点，假设要素或与要素相关的值都表现成空间随机模式（CSR），然后再计算出一个 p 值来表示零假设的正确概率。当 p 很小时，意味着所观测到的空间模式不太可能产生于随机过程（小概率事件），因此可以拒绝零假设。

②　z 得分是标准差的倍数。例如，如果计算返回的 z 得分为 +2.5，表明结果是 2.5 倍标准差。z 得分和 p 值都与标准正态分布相关联，在正态分布的两端出现非常高或非常低（负值）的 z 得分，且与非常小的 p 值关联。所以，当计算得到类似结果时，就表明观测到的空间模式不太可能反映零假设（CSR）所表示的理论上的随机模式。

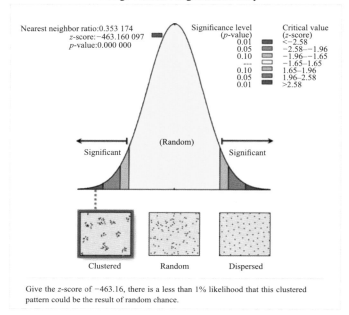

图 2.22　新浪位置微博（三日汇总）平均最近邻的 HTML 报表

（2）微博热度分析

微博的空间分布模式体现出聚集型空间结构，说明某些潜在的空间过程在发挥作用。为确定在哪个距离处促进空间聚类的过程最明显，需对其聚集状态作更加深入的研究。在完成微博坐标数据可视化的基础上，通过计算将原始散点转化为单位面积内的微博数量，即微博密度，并以冷暖渐变颜色填充，形成新浪位置微博热度图（见图 2.23），便可清楚地看出微博的聚集簇团的规模及所在。

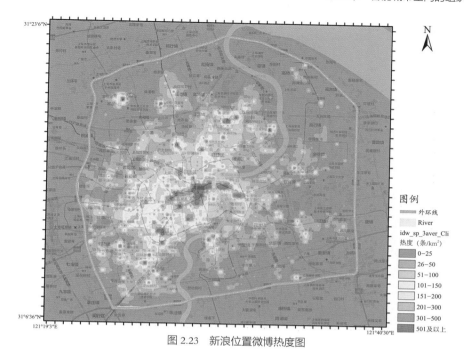

图 2.23 新浪位置微博热度图

从图 2.23 可以看出，微博热度较高的红色区域在上海市内环线以内较为集中，且规模较大、范围较广；在市中心的人民广场、南京路、淮海路、徐家汇、外滩和陆家嘴、世纪大道等地联结成片；在内环线以外呈现为独立散布的点状形式。

（3）微博热点细分

在微博热度分析成果的基础上，对代表热点的各个红橙色区域进行仔细判读并与真实地图对照后发现，所有微博热点可根据其主要的用地属性和功能，分为商业、高校、医院、住区和产业园区五个类别，共 60 个热点地区（见图 2.24）。

经统计，商业类微博热点共 30 个，数量最多，占全部微博热点的一半；其次为高校类热点和住区类热点，分别有 15 个和 9 个；医院热点和产业园区热点最少，分别仅有 2 个和 4 个。就其分布情况而言，商业类微博热点在内环线以内的市中心地带聚集较多，而高校类微博热点多位于中心城区外围地区，住区、医院和产业园区类微博热点位于中间地段和外围地区。

将商业类微博热点地区列表与上海市商业网点布局规划（见图 2.25）对比后发现，两者高度吻合相关，城市规划设计的商业空间正是微博群体聚集活跃的主要区域。

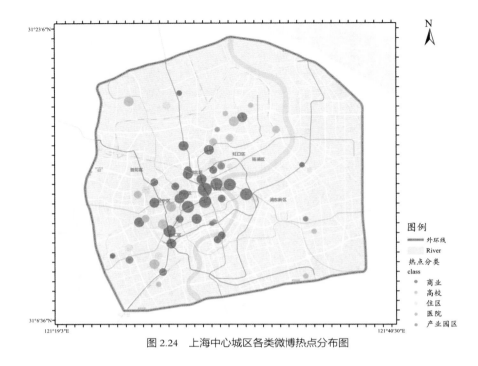

图 2.24　上海中心城区各类微博热点分布图

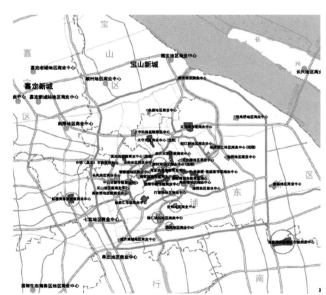

图 2.25　上海全市市级、地区级商业中心布局图（资料来源：上海市规划和国土资源管理局网站）

（4）微博空间分布特征及其与城市空间结构的比较

空间统计分析将事物的空间位置、分布特征及相互关系作为重要计算对象，同时也兼顾事物的属性，以及属性和位置的关系（宋小冬和钮心毅，2013）。在概括出微博热点的空间位置、类别属性和热度权重后，可以利用ArcGIS度量地理分布工具集，对上海中心城区范围内的微博发布点进行空间集中分布特征和空间分散特征的测度，并与上海城市空间结构进行比较研究。

　　① 中心位置的测度

　　中心位置包含平均几何中心、中位数中心以及中心要素。分析结果（见图 2.26）显示，按热度加权的中心要素是人民广场热点，该点占据了所有微博热点的最中央位置；加权平均几何中心与其相差不远，位于人民广场热点西侧约 700m 处；加权中位数中心几乎与人民广场热点重合。可见，微博发布点的中心与上海城市的中心相一致。

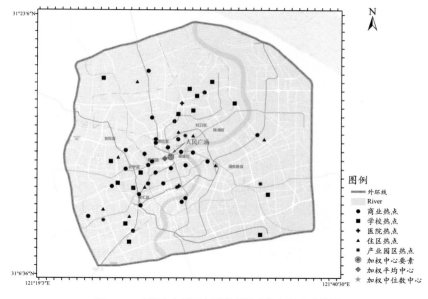

图 2.26　上海中心城区各类微博热点的加权中心位置

　　② 离散度的测度

　　首先以热度为权重，分别针对各类微博热点 [1] 和全体微博热点进行标准距离测算。结果表明，上海中心城区全体微博热点分布的标准距离值为6 401.047 7,68% [2] 的热点都集合于以该距离为半径的圆形范围内（见图 2.27）。

---

[1] 　由于医院热点数量过少，无法对该类热点进行单独的标准距离测度，所以结果未呈现。

[2] 　如果输入要素的基础空间模式集中于中心且朝向外围的要素较少（一种空间正态分布），则一个标准差圆面约包含聚类中 68% 的要素；两个标准差圆约包含聚类中 95% 的要素；三个标准差约包含聚类中 99% 的要素。本研究选择的圆大小为空间距离标准差的一倍，即 1 Standard Deviation。

与之相比，商业热点的标准距离圆半径更小，聚集程度更加紧密，而住区、产业和高校热点的标准距离圆半径更大，布局更加分散。

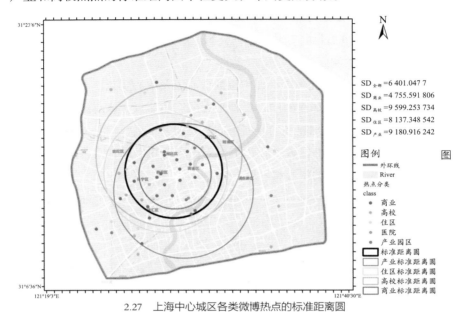

2.27　上海中心城区各类微博热点的标准距离圆

接着以热度为权重，分别针对各类微博热点和全体微博热点进行方向分布（标准差椭圆）的测度。从图 2.28 可以看出，全体微博热点分布的标准差椭圆长轴，即微博空间分布的最大离散方向，沿东北和西南方向展开，与黄浦江的走向大致平行；商业、住区、高校热点的标准差椭圆长轴方向与之类似；产业热点的分布方向则与之存在较大偏角，更偏东和西南方向。将微博热点的分布方向与上海市土地利用总体规划（2006—2020 年）（见图 2.29）[①]确立的城市发展方向进行比较发现，总体规划从更宏观的区域层面考虑，以跨越浦西和浦东的东西向作为城市发展主轴[②]，起到连接面向长三角的西翼新城群和面向临海临港的东翼新城群的作用，而微博热点的分布方向是基于城市发展现状的，与之并不一致。

---

① 上海市规划和国土资源管理局网站，http://www.shgtj.gov.cn/tdgl/200812/t20081223_152679.htm

② 东西主轴西自淀山湖、青西生态保护区、虹桥商务区，中间贯穿虹桥经济技术开发区、中心城区浦西地区、外滩和黄浦江两岸功能区、陆家嘴金融贸易区、张江高科技园区，东至浦东空港枢纽、大型民用客机总装基地、临港（芦潮港）新城和洋山深水港，是集中体现上海现代化、国际化的功能主轴和联系西翼组合新城群、中心城区、东翼组合新城群的空间链接。

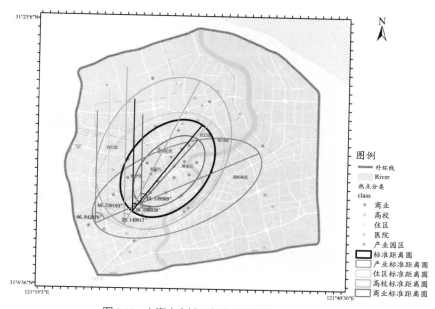

图 2.28 上海中心城区各类微博热点的标准差椭圆

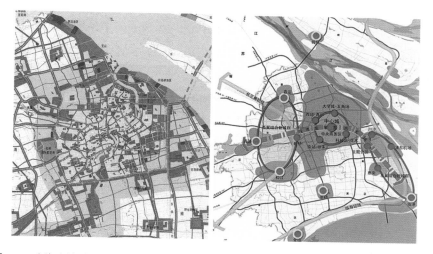

图 2.29 上海土地利用与空间发展战略结构图（资料来源：上海市规划和国土资源管理局网站）

国内学者曾采用 16 方位扇形分析法对转型期上海各时段城市化发展的空间扩展方向进行定量研究，其结论认为，1979—1990 年，城市主要沿黄浦江南北向发展；1990—2000 年，城市化在东北部和西南部显著增加；2000 年以后，上海城市化空间异向性趋强（尹占娥等，2011），见图 2.30。可见，微博热点与城市空间拓展在西南方向（徐汇、松江、闵行）上保持一致，产业园区类微博热点在东南方向（浦东、南汇）上也与城市空间拓展趋势吻合，微博热点的另一分布朝向趋于城市东北角（杨浦），而城市空间拓展趋于西北角（宝山、嘉定）。

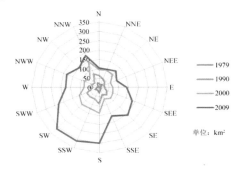

图 2.30 1979—2009 年上海城市用地拓展的方位变化（尹占娥等，2011）

（5）微博分布的圈层结构及其与城市人口分布的比较

借鉴以城市地租曲线解读城市内部空间结构形成和变化的经典思路，对上海中心城区的新浪位置微博总体分布特征采用类似的同心圆缓冲区分析法进行研究。以南京路和外滩交汇点为市中心，以 1km 为半径等量递增做同心圆，统计落入距市中心不同远近的圈层内的微博数量和密度，可以得出微博的空间分布和变化规律（见图 2.31 和图 2.32）。

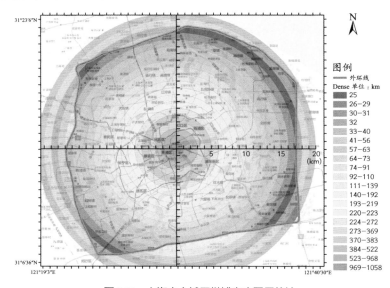

图 2.31 上海中心城区微博密度圈层统计

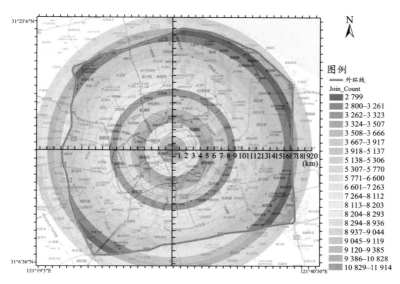

图 2.32　上海中心城区微博数量圈层统计

从市中心到四周，微博密度总体呈下降趋势。从距市中心 0~4km 半径范围内，微博密度急速下降；5~10km 半径范围内，下降速度变缓；10km 以外区域，下降非常缓慢，逐渐趋于 0。在距市中心 5km 和 9km 半径范围时，出现密度轻微回升的两次变化（见图 2.33）。以幂函数形式进行一元回归，其算式为 $y = 2\,359.5x^{-1.368}$，R^2 为 0.905 6，曲线拟合程度较为理想。

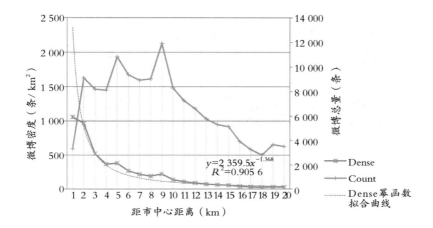

图 2.33　新浪微博密度、数量随距离变化情况

微博的绝对数量上，市中心并不是最多的地方，而距市中心2km、5km和9km的三处环状区域，则是微博发布量最大的峰值区。其中，距市中心2km处为人民广场、陆家嘴、豫园和四川北路等商贸片区；距市中心5km处为世纪大道、南京西路、上海火车站、大连路、西藏南路等商贸片区；距市中心9km处为徐家汇、五角场、中山公园、龙阳路等城市副中心和集散地。可见，微博数量在空间上呈波动状分布，而非连续单调的增减。

（6）微博分布与轨道交通线路的叠合比较

观察微博发布点分布状况（见图2.34）发现，中心城区内的微博呈现出与轨道交通线路走向大体一致的趋势。微博包围着轨道交通线路分布，由中心向外围辐射发散，中心城区线路密度大，微博热度高，越靠近外围，微博热度越低；线路交汇处和站点周边微博数量增多，线路中段微博数量较少。该现象反映出微博在上海中心城区宏观层面的分布，如同城市开发一样，也具有以"公共交通为导向"的特点。

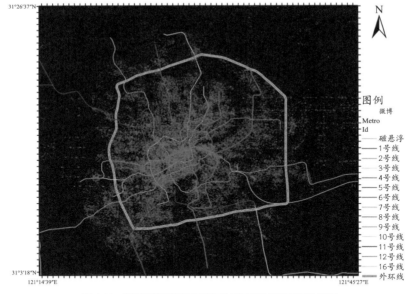

图2.34　新浪微博发布位置与轨道交通线路走向关系图

3. 用豆瓣同城数据分析城市创意互动空间分布

新浪微博等社交媒体在本质上是人与人的连接，还有一些网站能够提供活动的链接，比如豆瓣同城。该网站是国内最大的线下活动信息发布和组织平台，其主要活动类型包括音乐、演出、话剧、展览、电影、讲座沙龙、戏剧曲艺、生活聚会、体育、旅行、公益等。仇勇懿（2014）采集了豆瓣同城上记录的上海地区历时 5 年的各类活动信息，共获得超过 455 万条活动记录，涉及活动总数 6 992 项，涉及人数 221 883 人；在此基础上研究描绘出了上海的创意互动空间格局，并探讨了其与社会和空间因素之间的相关性。图 2.35 显示了 2009—2013 年间豆瓣同城网站所记录的上海地区全部创意互动活动空间分布情况。

图 2.35　上海市创意互动活动分布图（2009—2013 年）

（1）上海市创意互动行为 M 形城市空间分布格局

以上海市人民广场为城市中心，分析城市不同圈层的创意互动活动分布状况可以发现，参与人次在空间上呈现 M 形分布趋势（见图 2.36），第一个数值高峰出现在距离城市中心 3~4km 区间，第二个数值高峰出现在距离城市中心 6~7km 区间。借助创意互动空间生长理论进行分析，本研究提出，上海创意互动活动的 M 形空间格局主要受到两大发展动力的影响。在 3~4km 圈层范围内，创意互动的集聚主要受益于城市中心密集的文化和商业资源，虽然受到高地租的影响，但这里参与活动的创意阶层消费能力也较强，形成的空间形态稳定；在 6~7km 圈层区内，创意互动的集聚受益于城市的高校资源，其中主要以东北片区的同济大学、复旦大学，西南部的东华大学、上海交通大学为首。

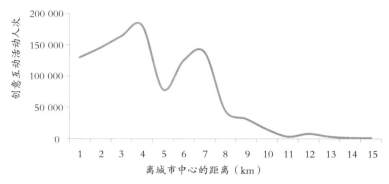

图 2.36　上海创意互动活动人次与离城市中心区距离的关系

研究进一步分析了创意园区中的活动分布状况（见图 2.37）。经过多重缓冲区分析，创意园区的活动参与人次同样也出现了 M 形的分布结构（图 2.38），在距离城市中心以外的 3km 区间创意互动活动人次形成第一个高峰，并在 6km 区间集聚形成第二个高峰，尤其后者不论是创意园区的个数还是活动人次总量都在这个区间达到了最高峰。另外在 9km 区间和 12km 区间内部也存在一定的活动量。研究认为，3km 圈层区间内的创意园区深受城市商业文化的影响，具有较强的经营盈利能力，如田子坊、同乐坊、800 秀创意园等，而草根式自发的园区如 696 艺术园是无法在这里生存的，只能接受改建的命运；6km 区间内的创意园区，如新十钢、创邑源等，其发展类型更具理想性、文艺性特征，周边高校资源也较为丰富，譬如东华大学、上海交通大学等，具有人才型推动的特征。

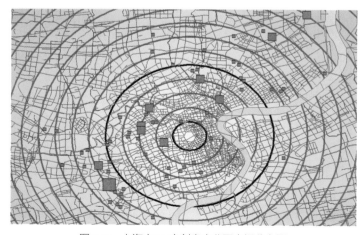

图 2.37　上海市 61 家创意产业园空间分布图

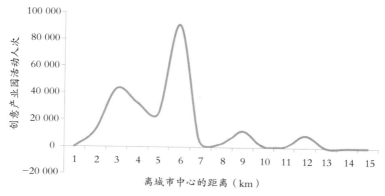

图 2.38　上海市 61 家创意产业园活动人次与离城市中心区距离的关系

M 峰值区间内部创意园区的数目达到 24 家，占空间总数的 40%，而活动次数达到 134 436 人次，占总人次的 60%；而在其他区间创意园区的情况却恰恰相反，创意园区的数目有 37 家，达到全体的 60%，活动次数却只有 92 751 人次，占总比重的 40%。众多历史旧址改建的项目如新十钢、空间 188、M50、同乐坊、1933 老场坊等排名靠前的创意园区，其自身活动参与人次数已经接近或超过周边半径 1km 范围内所有活动参与人次的半数，特别是在周边地区互动活动不甚发达的情况下表现得更是明显。另外，处于峰值区间的创意园区由于本身提供大量的创意互动活动，已经成为城市创意互动空间体系的重要组成部分。

（2）高密度异质性人口格局对创意互动行为的促进作用

本研究以行政区为单位，并借助第六次人口普查数据开展了人口格局与创意互动活动的相关性分析，以期得出人口分布与活动分布的内在规律。研究结果表明，城市人口密度对于创意互动活动的重要性要远远超过人口规模（见图 2.39）。研究者继而测试了经济指标，结果同样显示，创意互动活动与经济总量之间不能建立有统计学意义的回归方程，说明经济总量对互动活动没有影响，而经济密度却与创意互动活动有着非常高的相关性（见图 2.40）。这也暗合了创意互动活动的需求特点：互动需要大量近距离接触，高密度的人口分布能够极大地加强人际接触的可能性，提高创意互动活动的活力。通过 R^2 指标的比较发现，幂函数关系比线性关系明显更具解释力，这说明人口密度因素与活动人次之间并不是简单的线性关系，而是一种初期比较平稳，中后期急剧加重的变化的幂函数型关系模式（幂指数为 1.2416，大于 1）。这种关系蕴含了一种密度递增效应，即在其形成一定的密度阈值之后，活动人次将呈现一种超越线性的爆炸式增长。

经济密度因素与活动人次之间同样具有这种递增效应（幂指数为1.166，大于1），但相对人口密度而言，经济密度的递增效应较小。这充分说明在创意经济时代，至少对于创意互动行为而言，高素质的人口比单纯的经济产出更具意义。

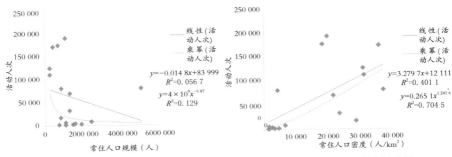

图2.39　常住人口规模（左）和密度（右）与创意互动活动人次的关联性分析

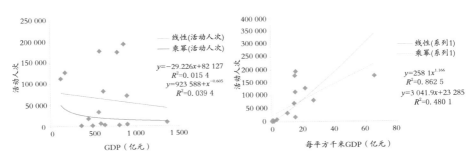

图2.40　经济规模（左）和密度（右）与创意互动活动人次的关联性分析

除了密度的影响，研究者进一步测试了城市异质性对创意互动活动的影响。城市的异质性要素可以表现在很多方面，其中社会人口构成的异质性尤为重要。上海作为一个正在崛起的国际化城市，境外人士在各个方面都起到重要的作用，对创意互动空间而言，境外人士比重是一个重要的异质性指标。将境外人士比重与创意互动活动之间建立回归分析（见图2.41），得出两者存在较强的相关性，两者构建的幂函数解释力达到0.655 8，即境外人士的比重越高，创意互动活动数量也越高。

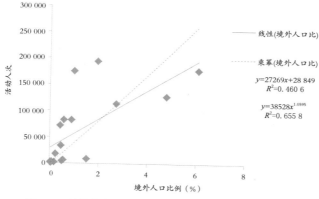

图 2.41　境外人士比重和创意互动活动人次的关联性分析

（3）人才对创意互动活动的促进作用

创意互动空间的成长是各方面高素质人才共同参与的结果，不仅仅需要创意内容的高水平生产者，还需要懂得欣赏、愿意消费的群体以及那些拥有专业服务能力的辅助群体。只有构建完善的人才池才会形成自我组织、自我激发的创意互动空间。值得说明的是，人才演化动力并不是简单的人口异质性，而是各类相关人才的聚合协同作用结果。对相关行业、教育水平、收入等因素与创意互动活动进行相关性分析（见表 2.1）可以发现，高收入、高教育水平等体现人才素质的指标对创意互动活动的支持不容否定；此外，金融人士、文化人士、信息行业人士比重指标的解释系数基本相当，说明需要从系统的角度而不是从单一行业的角度去考虑。

表 2.1　各种人才因素对创意互动行为的影响

人才因素	解释系数 R^2	对数值回归公式
房租（收入水平）	0.885 1	$y = 3.755\ 4x - 4.118\ 5$
金融人士比重	0.807 8	$y = 2.054\ 9x + 8.486\ 3$
文化人士比重	0.740 9	$y = 2.927\ 7x + 9.033\ 8$
第三产业人比重	0.740 3	$y = 4.207\ 9x - 7.115\ 6$
平均受教育水平	0.728 5	$y = 14.935x - 25.709$
信息行业人士比重	0.658 7	$y = 1.879x + 8.740\ 4$
第二产业人员比重	-0.754 9	$y = -3.027x + 20.493$

（4）历史文化保护区对创意互动活动的集聚作用

研究假设历史文化保护与创意互动活动有着密切的联系，并对上海市的创意互动活动与12处历史风貌保护区之间的空间关系进行了分析。通过ArcGIS软件进行图层叠加可以获得历史风貌保护区与城市创意互动活动叠加关系图（见图2.42）。只需要简单的识别就可以发现：上海创意互动行为高度集中于各个历史风貌保护区及其周边地区，而那些没有市级历史风貌保护区的区域，无论是活动参与数量还是空间数量都远远逊色于前者。

图2.42　历史风貌保护区与城市创意互动类活动排名前50位空间叠加关系

为了进一步论证这种关联性，研究以历史风貌保护区为基准开展了多重缓冲区分析，分别设置500m、1 000m和2 000m三大缓冲空间，并对各自区域内的空间数和活动数进行统计（见图2.43）。结果显示，历史风貌保护区与城市创意互动空间发展联系比较强，约有58%的创意互动空间聚集于历史风貌保护区内部及周边500m范围内，但对于创意互动活动参与人数而言，这一数据达到了72%，说明大部分创意互动活动都倾向于选择在历史风貌保护区进行。

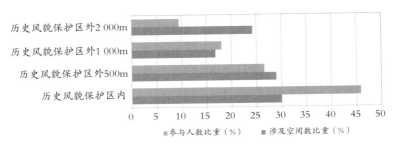

图2.43　历史风貌保护区与城市创意互动空间的关系

（5）可达性对创意互动活动的支持作用

创意互动空间的运行和发展需要要素流动的空间，这离不开交通条件的支持。然而对于不同类型的人群来说，所需要的交通条件也是不同的。为此，研究针对地铁和高架道路与这些活动的分布状况之间的关系展开了分析。

将创意互动活动空间分布图层与轨道交通图层进行叠加，并设定 250m、500m、750m 和 1 000m 四个缓冲区间。研究发现，在 500m 之内创意互动活动的单位面积强度远远超过 500m 外的区域，形成第一道门槛，在 750m 范围内形成了第二道门槛（见图 2.44）。这两道门槛效应非常明显，说明对城市总体而言，创意互动行为与轨道交通紧密相关，创意互动空间需要城市轨道和步行交通系统的大力支持。

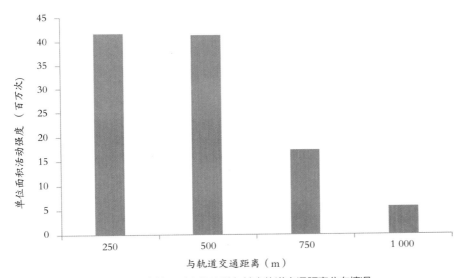

图 2.44 创意互动行为次数与城市轨道交通距离分布情况

以上说明了步行环境对创意互动活动有着重要的意义。那么，车行空间的影响有多大呢？研究借助于上海高架道路与这些活动的关系进行了分析，并考虑了匝道出入口的影响。研究显示，距高架路不同距离的单位活动强度可以分为三大区间，分别是距离高架路 0~750m 的高强度活动区，750~1 500m 的中等强度活动区，以及 1 500m 之上的低强度活动区，呈现随距离增大而逐步衰减的趋势（见图 2.45）。总体而言，创意互动行为对车行空间有一定的依存性，但并没有对人行空间的依存强烈。

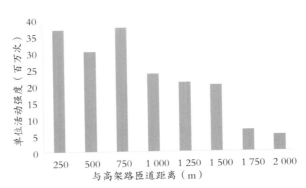

图 2.45　创意互动行为次数与城市高架路匝道距离分布情况

（三）基于移动通信数据的城市空间诊断

移动通信数据是发掘城市运行规律的数据源之一。首先，手机的高度普及为城市研究提供了难得的近似全样本数据；其次，移动通信运营商能够通过基站定位记录每一部手机的位置信息，为城市研究掌握城市中人的真实运动轨迹提供了可能。就现阶段而言，移动通信数据的这两个优势具有不可替代性。

同济大学王德等（2014）和钮心毅等（2014）在分析了手机信令数据的特征后认为，此类数据至少在五个方面对现有的城市研究有巨大的推动作用：

（1）呈现城市建成环境的使用状况，包括城市空间使用强度和使用功能；宏观层面的城市空间结构以及多中心和郊区化特征；中观层面的局部区域空间绩效、土地混合使用现象、用地分类；微观层面的设施使用效率、居住区空置率、城市拥挤区域（公共安全）、高密度人居空间等。

（2）揭示城市空间的流动性与相互作用机制，包括居民出行时间与时耗、起讫点空间定位、出行方式；人的各种活动范围，如生活圈、通勤圈、地缘型/广域型活动、出行时空距离等；设施吸引范围：商圈划分、势力圈、公共设施服务半径确定；各类空间联系，如职住平衡状况、交通出行状况等。

（3）描绘特定场景、特定人群的空间活动特征，包括工作日、周末、节假日、高峰时段等不同时间场景的人流移动特征，城市大型活动所吸引的人群规模与来源，城市突发事件的影响，外来游客的活动特征等。

（4）辅助规划预测和方案优化。通过预测人的需求判别各类设施和空间的匹配状况，从而实现问题的精准诊断，预测未来的交通需求和公共设施需求，辅助城市规划方案的制订等。

（5）规划评估。通过比较城市空间实际形成的各项特征与原有城市规划之间的差别，评估城市规划存在的不足、变化的原因、是否导致了重要的问题与后果等，为规划的修订提供支持。

同济大学王德教授团队在这一领域取得了重要的进展，成功地实现了对居民出行行为特征的描绘，以及对城市中心、次中心、吸引点等不同层级公共设施真实服务范围的刻画（见图 2.46 和图 2.47）。这一尝试也是城市规划界第一次实现对社会流运行实况的全景式呈现。在这项研究中，同济大学王德教授团队采集了 2014 年 3 月中国移动在上海的约 1 600 万用户手机信令数据，时间跨度达 2 周，手机定位精度在城区约 100~300m，在郊区精度约 1 000~2 000m。由于定位精度不高，研究将焦点主要放在了宏观层面的空间诊断与认知上。借助于手机信令数据，该研究呈现了城市中个体移动范围的总体规律，揭示了上海市中心的服务能力及其因时间而产生的动态变化特征，描绘了城市次中心的服务范围与竞争形势，提取了城市节庆活动对城市人群活动的影响，从而将诸多城市规划界长期以来一直试图了解却从未实现的城市运动规律变得可见。

从多种数据源来看，移动通信数据的分析结果可靠性最高，对城市规划的支撑潜力也最大，但其应用也存在着一定的障碍。这些数据完全掌握在不同的运营商手中且具有高度敏感性，获取难度很高，除了开展研究之外很难获得城市手机位置记录，即便获得部分也很难完整得到多家运营商的共同授权。

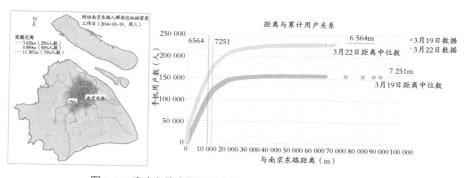

图 2.46　南京东路商圈的影响范围分析结果（王德等，2014）

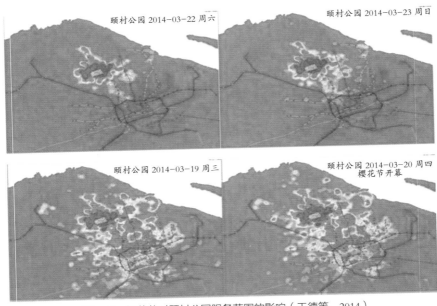

颐村公园 2014-03-22 周六

颐村公园 2014-03-23 周日

颐村公园 2014-03-19 周三

颐村公园 2014-03-20 周四 樱花节开幕

图 2.47　樱花节对顾村公园服务范围的影响（王德等，2014）

四、智能技术对城市规划设计的支撑

（一）智能技术对城市规划的意义

城市规划是目前影响和安排城市功能布局最重要和最直接的手段。随着智能城市的发展推进，城市规划的方法和技术无疑也将向越来越智能化的方向进化。这种进化将深化对城市功能运作机理的认识，增加规划功能布局的科学性，并丰富城市规划在功能布局方面的研究方法和技术手段。对于城市规划师来说，当前比较热门的技术主要包括空间地理分析、众源数据、物联网、云计算、大数据、社交网络和 LBS 等。人们普遍认为：

（1）城市规划过程可能通过新的信息技术手段变得更加科学和民主，能够更全面地建立起规划决策与市民意见之间的互动渠道，使城市规划具有开放式多元化架构，推动全社会共同参与公共政策和决策的制定。

（2）信息技术将通过改变人类的生活习惯来重塑城市空间，也重塑城市规划决策所依赖的环境，规划学科应当提前做好准备。

（3）智能城市为许多城市问题的解决提供了新的途径，城市问题的解决将不再局限于空间布局一种手段，城市规划布局所考虑的因素也将大范围扩展。智能城市能够建立不同城市系统之间的协同性，从而改善城市规划的绩效。这些变化需要规划师有充分的前瞻性，并在规划实践中进行应用。

（4）智能城市建设必将引入诸如各类感知网在内的信息基础设施系统，一些传统的公共设施和基础设施系统也将面临布局方法的重大变化，如智能化支持下的分布式能源系统。这些都需要规划师进行空间安排。

（5）智能城市的推进过程能够为城市规划师带来大量新的数据支持和分析支持，能够实现更加知情的决策，还能够加大城市规划部门与其他部门的协作深度，从而大大提升城市规划工作的科学性和工作效率。

（二）智能城市规划新方法

1．以流定形

传统的非智能的城市所采用的都是"蓝图式"的、以结果为导向的规划建设手段，其规划策略多是规划师凭经验产生的，同时又过于偏重城市空间形态结构。这种缺乏理性的诊断结果对于决策是不够的，所以在此诊断结果基础上的城市规划和建设策略存在陷阱与易谬。最常见的是，人口规模预测过大往往导致基础设施的过度投资，形成巨大的资源浪费。

智能城市的建造方式应当基于大数据分析和预测，对经济产业、人口构成、交通方式甚至生活和工作方式等城市生产、生活、生态方方面面的流变进行理性的预测，确定合理高效的交通组织方式、能源消耗和回收利用手段等，对将来城市运行的各个方面和各个系统进行情景规划，然后将此情景规划转换为城市发展战略与策略，进而指导城市空间形态与功能组织和建筑环境设计。同时，智能城市所提供的实时决策手段可以极大地提高城市对未来风险的适应能力，这种完全基于未来需求的城市建设手段相对容易实现城市的高效运转。

2．情景规划

基于大数据和计算机模拟的城市空间决策主要包括对于城市自然发展规律的探索和预测（无控状态）、对规划方案的情景预测（受控状态）以及相应的优化措施三部分。

对城市自然发展规律的探索和预测主要是通过将城市空间、用地的自身属性信息（区位条件、用地性质、开发强度等）与其在被使用过程中所体现出来的使用信息（人口密度、经济效益，能耗情况）进行比较研究和相关分析，找到后者作为因变量随前者变化而产生的变化规律，亦即相应的函数关系。

对规划方案的情景预测则是以上述关系为基础，根据规划方案已经设定的属性条件，来推测其对城市未来发展在经济、社会、生态等方面的影响（见图 2.48）。这种影响可能是正面的，也可能是负面的，相应优化措施的制定就是根据我们需要的影响结果去修改方案预设的空间属性参数，从而遴选出相对最优的结果。

由于城市系统的复杂性，城市空间的使用情况信息本身就不易获取，使用信息和空间属性之间的关系就更难寻找。而随着智能城市的发展，相应数据和技术的成熟，相对精确的城市空间诊断变得具有较高的现实性，并将对未来的城市功能布局产生重大的影响。当前城市规划界已经为此展开了大量的探索并取得了一定的成绩，有效地推动了城市空间组织走向科学和理性。

图 2.48　基于情景模拟的城市规划方法

3. 精细模型

智能城市规划方法对传统城市规划的最大改善之处是分析模型的精细化，实现对各类城市空间影响的精确判断和恰当反应，并通过不断学习新的经验持续地改进模型精度和可靠度。

首先是模型参数设定的精细化。传统的城市规划模型往往建立在一般性规律基础之上，参数设置比较少考虑每个城市和地区的差异性，这就导致整体上正确的评价和预测模型在应用到具体案例时却并不能得出正确的结论。例如，排水规划一般建立在暴雨公式的基础之上，但公式的具体参数却往往应用于很大的地域范围。一个地域内不同的地区气象条件存在差异，小气候也有所不同，不可能适用同一个降水模型。建立在这样粗糙模型基础之上的排水规划很容易导致一部分地区过度投资而另一些地区却投资不足。再比如，城市中不同地区在人口结构上存在很多差异，由此而导致对公共设施和基础设施的需求差异，而以往的城市规划往往缺乏对这种差异性的认识，只能依据规范对各类设施进行平均化布局，导致每个地区的设施使用失衡继而引发对整个城市系统的扰动。精细化建模要求充分考虑城市内部和城市之间的这种复杂性和非匀质性状况，准确地反映实际情况，因地制宜地开展规划。

其次是实现多系统关联分析。传统的城市规划模型大多只能从单系统内部开展研究，忽视了城市不同系统之间的相互影响，从而导致城市问题很难解决甚至不断升级。例如，在美国战后的郊区化过程中，位于城市中心的白领就业岗位与居住郊区化产生了严重的矛盾，美国政府提出联邦高速公路计划来试图解决这一问题，但结果不仅没有减缓反而加剧了既有的拥堵。这是典型的只从交通系统内部解决交通问题的失败案例。事实上，交通问题与土地使用问题、经济发展和产业布局问题，甚至财税制度都有着密切的关联性，只有在深刻地洞察不同系统之间复杂的相互关系基础之上才有可能提出可靠的解决方案。再比如，交通系统与能源消耗、污染排放都有着直接的联系，气象信息、地貌信息和雨水污水排放状况共同构成了决定排水系统运行的关键因素，而在我们现有的规划方法工具包里却缺少足够的工具来分析和应对这样的关系。

最后是要实现模型在不断的分析过程中的自我完善。为满足实际工作的需要，我们往往不得不借助于一些并不完善的模型开展分析，关键是不能满足于此，要将模型的完善嵌入系统机制，使持续的学习和完善成为可能。

4. 知情规划

在城市空间规划过程中，应当能够提前预知各种决策在城市复杂系统中产生的影响；实时认知城市发展过程中的潜在问题，并进行重要度排序，为提出改善策略与行动提供有效依据；准确掌握国际国内、周边地区的发展态势变化，即时作出跟踪与应对。智能城市规划应当通过新的信息技术手段在政府决策与市民意见之间构建起良性的互动渠道，将城市公共管理由过去的单一政府主导转变为政府决策、全社会参与的开放式多元化架构，由条块式网络化管理转变为节点式网络化管理，由粗放式、低知识密度的管理服务转变为集成式智能管理，这将大幅度提升政府决策的公信力和实施过程中的支持度。

我们需要通过智能城市建设推动政府条块之间、部门之间的信息共享和协同行动，避免不同部门在信息化建设过程中的大量重复项目、重复投资，避免单一部门因信息不足作出不恰当甚至错误决策的风险，避免行政资源无法协同所导致的低效和无效行动。

（三）智能城市规划实践

在中国 2010 年上海世博园区规划中，针对各种自然要素和社会要素进行模拟，分析场地布局与这些要素组织之间的关系，继而提出更加合理的规划方案。这些探索为"以流定形"的智能城市规划方法作了开创性的工作。

对城市自然环境及其演变的认知与推演，并评估其对人工环境的影响是城市规划科学化的根本保证。从世界范围来看，风、光、声等系统的模拟在建筑层面和小地块层面已经得到了比较多的应用，但在城市这个尺度上的应用时，在数据参数的获取技术上有着非常大的难度。为保障世博会规划的科学性，应对盛夏季节高能耗压力下的节能减排示范需求，改善高密度参观者在室外空间热湿条件下的参观体验，研发了多项基于自然系统模拟的规划设计方法并进行了集成和应用。针对上述问题，通过园区风环境和日照环境两项要素的模拟及综合评价，对场馆建筑朝向进行优化，大规模组织自然通风，为节能减排设施布点布线提供依据，减少园区的整体能耗以及随之带来的高碳排量，对未来城市产能系统空间配置进行全面的实验和示范。

1. 风环境模拟与布局优化

（1）大尺度风场模拟与布局优化

世博园区规划首次在大范围城市设计中采用大规模自然风场模拟技术（见图 2.49），基于模拟结果调整规划布局形态，将大部分场馆建筑沿世博会期间的上海城市主导风向布置，大规模有效引导自然风道，从源头上减少用能需求，提高室外空间的舒适度。

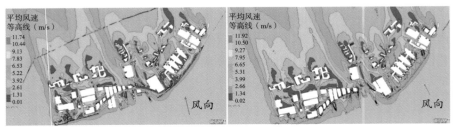

图 2.49　基于第一版控规方案的浦西园区 7m（左）、9.5m（右）高度平均风速等高线模拟图

以浦东园区规划布局为例，通过自然风场模拟，原方案中的世博中心沿江岸立面遮挡自然风，造成不利通风区（见图 2.50），于是在后续设计中对建筑形态进行调整，在建筑设计中考虑了风道的引导和组织。

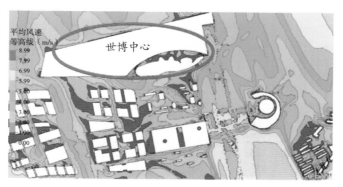

图 2.50　浦东 (东区块)1.5m 高度平均风速等高线模拟图

（2）局部小环境风场评估与布局优化

模拟每一层建筑可以得到最佳风向的布局，组织自然通风系统，完成世博园区内不同尺度、不同功能、不同朝向建筑群体的规划设计优化，将风通过每个窗户送到室内（见图 2.51），在相对湿度、相对温度的状态下，尽可能保障建筑内部不依赖空调设备而使用自然微风降温，从而大规模减少世博园区中空调的使用，即通过空间布局的优化实现节能减排。

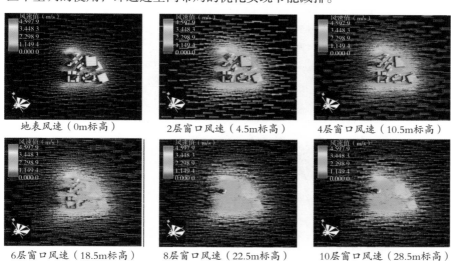

图 2.51　基于最佳实践区规划方案的不同楼层风速矢量模拟图组

该技术在小地块的应用以最佳实践区局部地块为例，对优化前后的平均分速、静风区面积比、强风区面积比、风速离散度四项指标进行对比，发现通过群房形态改造、建筑底层架空、建筑体量转移等优化手段后，该地块的风环境明显得到改善（见图 2.52）。

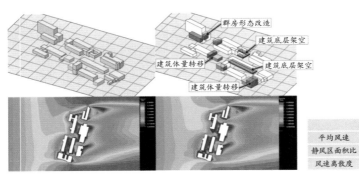

	优化前	优化后
平均风速	1.11m/s	1.32m/s
静风区面积比	48.7%	35.2%
风速离散度	0.15	0.14

图 2.52　局部地块室外风环境优化前后对比

　　该技术在建筑设计中同样可以应用于改善细部环境条件。世博园区某建筑原设计中朝南的封闭广场造成大漩流，通过风场模拟之后，对规划设计进行优化，采用了底层架空（见图 2.53），既减小了广场漩流，又改善了广场北部的通风条件。

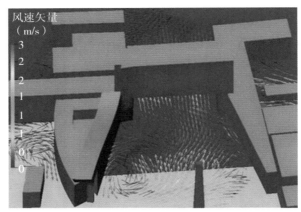

图 2.53　局部风场模拟建议建筑底层架空

2．日照环境分析与布局优化

　　研究还大规模模拟不加任何遮阳措施的情况下，世博会期间地面接收太阳辐射的强度（见图 2.54），继而在规划设计中推敲场馆的布局方式，为太阳能发电技术系统的布局提供有力支撑，包括多晶硅和单晶硅光伏发电、光伏薄膜、低温发电以及光热电等系统的空间配置。

　　此外，还通过对世博会期间的各个广场节点的采光系数进行分析（见图 2.54），调整窗户采光位置，提高日光的利用效率，节约采光能耗。

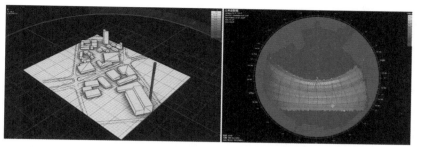

图 2.54　基于城市最佳实践区方案的日照辐射模拟（左）和世博会期间日均采光系数分析（右）

应用计算机软件模拟日照阴影（见图 2.55），分析阳光直晒区域范围，作为遮阳设施配置、乔木种植或采用其他辅助设施满足游客舒适度要求的依据。

图 2.55　浦西园区阴影分析，左图为 2010 年 7 月 1 日 14:00 的模拟，右图为同日 17:00 的模拟

3. 人流模拟与布局优化

根据世博规划前期预测，世博会期间，特别是周末和节假日，园区将承受巨大的人流压力。由于各场馆吸引程度不一，客流极有可能在园区整体高密度下又以高度不均衡的状态无序流动，进一步造成设施压力，并提高导致重大拥挤踩踏事故发生的可能性。因此，对初步规划方案下的人流情况及其承载力进行模拟，将有助于从空间安排上消除安全隐患，为科学合理的设施布局以及运营其间的客流疏导提供科学依据。该研究通过多项技术实现规划方案的优化：①通过 Logit 模型分析人流的分布状态，进而对潜在人流极值地区的场馆布局进行调整，以实现人流在世博园区内的相对均匀分布；②通过网格化人流模拟技术对设计方案进行调整与优化，促进人流分布的相对均衡；③发现潜在发生危险的区域提前进行应对；④使公共设施分布与人流空

间格局更加匹配从而实现真正的均衡。

（1）基于人流动态模拟的重要场馆布局调整

通过人流模拟对初始规划方案进行潜在安全隐患分析，可以有效避免由于规划方案不当可能引发的人流过度拥挤。该研究通过对世博会参观行为的调查，建立参观者参观行为的 Logit 模型，研究总结其行为规律。以此为基础，模拟世博会在一般参观日（40 万人）、高峰日（60 万人）和极端高峰日（80 万人）参观者从入场开始在世博园区内的参观过程，模拟参观者在世博园区内时空分布的特征（见图 2.56），预测各展区的参观人次和园区内的人流，揭示给定空间布局模式下可能存在的安全隐患，并据此提出某些重点场馆重新布局区位选择。例如，初始规划将中国国家馆布局在黄埔江边，人流动态模拟结果显示这一布局将引发大规模的人群聚集，可能诱发相关事故，因此，规划项目组提出了将其位置调整到入口附近并大面积增加集散广场的建议。

一般日人次分布　　　　　高峰日人次分布　　　　　极端高峰日人次分布

图 2.56　参观人流模拟

（2）基于网格化人流模拟的规划方案调整

调整时，将世博园区的 8 个片区划分为若干 20m×20m 的网格，并对这些网格单元统一编号，每单元格将可能有 20 个分类统计属性。首先根据网格距主要吸引点的距离等因素初步确定某一网格的吸引度，然后根据该网格内部的基本属性分布情况计算出该网格能够承载的最大人流数量，进而确定园区的承载容量。如该容量小于预测高峰日人流（60 万人），则需要对规划设计方案进行调整，增加单位面积承载更多人流的用地属性类型。为了应对暴雨、暴晒等极端恶劣的气候条件，根据具有遮阳/避雨功能的用地属性的面积，结合该用地属性所在网格的吸引度，确定该用地属性值的增减。这种增减也将引起规划设计方案的适应性调整。

（3）基于人流分布模拟的十大危险区域预警

通过人流分布模拟的结果确定世博园区十大人流超高密度危险区域（见

图 2.57），增设引导警示标识系统，尽可能疏导人流，并对运营管理提供预警信息。世博会实际运营显示，184 天的运营期间日均参观客流 39.7 万人次，50 万人次以上大客流 23 天，60 万人次以上高峰客流 11 天，80 万人次以上极端高峰客流 3 天，最高日入园客流突破 100 万人次。在这些压力之下从没有发生拥挤事故，世博安全得到了保障。

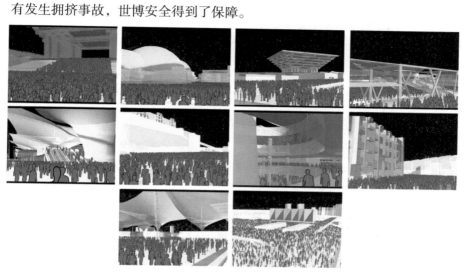

图 2.57　上海世博园区十大人流超高密度危险区域

（4）基于人流分布的公共设施布局优化

传统的公共设施布局方法都是基于各类设施的服务半径进行均匀设置以便最快到达，而真实世界中人们对服务设施的空间需求是非均匀分布的，这就导致了一些公共设施过于拥挤而另一些又乏人问津的现象。该研究建立了基于人流模拟的公共设施布局评价与优化技术，充分利用前述人流模拟的相关成果，建立人群分布与公共设施之间的匹配关系，实现对公共设施布局的评价与调整。

在前面对单个展区的参观研究的基础上，根据每个展区的参观情况，以及一般日高峰时该展区周边在场的人数、就餐人数，可以提出该展区周边配置休息场地、就餐设施规模、场地大小的建议。这样的建议是建立在一定的服务标准之上的。确定服务标准时主要考虑体现如下三个原则。

●高水平服务原则：高峰时参观能够达到一定的服务水平。这里的服务水平是指在某一单位时间服务人数标准下，单位时间实际服务人次累计占该单位服务需求累计的比例（见图 2.58）。这个服务水平反映了展区服务的整体情况。

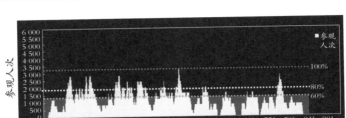

图 2.58　服务水平定义

●限时原则：某些展区可能出现一段时间的高峰，在前一原则中无法对此作出反映，因此我们提出了限时原则，对前一服务水平下服务标准再进行一次修正。限时原则是指超过上述单位时间服务人数标准的时间不大于某一标准时间（研究中取 1 小时），否则就应该提高单位时间服务人数标准，以满足限时原则（见图 2.59）。

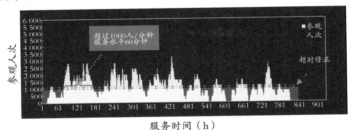

图 2.59　限时原则

●区域共享原则：将每个展区看成一个独立的系统来配置场地和设施是不经济的，世博会展区在空间上彼此靠近，在场地设施上完全可以与周边展区进行共享（见图 2.60）。考虑展区间的高峰时间差异以及某些展区固有的场地和设施优势，无疑可以大大减小需要提供的场地设施的规模。

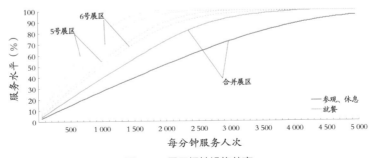

图 2.60　展区场地设施共享

在上述原则的指导下，对一般日模拟的结果进行统计分析。在分析过程中考虑到区域共享有着较大的灵活性，因此并不进入分析过程，而是在谈具体展区时，联系周边展区的情况，一起作出判断。图 2.61 为通过统计得到的服务水平与服务人数的关系，在确定服务水平后就可以确定单位时间需要服务的人数。

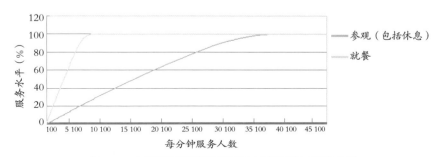

图 2.61　主题馆场地餐饮设施服务人数与服务水平关系图

（四）智能城市规划过程

在过去 30 多年的城镇化过程中，最为人诟病之处可谓城市建设缺乏理性，城市空间发展贪大求洋，漠视自然环境和历史遗产保护，造成了诸多社会不和谐现象。这种不理性现象背后既有权力不受制约等因素，也有城市规划工作者自身对规划后果不知情、说不清等因素。当今社会发展已经进入了一个新的历史阶段，一方面依法治国、科学发展已经成为国家治理的指导思想和原则；另一方面市民也越来越多地参与到公共生活。信息技术的发展进一步对这两者推波助澜，使得融合自上而下和自下而上两种决策过程，将透明的规划信息提供给政府和公众，以帮助城市规划公共政策的制定走向民主和科学成为潮流所向。在这一趋势之下，城市规划界展开了大量的探索，推动城市规划决策信息的可视化，使城市空间布局所产生的影响和后果在最终生效之前就得以呈现，做到更加知情地决策；推动城市规划过程向公众开放，使公众意愿得以被倾听，公众创新得以被采纳，公众信息得以被使用。其中典型的技术方法包括开展规划模拟仿真和公众参与信息化。

1. 规划模拟仿真

北京市城市规划设计研究院研发的规划三维仿真网格发布系统（BICP3D）提供北京市域三维景观服务、查询服务、定位服务、地形影像服务、数据申请服务，并提供日照分析、视线分析、洪水淹没分析，3D 模型导入、GIS 数据导入等仿真功能（见图 2.62）。这些手段在北京市的城市设计、控制性详细规划和重大项目的选址中得到了应用。清华同衡城市规划设计研究院和中国城市规划设计研究院也分别研发城市三维建模软件用于帮助城市设计方案的模拟与分析。

规划层次	规划内容	方法	软件	规划模型
总体规划				
现状分析	基础地理（地形地貌、高程、坡度、坡向等）	坡度分析等	ArcGIS（3D analyst）	
	基础条件、区位特征分析	灰色理论	规划信息发布系统、CH规划数据管理工具	现状综合分析模型
	用地适宜性分析	栅格代数运算	ArcGIS	用地适宜性分析模型
	城市建设用地演变分析	OVERLAY	ArcGIS	
	城镇体系评估			现状综合分析模型
	城镇建设用地规模与布局影响因素分析	线性回归、系统动力学、主成分分析		
	公共服务设施现状分析与评估			现状综合分析模型、公共服务设施综合模型
	产业发展现状分析	投入产出分析		现状综合分析模型
社会经济	预测城市人口规模	回归分析、时间序列分析、贝叶斯预测、小波分析、情景分析、趋势分析	SPSS、SAS	人口模型（如马尔萨斯人口模型、Logistic 人口模型、Leslie人口模型、刘易斯二元经济模型、托达罗人口流动模型、人口再分布理论等）
	就业岗位预测	情景分析、系统动力学		
	人口承载力分析	情景分析		人口承载力分析模型
	人口空间分布模拟	密度核分析、空间插值	ArcGIS，GeoDA	
空间布局	城市发展方向制定	多属性分析、基础地形分析、流域分析、OVERLAY	ArcGIS	区位模型、用地适宜性分析模型
	城市空间结构	空间相互作用	ArcGIS	BUDEM
	空间形态评价（城市重心、紧凑度、离散度等）	多属性分析	ArcGIS	Fragstats
	地块方向评价（评价城市肌理变化）		ArcGIS	PARCTION
	路网评价	空间句法	AxWoman	
	制定城市增长边界	元胞自动机	CH规划数据管理工具	城市增长模型BUDEM

图 2.62 北京市城市规划设计研究院研制的规划支持系统框架（中国城乡规划行业网，2012）

再以世博园区规划为例。作为一个必须在短期内完成整体规划建设的大型城市地区项目，在总建筑面积 200 多万平方米而建设周期却不足 30 个月的情况下，其成功实施必然高度依赖高效率和高质量的规划建设决策。同济大学研发了上海世博会可视化决策支撑系统（见图 2.63），通过建筑方案的导入，评估单体方案和规划布局的视觉效果，以及其对人群聚集度、风环境、交通设施、公共设施需求、园区安全的影响。这一规划建设全过程决策可视化仿真技术平台，完成了各种规划评估集成分析和综合展示，在巨大的工期压力下提供了及时、互动的决策支持，为规划建设和运营组织提供了理性依据。

图 2.63　世博园区可视化决策平台界面

2. 公众参与信息化

公众参与的规划方法从 20 世纪 80 年代初就已经进入中国，2000 年以来更成为城市规划界的普遍共识并被写入规划法律。城市空间的规划、建设和管理全过程都离不开公众的智慧、支持和监督。人类对自身需求的认识在不断发展变化，不同人群之间的利益需求也往往是矛盾和冲突的，而城市规划依据概念化的经验很难真实反映市民的需求，所确定的规划目标也大多过于抽象以至于脱离了人的直接感知，公众参与能够直接改善以往城市规划的片面性。市民对于自己生活的城市有更好的理解，这种来源于实践的知识往往并不为习惯于一般化思维的规划师所了解，因此，通过公众参与获取这些知识对于确保规划编制的质量和可靠性有着重要的价值。城市规划必须面对不同利益群体的需求与规划目标的冲突，只有充分理解并顾及这部分需求，城市规划才有可能被实施，即使是不合理要求也需要通过互动与沟通获得最大程度的支持。此外，公众参与让每一个市民都成为违法建设活动的监督员，能够在最大程度上降低规划实施信息的不对称，使违反城市规划的行为得到惩处，从而增进城市规划的权威性。

但是在信息化全面普及的时代以前，即使政府有充分的意愿推动公众参与进程，大范围的信息沟通所需要的时间和资金成本也构成了最大的制约。可以说，早期的公众参与大多体现为规划信息的告知、意见征集等一些较为简单的形式。随着信息技术的发展，城市规划的公众参与也进入了一个新的阶段。规划部门不仅可以方便地将规划编制状况向社会公开，基于地理位置大范围地收集市民对城市规划建设的意见和建议，还可以发动群众共同编制规划，提出未来畅想。例如，武汉市的规划部门新近开通了众规平台，使市民也可以针对某种类型的规划提出自己的方案，并在东湖绿道规划项目中进行了尝试。在"东湖绿道公众在线规划"系统中，市民不仅可以通过网络查看与规划相关的各类基本信息，还可以直接在地图上自由绘制自己对道路和各类设施的规划方案并保存到服务器（见图 2.64 和图 2.65）。

图 2.64 "众规武汉"首页（资料来源：http://zg.wpdi.cn/）

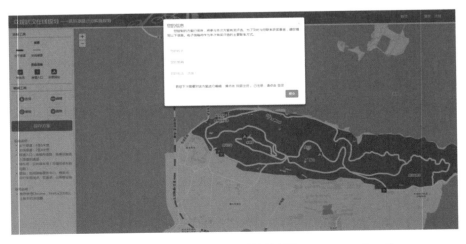

图 2.65 "众规武汉"在线规划界面（资料来源：http://zg.wpdi.cn/）

五、智能技术对决策系统的支撑

（一）相关研究进展

古往今来，决策就一直伴随着人们的生产和活动而存在。上至国家政策制定，下至企业经营管理，甚至个人行事决断都离不开"决策"。由于决策对利益相关者的重要性，如何进行有效的决策一直是人们关注和研究的重点。决策支持系统则利用计算机和软件等技术手段，在人们制定决策的过程中提供辅助支持功能，以帮助人们作出有效的决策。决策支持系统 (Decisions Support Systems，DSS) 关注求解结构化和半结构化问题，强调人机交互的友好性，长期以来，在企业管理、宏观经济规划、灾害预测等领域都有着重要的应用。

随着以现代计算机和通信技术为主要代表的信息技术的不断发展，管理的组织结构也在发生变革。信息技术在管理中的应用使得传统的等级管理转变为全员参与、水平组织等新型组织模式，垂直的层级组织中大量的中间层已经没有了存在的必要，组织内部上下级之间的距离大为缩短，高层决策者可以与基层执行者直接联系，基层执行者自身也可根据实际情况及时进行决策。组织结构扁平化意味着打破部门之间的界限。这种提高管理效率、降低生产成本的分布式组织结构方式也意味着根据实际情况进行快速决策的机会增多、承担决策功能的决策人员增多、决策所需要的信息源和信息量增多。

西方国家对现代决策理论的研究起步时间较早，是在工业革命后，伴随着科学管理理论的诞生而发展起来的。特别是 20 世纪 40 年代以来，行政决策成为西方行政学的一个重要研究领域，随着西方发达国家经济的发展，政府改革不断深入，对行政决策的研究越来越重视，理论成果大批涌现。比较有代表性的理论成果主要有：20 世纪 40 年代西蒙的决策过程理论；50 年代林德布洛姆的渐进决策理论；60 年代杜拉克的有效决策理论；70 年代安德逊的公共决策理论；80 年代海登海默和赫克洛等人的比较公共决策理论；90 年代哈默和钱皮的团队决策理论。

随着信息技术的迅猛发展，特别是互联网的成熟和广泛应用，电子政务在美、英等西方发达国家迅速建立并逐步成熟。国外专家学者开始关注政府决策模式的研究，在美国，《地方政府再造和电子政务出现》中对比了传统的官僚范式和电子政务范式，认为因特网为地方政府再造提供了强有力的工具，同时还鼓励政府管理范式由强调标准化、部门化和成本效益的传统官僚范式，向强调协调网络建设、外部合作和客户服务的电子政务范式转变。伴随着全球信息化、市场化以及经济时代的来临，原有的科层制范式受到了冲击。国外理论界对行政决策的研究重点放在如何利用电子政务这一高新技术上，重新设计组织决策过程，来实现行政决策的民主化和科学化。

与国际社会相比，国内的研究要晚许多，正式起步于 1978 年改革开放之后。1986 年的全国软科学会议之后，我国理论界才开始重视决策科学（包括公共政策、行政决策、管理决策等方面）的研究，并取得了一批有分量的成果（胡象明，1991；朱光磊，1997；陈振明，1998；赵成根，2000；张克生，2004）。这些成果在观点、材料、方法等诸多方面为我们研究当代中国的政府决策机制奠定了良好的基础。

网络技术在行政领域的广泛应用必然深刻影响中国的行政决策，国内学者也开始关注电子政务对政府决策的影响研究。孟华（1999）研究了网络技术对中国行政决策的影响，认为中国政府在推动中国社会网络化的同时，将建成一个行政管理互联网。

综上所述，国外对于行政决策的研究比较早而且深入，对于电子政务环境下研究政府决策也早已纳入日程，并进行了深入的研究。相比而言，我国对行政决策的研究起步较晚，同时，也没有及时认识到电子政务的重要性。

（二）智能决策支持系统理论

1. 智能决策支持系统

智能决策支持系统（IDSS）是人工智能（Artificial Intelligence，AI）和 DSS 相结合，应用专家系统（Expert System，ES）技术，使 DSS 能够更充分地应用人类的知识，如关于决策问题的描述性知识、决策过程中的过程性知识、求解问题的推理性知识，通过逻辑推理来帮助解决复杂的决策问题的辅助决策系统。

IDSS 的概念最早由美国学者波恩切克（Bonczek）等于 20 世纪 80 年代提出，它的功能是，既能处理定量问题，又能处理定性问题。IDSS 的核心思想是将 AI 与其他相关科学成果相结合，使 DSS 具有人工智能。

2. 智能决策支持系统的结构

在传统三库 DSS 的基础上增设知识库与推理机，并在人机对话子系统中加入自然语言处理系统 (LS)，另外在 LS 与四库（模型库、数据库、方法库、知识库）之间插入问题处理系统 (PSS)，就构成了四库系统结构（见图 2.66）。

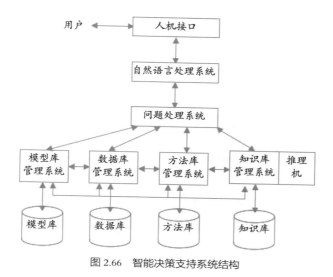

图 2.66　智能决策支持系统结构

（1）智能人机接口

问题处理系统处于 DSS 的中心位置，是联系人与机器及所存储的求解资源的桥梁，主要由问题分析器与问题求解器两部分组成。其工作流程见图 2.67。

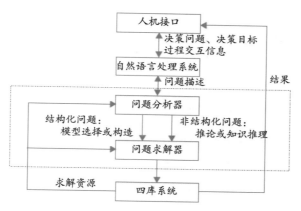

图 2.67　智能问题处理系统

●自然语言处理系统：转换产生的问题描述，由问题分析器判断问题的结构化程度，对结构化问题选择或构造模型，采用传统的模型计算求解；对半结构化或非结构化问题则由规则模型与推理机制来求解。

●问题处理系统：是 IDSS 中最活跃的部件，它既要识别与分析问题，设计求解方案，又要为问题求解调用四库中的数据、模型、方法及知识等资源，对半结构化或非结构化问题还要触发推理机作推理或新知识的推求。

（2）知识库子系统和推理机

知识库子系统的组成可分为三部分：知识库管理系统、知识库及推理机。

● 知识库管理系统。功能主要有两个：一是回答对知识库知识增、删、改等知识维护的请求；二是回答决策过程中问题分析与判断所需知识的请求。

● 知识库：知识库子系统的核心。知识库中存储的是那些既不能用数据表示，也不能用模型方法描述的专家知识和经验，即决策专家的决策知识和经验知识，同时也包括一些特定问题领域的专门知识。知识库中的知识表示是为描述世界所作的一组约定，是知识的符号化过程。对于同一知识，可有不同的知识表示形式；知识的表示形式直接影响推理方式，并在很大程度上决定着一个系统的能力和通用性，是知识库系统研究的一个重要课题。

● 推理机。推理是指从已知事实推出新事实（结论）的过程。推理机是一组程序，它针对用户问题去处理知识库（规则和事实）。

3．智能决策支持系统的特点

（1）基于成熟的技术，容易构造出实用系统。

（2）充分利用了各层次的信息资源。

（3）基于规则的表达方式，使用户易于掌握使用。

（4）具有很强的模块化特性，并且模块重用性好，系统的开发成本低。

（5）系统的各部分组合灵活，可实现强大功能，并且易于维护。

（6）系统可迅速采用先进的支撑技术，如 AI 技术等。

4．智能决策支持系统的运行效率

由于在 IDSS 的运行过程中，各模块要反复调用上层的桥梁，比起直接采用低层调用的方式，运行效率要低。但是考虑到 IDSS 只是在高层管理者作重大决策时才运行，其运行频率与其他信息系统相比要低得多，况且每次运行的环境条件差异很大，所以牺牲部分的运行效率以换取系统维护的效率是完全值得的。

5．智能城市决策支持系统的发展趋势

本研究将从两大支撑技术，即面向服务的计算技术和决策支持技术出发，探讨智能城市决策支持系统。

（1）面向服务的计算技术

近年来兴起的面向服务的计算 (Service Oriented Computing，SOC) 技术的引入可以很好地弥补传统决策支持系统的不足。面向服务的计算技术是一种构造分布式系统的新方法，它采用开放标准，将应用程序功能作为服务发送给最终用户或者其他服务，从而形成所谓的面向服务的体系结构 (Service Oriented Architecture，SOA)。面向服务的决策支持系统则采用面向服务的计算技术对传统的决策支持系统进行重构，不但可对组成决策支持系统的各个部件以服务的方式进行动态选择、适配、组装和调用，而且可在分布式环境下实现与其他相关系统的信息集成和应用耦合，从而赋予决策者在集成化的综合环境下选择的灵活性和动态变化的能力。

（2）面向服务的决策支持系统

决策支持系统自 20 世纪 70 年代诞生以来，经历了基于模型的决策支持系统、智能决策支持系统、基于数据仓库的决策支持系统、综合决策支持系统等多种形态。本研究提出的面向服务的决策支持系统是决策支持系统在分布式网络环境下一种新的演变形式，它对于构建柔性的、可扩展的和集成化的决策支持环境具有重要意义。这种新型的决策支持系统不但可以方便地获取分布于企业内外的各类决策资源，而且可根据环境的变化实现动态、灵活、快速的重构，从而满足信息时代企业管理变革的需要。

面向服务的决策支持系统具有如下两方面的特征。

●可实现决策支持系统本身的柔性化和可扩展性。从技术角度看，传统的决策支持系统具有专用 DSS、DSS 生成器与 DSS 工具等三个层次。其中专用 DSS 针对某一个或某一类特定问题域，面向最终用户；DSS 生成器面向技术人员，被用来迅速和方便地构造专用 DSS；DSS 工具则指的是可用来构造专用 DSS 和 DSS 生成器的基础技术与基本硬件和软件单元。按照传统方法，专用 DSS 如果需要扩展，则必须由研制人员根据需要使用 DSS 生成器，重新组合各个 DSS 工具并进行装配而成。但是，DSS 生成器技术本身远没有达到成熟的水平。即便通过 DSS 生成器解决了部分的系统扩展性问题，但由于除了管理人员、使用人员，还需要研制人员的介入，可操作性不强。

●可实现决策支持系统与其他系统的应用耦合。决策支持系统不是一个孤立的系统，它与组织内的其他应用系统（如企业 ERP 系统、CRM 系统、SCM 系统等）有着密切的关联。这种关联既有分析过程中对综合多个分布、异构信息资源的需要，也有模型计算和知识推理过程中对各个相关系统已有计算逻辑重用的需要。数据仓库虽然可以解决集成化信息资源的存储问题，但是在如何实现面向分布式多数据源的数据抽取和利用方面却依然缺乏一种统一的标准化手段；面向对象技术可以解决细粒度上的组件重用，但无法实现基于业务视角的、跨系统的、异构框架下的粗粒度的应用组合和调用。

6. 基于知识和服务的智能决策支持平台架构

面向服务的计算技术为重构决策支持系统的整体框架提供了新的契机。基于知识的决策支持系统是以知识为基础的，将领域知识转化为计算机能够识别的知识，增强系统的完整性及对问题的接受处理能力。同时，以服务的视角建立决策支持系统，可以很好地满足决策者对 DSS 灵活性和可重用性的要求。本研究以智能城市研究环境的智能决策支持为主线，在国内外政府纷纷以电子政务建设为契机创新政府管理的大背景下，通过对现有决策支持平台的调研，提出基于知识和服务的智能决策支持平台框架（见图 2.68）。

图 2.68　基于知识和服务的智能决策支持平台

分层的结构使得层次之间能够保持相对的独立性，使得系统的安全性也有了保障。某个层次的调整只会影响到相邻的靠近用户的外层的变更，而不会波及系统的其他部分。

数据资源层：为系统提供专家库、意见库、知识共享库等基础数据资源和数据信息内容。

数据源管理与访问机制：实现对各种数据资源的管理和控制，对外形成统一的调用口和访问结构，并实现对数据有效性、完整性、一致性的维护。

7. 决策机制优化的策略探讨

（1）建立决策信息处理系统来应对决策问题

信息是政府决策的基础，政府决策没有信息，寸步难行。政府决策是从发现问题开始的，而发现问题的过程，就是获取信息的过程。及时准确地获取充分的信息，并对其进行处理，是一个政府部门发现决策问题和实现正确决策的必要前提。因此，决策信息处理系统的主要职责是获取信息、处理信息、存储信息和传输信息（见图2.69）。

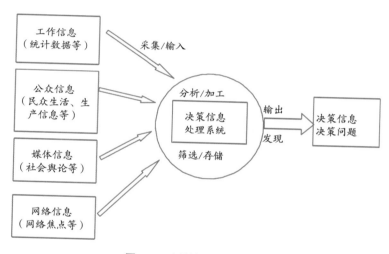

图 2.69　决策信息处理系统

（2）构建安全可靠的政府决策咨询支持系统

政府决策咨询支持系统是将通信技术、计算机技术和决策支持技术有机结合起来，提供沟通支持、模型支持和智力支持，使问题求解条理化、系统化。应利用现代信息技术，整合信息资源，为决策者与咨询组织、专家搭建常态性的决策信息支持平台。在构建过程中，需要建立信息安全管理机构，加强信息安全管理，形成全方位的信息安全管理组织体系。

（3）建立以电子政务为平台的公民参与机制

在电子政务建设过程中，要努力将政府门户网站逐步发展成为公众了解政策信息和政府内部运作详情的主要渠道。

（4）探索基于电子政务的政府决策监督机制

电子政务平台为建立各监督主体之间的信息共享平台提供了技术经济方面的便利条件，在政务公开的基础上，充分利用信息通信技术和网络，推行电子决策监督，最大限度地克服政府决策运行过程中的人为控制和影响，有效杜绝暗箱操作，使政府决策权力的运行真正置于社会的监督之下。

（三）案例："智能市长桌"——城区管理决策平台

1. 研制背景与过程

城市管理者需要从传统经验主义管理模式向理性主义管理模式转变，然而现实中城市管理者往往缺少可靠的工具支持，常常在不知情的情况下作出决策。实际上，在城镇化发展过程中，城市规划、建设、运行、管理、安全等各方面的信息化发展过程收集了海量的数据，完全有可能为决策提供理性的基础，只是由于数据间缺乏连接及有效管理，数据与决策之间存在着难以跨越的鸿沟。

同济大学智能城镇化协同创新中心在 2010—2012 年研发了"智能市长桌"系统（见图 2.70），试图探索通过"自上而下"的决策需求来打通制约中国智能城市发展的最大障碍——信息孤岛，并为城市发展决策提供科学和理性的支撑。"智能市长桌"试图通过数据资源的整合使之成为具有价值的信息，让城市决策者能够全面、智慧把控当下城市的实时状况，从而作出分析判断和决策反应；通过对城市发展宏观趋势的呈现，让决策者能够全面掌握城镇化进程中的阶段性问题，从而在决策中予以积极应对；此外，学习世界各地城市发展经验，为决策提供知识积累。

"智能市长桌"总设计师、同济大学副校长、智能城镇化协同创新中心主任吴志强教授认为，"智能城市的本质特征是信息的涌现和激活，避免过去的盲目决策，为城市的美好环境和生活服务，为健康的城镇化服务。'智能市长桌'秉承发挥智能城市顶层设计价值，即利用信息技术实现城市社会、经济、环境最佳化和谐、最小量消耗（资源、能源、人力、心力、时间），满足人民幸福生活、城市高效运行、环境生态活力"。

城市突发火灾时，该系统能自动报警，使市长及其领导班子能在第一时间启动应急预案，对接公安、交通和气象等重要部门，并对灾害发生地直接定位，智能调度最适合的抗灾资源，并实时跟踪资源到位情况，责任人跟踪监管。该系统集成并分析各类社交媒体大数据，关注现场市民通过社交媒体

发布的亲身经历，不同于传统依靠政府组织机构单方面信息渠道，着力打通
市长与市民间意见反馈的直通车，还原事件真相。该系统还智能搜索附近重
大危险源、灾害事件记录等信息，防微杜渐，预测并排除灾害扩散。

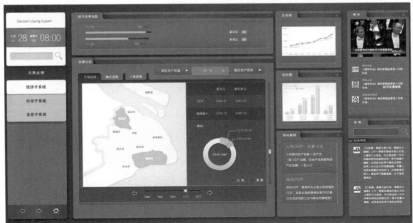

图 2.70　智能市长桌主界面

　　这是同济大学高密度区域智能城镇化协同创新中心在 2010—2012 年期
间，在中心主任吴志强教授的主创下，自主研发的智能城市"智能市长桌"
运作的一个案例。

　　通过城市在规划、建设、运行和管理等各方面的信息化发展过程中收集
的海量数据，打通数据"孤岛"，实行即时交互。鉴于中国城市未来智能化
发展的新需求，同济大学高密度区域智能城镇化协同创新中心于 2011 年 11
月启动"智能市长桌"项目，运用物流网和云平台等 ICT 技术，着力打通各

层级数据壁垒，实现信息的涌现和激活，让市长能够全面、智慧把控当下城市的实时状况，从而作出分析判断和决策反应。此外，借助"智能市长桌"，市长还能智慧预测城市的未来，全面掌握城镇化进程中的阶段性问题。上海市副市长蒋卓庆、上海市人大常委会副主任薛潮参观了展会现场的"智能市长桌"。

"智能市长桌"的首页，一一呈现城市的气象信息、交通实时状况、传媒即时反应、突发事件应急等板块。吴志强教授为"智能市长桌"设计了八大功能模块，分别是"发展业绩""资源统筹""向上联络""日常管理""经验引介""城市安全""意见汇聚""重大项目"，它们共同支持市长指挥决策。而市长决策的数据分析模型，则来自系统中自主开发的"城市预警模型""智能城市的评估指标体系""城市案例库"等中心自主知识产权。

从2012年10月首次国际曝光至今，"智能市长桌"已经受到国内外政府决策者的关注。在众多关注身影中包括：

2012年10月15日，"智能市长桌"首次国际展示，南非WITS大学负责人来访参观。

2012年12月28日，奥地利维也纳市市长Maria Vassilakou女士来访，磋商合作事宜。

2013年4月17日，瑞典哥德堡市市长Anneli Hulthen女士一行来访，磋商合作事宜。

2013年4月24日，瑞士驻沪总领事馆副总领事Pascal Marmier先生参观领导决策平台系列产品。

2013年8月26日，法国ENTPE绿色建筑论坛代表团参观领导决策平台系列产品开发。

2013年11月22日，德国工程院院士、Cottbus大学教授Klaus Kornwachs先生受聘为同济大学高密度区域智能城镇化协同创新中心特聘教授，并参观领导决策平台系列产品。

2013年12月17日，法国国立路桥大学Enpc校长来访，并举行合作洽谈会。

2. "智能市长桌"决策平台结构框架

（1）智能城市—领导决策平台

平台构建以智能化的信息平台手段，以物流网、云平台等ICT技术为支撑，针对中国城市未来智能化发展产生的新需求，在中国的城市决策体制和城镇化发展背景下，实现满足城市各层面决策者的城市数据分析表达和决策信息实时传递需求，为决策行为提供一体化的辅助支持平台（见图 2.71）。

图 2.71 智能市长桌系统框架

（2）技术创新：智能数据化决策（见图 2.72）

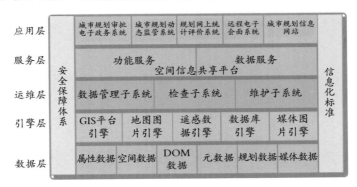

图 2.72 智能市长桌系统结构

101

市长决策系统构建了以空间数据为基础，集成社会、人文、经济的多源、多尺度、多结构的海量实时数据库。城市实时数据库突破了传统数据获取方式、方法，获取数据的效率提高至以秒计算。借鉴传统数据制定的数据判断评价标准也同样运用于大数据平台中。

3. 八大功能模块支持智能决策（见图 2.73 和图 2.74）

图 2.73　智能市长桌的模块构成

序号	功能模块	功能子模块		
1	发展业绩	经济子系统 社会子系统 生态子系统	数据信息分析层	
2	资源统筹	空间资源统筹 人力资源统筹 财政资源统筹		
3	向上联络	下发文件 市局沟通	信息 交换	辅助决策层
4	意见汇聚	市民信息 政府机构 企业联盟 专家咨询		
6	城市安全	安全建设 突发事件	专业 咨询	
7	日常管理	日程管理 文件批阅 远程会议		
8	重大项目	迪士尼项目 保障安置房 后世博开发 ……	个人事务层	
5	经验引介	城市发展案例库 城市百科知识库 城市数据知识库	重点关注	

图 2.74　智能市长桌功能设计

（1）发展业绩模块

该模块显示政府计划的执行情况，包括各类经济指标、环境保护指标、保障房指标、减排指标等。不同省市的政绩考核指标有所差别，但一般可分为经济发展、社会发展、环境发展、社会和谐四大部分。因此，针对不同的城市，在城市决策者决策平台的指标选取上应有所差别，综合评价方法可参照政绩评价权重。它反映城市决策者关心的战略目标部分与幸福民生部分，是总体战略的指标分解与民生状况的量化。

（2）资源统筹模块

该模块用于盘点市内可用资源，包括人力资源、空间资源、财力资源等。清楚现阶段能用、可用的人财物，以对外转化资源，对内盘活资源。它反映城市决策者可以利用的各类资源的总体和细分状况，是决策的对象。

（3）向上联络模块

城市决策者需要紧跟上级指示及精神，详细阅读下发的各类文件，所以单独辟出板块，将各类文件分类整理，便于实时传达信息、随时查询记录。它反映城市上级的管理和决策信息，是管理决策的指导依据。

（4）重大项目模块

该模块显示城市决策者在任期内需要作出具有亮点的重大项目。模块内包括城市决策者关心的重大项目目标、完成计划、时间节点、完成程度，同时还能够实时更新现场画面，随时掌控项目进度。它反映城市决策者关心的重要项目管理，是实现决策目标的关键点。

（5）城市安全模块

城市决策者需要对突发事件进行最快的反应，作出最适当的处理，以将市民的生命财产损失降到最低。本模块设置报警系统，对接气象局、公安局、环保局、交通局等重要部门，第一时间将突发事件上报，并对发生地直接定位，使整个领导班子能够第一时间启动应急预案或直接赶到现场解决事件。它反映城市决策过程中的突发事件，以可控手段应对相对不可控的事件，是保障城市管理和决策正常运行的工具。

（6）日常管理模块

该模块显示城市决策者每日的工作安排和必须解决的事务，包括三部分：①日程安排。运用云计算软件设置每日的计划表，可实时更新，方便掌控自己的行程。②文件预览。预先上传每日需处理的重要文件或会议简介，使城市决策者在开会或决策前先进行概略了解。③远程会议。连接视频设备，使城市决策者足不出户便可掌控所关心的会议议程，免除了会场来回的

交通时间消耗。它反映城市决策者的日常管理工作内容，是将各类信息集聚在信息化办公平台的体现。

（7）经验引介模块

城市决策者需要紧跟发展的脚步，对周边地区以及标杆城市所作的管理措施及实践项目进行了解，同时给本市的发展带来经验与启发。需设置专业团队每日更新各个子模块的案例内容，实时更新，保证城市决策者每日看到最新动态与优秀案例。它反映城市决策者关心问题的发展借鉴对象，是不断学习的最佳实践案例。

（8）意见汇聚模块

城市决策者需要对本市的各项状况、机能保持实时关注，这就需要一套自下而上的信息反馈机制，包括普通市民的意见、各专家意见、人大与政协的意见、企业机构的意见等，都要统筹研究后进行处理或采纳。它反映多方参与城市管理和决策的途径，是城市决策者广泛听取多方建议和意见的快速通道。

（四）案例："地球模型"——城乡发展监测预警分析模型

1. 上下三段集成

集成平台软件的关键是"算法+结构"。所谓算法是指集成技术理论内核。图 2.75 以"树"的形象高度概括了集成平台的技术理论内核，下部结构的综合评价指标相当于"树根"，经过"地球模型"的集成，转化为上部结构的城乡协同发展之"树冠"。

底部数据集成：为最大限度表征城乡可持续发展水平，适用于不同的决策需求，在听取专家意见、参照国内外相关指标体系成果和进行数理推演的基础上，把各子统输入的 219 项指标综合优化和集成，归结为"经济、社会、生态"3 大体系、12 项动态监测指标，最终运用数理统计分析方法得到 3 个综合指数。集成平台保持总系统和子系统数据交换通道畅通，实现多源海量动态数据的接收，经过数据标准化和整合关联完成数据集成。

中部预警集成：经济、社会、生态三维系统的 12 项核心指标经过同向化最小值标准化，运用数理统计分析确定三个维度的各年数值，并通过邻域城镇和全国同类城镇的统计分析确定上下预警线，通过比较目标城市和预警值的情况进行预警情分析，得出预警报告。

上部调控集成：根据预警报告情况研究城乡协同调控的原理和机制设计，并从经济、社会、生态、城乡建设四个方面提出调控政策建议措施。同

城乡管理整体绩效

社会发展政策　　生态保育政策　　经济发展政策

城乡空间政策平台

人均GDP增长率　GDP三产比重增长率　城乡收入差距比　城镇居民人均住房使用面积　中等教育人数比重　净迁移率　千人拥有病床数　城乡人均建成面积　非建成用地比重变化率　水环境综合污染指数　万元GDP综合能耗变化率　地均GDP

调控指标

社会综合指标　生态综合指标　经济综合指标

地球模型

社会综合指标　生态综合指标　经济综合指标

经济能级指数　经济效能指数　社会精神文明指数　社会物质保障指数　资源节约指数　环境友好指数

人均GDP增长率　GDP三产比重增长率　城乡收入差距比　城镇居民人均住房使用面积　中等教育人数比重　净迁移率　千人拥有病床数　城乡人均建成面积　非建成用地比重变化率　水环境综合污染指数　万元GDP综合能耗变化率　地均GDP

预警指标

元数据

课题指标

原始指标

图 2.75　城乡动态监测集成平台理论"树"

105

时根据预警值设置绩效评价的分值，制定绩效评价的系统方法，在此基础上对城乡管理整体绩效进行追踪评价。

"城镇化与村镇建设动态监测关键技术研究"从本体认识论入手，客观考察城乡建设的经济、社会、生态状态，综合反映了城乡建设的可持续发展水平，创新性地提出了城镇化集成预警理论模型——"地球模型"。这个理论模型改变了单维静态的数据描述型测度方法，从"经济、社会、生态"三维角度考量某一地域的城乡建设状态，并以可持续发展为目标进行绩效评价。

地球模型理论认为，城镇化的过程应当在社会、经济、生态这三大维度上得到综合度量和评价，单一考察经济的发展和社会的进步都不能完全涵盖可持续发展的内涵。特别是在全球生态环境危机重重的21世纪，我们对于城镇化的评价必须纳入生态环境指数，因此，构建了"经济、社会、生态"的三维测度可持续发展状态的地球模型，通过将经济、社会、生态三方面的各要素予以综合考量，从而综合地反映城镇可持续发展状态。地球模型展示的综合预警线以客观数据为依据，直观地反映该城镇在可持续发展方面的基本情况与变化趋势，有效地把脉城市可持续发展的状态，为城市下一步的发展战略制定提供切实有效地依据和参考。

地球模型理论的主要特点有：一是突出"集成"的核心技术。将各子课题输出的分项指标通过核心技术集成为具有统一整体功能的新技术，然后把多项指标归结为"经济、社会、生态"这三大类指标，考量的维度由经济视角或者生态视角的单维视角转变为"经济、社会、生态"相结合的多维视角，体现了城乡可持续发展的综合内涵。二是突出"动态"的核心技术。地球模型不但可以展示当前地区单一年份下综合发展的情况，而且可以展示当前地区多个年份的变化状况，反映地区的可持续发展动向趋势。还可以在此基础上进行未来发展预测，具体通过三项指标动态显示区域的可持续发展态势。

2. 关键技术：标准线与预警线制定

城乡发展不仅需要关注各个子系统的健康有序发展，更需要整体把握，以顺应不同地域在不同发展阶段的需求。这些工作以城乡综合发展状态评价为基础，通过预警标准体系的开发，构建"警兆分析与辨识→警情确定→警源寻找→警度预报→决策排警"城乡可持续发展的综合预警技术方法体系。地球理论模型报警的基础是能够明确自身的状态和报警的边界。通过目标城市的指标值和标准值与报警的边界值比较，进行警情判断，输出报警结果。因此标准线与预警线的制定是这个过程的关键技术。

　　为了强调对城市可持续发展的客观评价目标，所选指标都是定量数据。它能对城市发展作出变化程度在数量上的准确描述，并运用数学方法进行统计处理分析。标准值的确定是以可持续发展为核心价值目标的，每个指标根据指标内涵意义确定统计算法，有的指标是采用空间相对比较结果，有的指标是自身相对时间确定的标准值。对于标准线以及预警线的制定，按照指标的性质，可以分为规范性指标与统计型指标。

　　具有行业标准的预警线制定，需参阅相关的国家法规、相关的行业规范以及相应的规章制度，根据指标内涵划分上下限警戒线值。但是并不是所有的指标都具有相关的行业规范或者标准，例如经济、社会、生态子系统的单项指标和综合发展指标，由于其属于自定义指标，缺乏相关的行业标准或国家规范，难以对其进行警戒线阈值确定。为此专门研制了一套与之相适应的标准线和预警线制定方法，根据每个指标内涵确定相对空间或者相对时间的统计指标算法，利用数理统计的相关知识，计算出一套指标标准线与预警线值。

　　3. 模型思想雏形："预警盒"及其特点

　　在以经济、社会、生态为坐标轴的坐标系中，经济、社会、生态三大综合性指标可持续区间的上下限构成了六个相互垂直的预警面，共同组合为代表城乡可持续发展状态的"预警盒"。

　　（1）特点一：三个层面

　　地球模型以地球三维空间为要素载体，将"预警盒"分为地核、地幔和地壳三个部分，分别代表不同的可持续安全状况区间。

　　（2）特点二：三个维度

　　地球模型可模拟各年份综合指标走势，为进一步的预测分析奠定有效基础。

　　（3）特点三：综合系统单维决定

　　特定空间的联动预警模式，即只要经济、社会或生态的任一维度出现警情，该地区都会提示综合警情。

　　4. 静态地球模型：评价城乡客体可持续发展状态

　　该模型模拟综合指标警戒线，以地球三维空间为要素载体，将"预警盒"分为地核、地幔和地壳三部分。模型根据城市在模型中所处坐标的不同将预警区间在三维空间上划分为相对稳定点、合理区、警戒区、危险区（见图

2.76）。相对稳定点是指城市当前的发展处于经济、社会、生态三者绝对平衡的状态，合理区是指城市的发展有所侧重但总体合理有序，警戒区是指城市的发展已经开始失衡，必须引起重视，而一旦突破地球表面到达危险区，城市发展的失衡则较为严重。

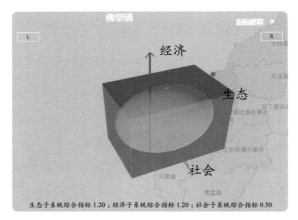

生态子系统综合指标 1.20；经济子系统综合指标 1.20；社会子系统综合指标 0.50

图 2.76　静态地球模型

5. 动态地球模型：评价政府主体可持续发展政策绩效

该模型模拟城镇可持续发展综合指标各年份变化趋势（见图 2.77 和图 2.78）。综合预警指标按时间序列的走势表达了该城镇可持续发展的时间演进状态，有效模拟了该城镇的可持续发展状态的变化趋势。城市客体的可持续发展状态的变化描述，间接地反映了城市管理主体施行的各项发展政策对空间所产生的影响，也是政策绩效的评价依据。

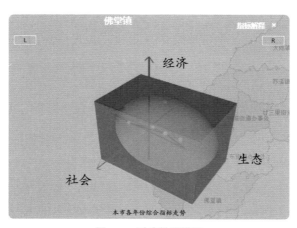

本市各年份综合指标走势

图 2.77　动态地球模型

　　地球预警分析模型智能计算可持续预警区间（见图 2.79），使城市决策者能够全面掌握城镇化进程的阶段性和问题。

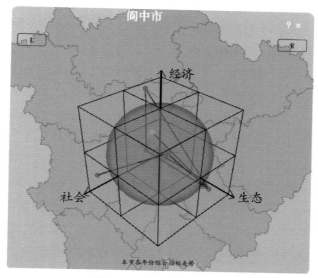

图 2.78　动态地球模型演示

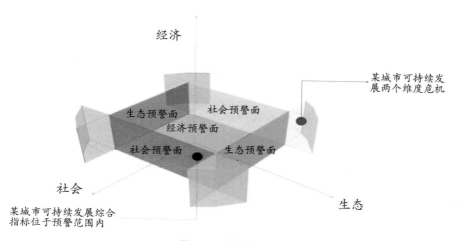

图 2.79　预警盒原理

六、智能城市空间组织的政策建议

（一）智能城市空间发展目标

中国正处于城镇化率刚刚跨越 50% 的关键阶段，城镇化的健康发展和后续动力的持续释放，是推动中国未来发展的直接动力，同时也是中国发展的重要战略转折点。智能城市空间发展能够帮助解决城市发展中的不平衡状态，包括城乡差距、地区差距，帮助正在城镇化的边缘地区平稳健康过渡；实现科学合理的城镇化，克服能源资源的约束，减少对生态环境的破坏，以城镇化带动城市健康快速发展，以社会行为的智能化推动可持续的城镇化。

中国智能城市建设应当在城镇化发展的背景下，通过信息的有效组织和大规模应用，推动城市经济、社会、环境的可持续发展。城市智能系统与城市空间融合发展，对城市的空间组织产生很大的影响。在智能城市的建设过程中，城市空间的智能组织，对于我国的城市来说，就是指实现城市的"妙"发展、"妙"建设、"妙"使用、"妙"提升。智能城市在城市空间层面所有的战略研究，必须围绕智能城市的发展目标服务，与中国城镇化发展的总体要求相结合。

智能城市空间组织的总战略目标是：在城市与区域规划建设领域形成的"全面感知—准确判断—适当反应—自我学习"智能技术系统和机制支持下，建立智能布局选址、优化城市空间结构和基础设施、降低资源能源消耗和城市运行实时监测响应的智能化的城市空间组织模式。

2020 年，初步建立起城市总体规划、土地利用规划与交通规划的一体化机制，推进城市规划经验决策系统和大数据支持城市规划模型研发，建设完善城市规划公众参与系统。

2030 年，继续深入推进以上系统和模型的研发，并建立建成国家城镇化监测与调控平台，在国内城市推广应用可扩展的智能城市规划支撑平台。

（二）智能城市空间发展的战略重点

1. 推进职住平衡、运行高效的空间配置

随着信息通信技术的全面发展，传统的工作和居住方式发生了改变，工作不再仅仅集中于办公室，还可以通过远程通信、网络传输等虚拟方式实现，摆脱了有形空间和距离的束缚。智能城市的空间发展应顺应和促进这种居住与工作更加融合的转变，进而改变人们的出行方式与出行结构，减少不

必要的通勤交通，减少交通堵塞、空气污染，城市空间结构向更紧凑、更高效的方式转变。

在城市内部空间通过智能城市空间的优化配置，提升单位土地上的经济产出，减少无序浪费的土地使用，提升土地使用的集约效率；优化不同经济产出单位在城市空间的区位配置，寻找最适合的空间布局；提升城市空间品质，使其适宜吸引高端人才引入和经济活力的发挥；提升城市整体在区域层面上的能级，发挥城市在区域层面的职能。

应建立起城市总体规划、土地利用规划与交通规划的一体化机制，在充分分析智能技术影响下的各行为主体的基础上，对城市空间进行优化控制。

2. 推进智能支撑、动态交互的城市决策

以智能系统为支撑的城市规划决策对城市的绿色、高效、可持续发展有着最根本的影响。智能的城市规划能够改善城市空间结构，模拟预测不同情景下的城市发展绩效；改善公共设施布局，寻找实现最大化利用率的位置；改善基础设施方案，制定适应天时地利人和的基础设施建设布局与进度；降低资源能源消耗，实现城市结构的低能耗、智能化分布式能源系统、资源管理；改善城市大气环境，在空间布局中有效组织风道，城市污染排放布局与大气流动的稀释能力相匹配。为应对这些需求，就需要深入推进城市分析模型与决策模型和城市规划经验决策系统的研发。

同时，通过建设城市规划公众参与系统，在规划决策与市民意见之间构建起良性的互动渠道，将城市规划转变为政府决策、全社会参与的开放式多元化架构。市民对规划的设计、实施的可行性实行透明监管，越来越多的市民可以参与到规划决策当中，对城市空间形态特别是社区空间的塑造有着重大影响。

3. 推进高度适应、充分协同的基础设施

智能城市建设能够通过对多部门数据的协同分析，大幅度改善现有基础设施布局的不完善状况，同时以城市运营的高适应性突破城市建设的低适应性。如智能城市的排水管理将暴雨管理划分为空间布局管理和应急管理两部分，将场地规划与精细化气象数据相结合，合理布局调整蓄洪空间，对场地规划布局作出排水影响评价，并实现多部门防洪应急联动。

在城市空间布局中引入智能化的公共设施服务，能够突破服务半径的制约，改变传统的城市规划布局方法，提高商业、文化、教育、医疗等各项设施规模和质量，扩展辐射范围，大幅度提升现有设施的潜能。更加注重城市人个体需求的不同，有针对性地提供专业的和精细的社会服务；更加关心老人、儿童、残疾人等弱势群体。甚至将一些公共服务类型实现完全的虚拟替代，从而实现在实体空间与虚拟空间两个层面协同解决问题，提高对市民服务的广度和深度。

通过推进大数据支持的城市规划模型研发，推进城市基础设施和公共服务设施的布局优化和精细化服务，提升城市的服务能级和服务水平。

4．推进统筹兼顾、监管得力的调控管理

智能的城市规划管理能够建立科学的规划管理约束性指标，指导城市建设有序进行；建立健全规划管理绩效监测系统，确保规划高效透明运行；实现资源统筹管理，减少资源浪费、分配不均的发生；实行重大项目监管制度，对城市影响重大的建设工程实行跟踪，降低风险；建立规划的日常决策系统，提高规划管理的整体运行效率；定期进行规划管理的经验引介，保持管理理念和制度的先进性；建立应对突发事件的应急系统，从容应对突发事件，保障城市安全稳定的运行。

智能城市空间发展的必要保障是建立、开放可扩展的智能城市规划和运行支撑平台，建设国家城镇化监测与调控平台，使我国城镇化更加健康、智能、安全地发展。

（三）国家层面的推进举措

针对提升国家影响力和城市竞争力两个层面的目标，针对经济、社会和环境发展中面临的关键问题，按照超前性和可操作性相结合的原则，提出新形势下中国智能城市建设的战略需求和不同区域的实施策略，形成中长期智能城市建设的发展路线图，指导和规范智能城市各项工作的实施。重点研究智能化管理系统，以及网络化分布式设施的实现，做好顶层设计，主要内容包括：国家层面统一的规划、推进政策和标准制定；重大智能基础设施推进战略、区域推进战略、智能产业发展与技术开发战略、信息安全战略等的制定。有以下具体措施。

（1）重视并切实加强相关标准体系和标准化建设。参照国际标准、国家标准和行业标准，构建我国智能城市建设的技术和网络标准，保障感知系统和识别系统数据格式相互兼容。特别要重视物联网和云计算应用标准、智能服务（含网络服务、网格服务）标准的建设，使智能城市的建设、运行、服务和管理有章可循、有据可依。

（2）制定国家层面的重大基础设施推进战略。我国的智能基础设施主要是以互联网、物联网、电信网、广电网、无线宽带网等网络组合为基础的信息网络，要按照制定的智能城市建设标准进行基础设施建设，同时要做好智能城市规划者、投资者、建设者和管理者的角色定位。

（3）制定智能产业与技术开发战略。在中国，智能城市一旦实施，保守地说也将是一块价值数万亿元的"大蛋糕"，各国企业自然会进行激烈竞争。所以我们应该用智能理念先做好自己的产业规划，不丢失这个能够促进国内相关产业升级发展的大好机会。相关技术和业务主要包括：首先是物联网（尤其是 RFID）技术的发展；其次是云计算技术的发展；再次是移动互联网技术的发展；最后是上述这些技术在城市信息化发展中的业务应用。城市信息化业务应用，主要包括一些城市规划管理以及一些特定的公共服务业务，如智能交通、智能医疗、智能建筑、智能教育、智能能源、智能环境（水、空气等）等。

（4）建立健全信息网络安全机制和体系。智能城市的基本设施之一是无线网络传输，让任何人在任何时间、任何地点都能获取所需的各类数据，这就同时提出了极高的保障信息安全的要求。为此，必须制定多管齐下的全球供应链风险管理模式，必须在产品、系统和服务的整个生命周期中采取一种战略性和综合性的方式，提高对威胁、脆弱性以及与采购决定相关的后果的认知；开发和应用各种工具及资源，从技术上和运作上减少在产品整个生命周期(从设计到退出市场)中产生的风险；制定新的采购政策和运作方式以反映市场全球化的复杂性；与工业界合作发展和应用供应链风险管理标准及最佳操作方式。

（5）统一规划试点示范项目。根据各城市发展基础和当前迫切需要解决的城市问题，统一规划和开展区域性试点示范项目，在试点成功后，再在其他城市大规模选择性地复制。建议在住房城乡建设部公布的 193 个国家智能城市试点名单中，选取几个积极性、迫切程度高的城市或区域进行智能城市建设的试点工作。北京、上海、南京等特大城市或者新城等可以作为最优选择，因为这样的城市基础条件好、需求度高、主观发展意愿强。

①建立政府机制，统一协调管理现已发展到一定程度的信息产业，把分散在多部门的公共信息公用共享；

②研究一套为政府决策服务的智能系统，实用、简明、易于操作，主要供领导直接使用，作为决策时的重要辅助工具；

③大力普及智能化、信息化的科学知识，使规划师、建筑师、工程师接

受并掌握这些知识，共同为实现中国理想城市之梦而奋斗。

（四）城市层面的推进举措

根据国家层面的智能城市发展战略规划和城市基础与需求，制定城市层面的智能建设与智能运营战略，主要涉及整个城市的公共管理、医疗、养老、建筑、交通、产业发展等。主要包括以下具体内容。

（1）针对我国快速城镇化的阶段性特征，提出城市建设开发过程中的智能战略工具及其遴选方法。我国智能城市建设过程中所需要的智能战略工具主要应包括：支撑城镇开发决策的各类智能分析平台；城市公用资源监控和分析平台（水、电、油、气、交通、公共服务等）；碳排放情景分析平台；节能减排分析平台等。

（2）针对智能城市运行的信息交换与分析需求，提出城市信息基础设施的建设战略和阶段目标。近期：使更多的地方实现光纤到户，进一步推广4G网络；远期：光纤到户全覆盖，新一代信息网络更快更大范围推广，最终实现将需要的信息在正确的时间传递到正确的地点和正确的对象面前。

（3）针对城市运营效率和安全需求，提出城市安全、智能交通、公共服务、电子政务等领域的发展战略。

①城市安全防控系统。近期：深化对社会治安监控动态视频系统的智能化建设和数据的挖掘利用；推进应急指挥系统、突发公共事件预警信息发布系统、自然灾害和防汛指挥系统、安全生产重点领域防控系统等智能安防系统建设等。远期：整合公安监控和社会监控资源，建立基层社会治安综合治理管理信息平台；完善公共安全应急处置机制，实现多个部门协同应对的综合智能调度，提高对各类事故、灾害、疫情、案件和突发事件防范和应急处理能力。

②智能交通系统。近期：通过加装ETC收费系统等一些识别装置，实现车辆识别等功能；远期：将各类传感器、监控器覆盖到公路、桥梁、隧道、航道、港口、车站、运载工具等各种交通运输基础设施和要素中，形成物联网，实现人类社会与物理系统的整合与交互。

③智能能源系统。近期：通过使用智能电表、加装智能终端能源控制器等方法，提高能源管理效率；远期：通过动态分布式电网布局，解决未来能源短缺问题。

④智能公共服务系统。通过加强就业、医疗、文化、安居等专业性应用系统建设，提升城市建设和管理的规范化、精准化和智能化水平，有效促进

城市公共资源在全市范围内共享，积极推动城市人流、物流、信息流、资金流的协调高效运行，在提升城市运行效率和公共服务水平的同时，推动城市发展转型升级。

⑤智能建筑。近期：通过加装 RFID 识别器等一些辅助设施，实现数据的感知和反馈；远期：将大数据、数据感知以及反馈移植到建筑中的设备、自动化控制等硬件中，逐步实现人与建筑的交互、远程的可视可控、建筑能量的内部管理等，掌握智能建筑核心技术的机构将取代传统的物业管理，并对建筑规划设计产生影响。

⑥电子政务系统。近期：建立公共行政部门统一的门户网站，为各公共行政部门政务公开、网上办事、对外宣传交流提供平台；远期：运用先进的数据交换、共享、采集、发布手段，使各部门在同一平台上开展业务，提高政府办事效率，同时减少信息不对称现象。

（4）针对城市竞争力需求，提出信息共享、决策支撑、产业服务等智能平台的建设战略等。

①信息共享智能平台的建设战略。信息共享平台是智能城市的核心平台，实现城市公共数据的组织、编目、管理，为城市政府专网和公共网络上的各类智能应用提供数据服务、时空信息承载服务、基于数据挖掘分析的决策知识服务。信息共享平台主要应包括市民信息服务平台（人口信息）、企业信息服务平台（法人信息库和宏观经济信息库）、城市信息服务平台（地理信息库）。应以政府为主导，整合相关机构资源构建城市信息共享平台。

②决策支撑智能平台的建设战略。决策支撑智能平台应针对政府行使管理服务职能过程中产生的海量空间属性数据和非空间属性数据，在建立数据仓库的基础上进行数据的抽取、转换、清洗和装载，实时开展数据切片、切块等联机分析处理，通过数据挖掘和知识发现，实现多源异构数据的虚拟化、智能化的统一显示，同时作出定性或半定量的指标趋势预测分析，为决策者提供及时、准确、科学的决策信息。根据现状和需求，以政府为主导，委托专业机构，在国土、规划、城建、环保、应急指挥、交通、经济、地理国情监测等行业建设决策支撑智能平台。

③产业服务智能平台的建设战略。加快推进面向企业的公共服务平台建设，推进"网上一站式"行政审批及税务、工商、海关、环保、银行、法院等其他公共服务事项网上办理；按照"政府扶持、市场化运作、企业受益"的原则，完善服务职能，创新服务手段，为企业提供个性化服务，提高企业在产品研发、生产、销售、物流等多个环节的工作效率。

第3章

iCity

智能交通系统

一、智能交通概述

智能城市是新一代信息技术支撑下，在知识创新环境中形成的新的城市概念。它是以物联网、云计算、地理空间等新一代信息技术为支撑，以全面透彻的天、空、地一体化感知，宽带泛在的互联，智能融合的应用为特征的高级城市形态；是转变城市发展方式、提升城市发展质量的客观需求。交通作为城市空间形态的骨架、城市经济发展的动脉，在城市智能化发展中具有举足轻重的作用。同时，交通的智能化也是智能城市的重要体现和不可或缺的组成部分。智能交通、智能能源、智能教育、智能医疗、智能工业等，共同构筑成智能城市。

智能交通包括智能化交通规划、智能交通系统建设、智能化交通管理和智能化交通服务。随着新一代信息技术以及创新知识的发展和应用，智能交通的理念、内涵、模式都有新的变化和提升。

智能交通系统是实现智能交通的核心和载体。智能交通系统是指将先进的信息技术、数据通信传输技术、电子传感技术、卫星导航与定位技术、电子控制技术以及计算机计算处理技术等，有效地集成运用于整个交通运输管理体系，从而建立起一种在大范围、全方位发挥作用的，实时、准确、高效的综合运输管理和服务系统。其目的是使人、车、路密切配合，达到和谐统一，并通过这种协同效应，极大地提高整个交通运输系统效率和服务水平，更好地保障交通安全，提高交通资源利用率。这里的"人"是指一切与交通运输系统有关的人，包括交通管理者、操作者和参与者；"车"包括各种运输方式的运载工具；"路"包括各种运输方式的通路、航线。

对于城市而言，智能交通的实现意味着建立起了城市级的交通与城市规划、城市社会经济、城市管理等相协调的交通规划机制；建立起了智能交通数据获取、智能交通决策实施等系列政策保障体系；建立起了集交通信息采集、分析、决策处理以及交通信息服务为一体的智能交通软硬件系统。基于智能交通，城市感知到的是交通信息的透明和泛在、出行的便捷和高效以及前所未有的出行体验。

此外，随着社会的发展和科学技术的进步而出现的城市交通的新理念，比如慢行交通回归、响应需求型公交系统、汽车共享（Car-sharing）等，新交通系统或者概念系统，比如个人公交快速系统、真空管道磁浮交通系统等，也应该在智能交通的范畴之内。

二、国外智能交通发展述评

（一）发展历程

美国、欧洲和日本等国家和地区社会经济发达，智能交通建设需求强劲，再加上强大的工业基础和人才队伍，以及相对完善的建设体制和市场环境，这些国家智能交通起步早，而且建设和发展非常迅速。从 20 世纪 60 年代开始，美国、日本、欧洲相继开始了智能交通的研究和技术、产品研发工作，并逐步得到大规模应用。到 20 世纪 90 年代后期，美国 IVHSAMERICA、欧洲 ERTICO 和日本 VERIS 等国家级的智能交通组织相继成立，并通过政府法案和大型项目，推动智能交通系统建设、产品研发和技术标准制定。到目前，这些国家已经形成成熟的智能交通规划、建设、管理的体制和政策；智能交通系统建设已形成规模，其应用技术水平、产业化水平和市场化程度均处于世界较高水平。

韩国、新加坡、巴西等国家，从 20 世纪 90 年代开始，城市机动化快速发展，交通拥堵问题普遍出现，陆续开始学习其他发达国家，期望借助智能交通的发展来解决或缓解交通拥堵的问题。由于这些国家具有后发优势，其智能交通建设起点较高，并且与现代数字城市、智能城市的建设结合更加紧密。由于这几个国家的产业经济规模普遍较小，市场化发展相对滞后，在交通控制设备、交通仿真技术等传统智能交通技术方面建树不多，反而在新兴智能交通技术和产品方面，比如基于智能手机的应用、拥堵收费技术等，具有一定的技术优势。同时，这些国家对此类新技术和产品的应用也更加积极和主动。我国智能交通建设和发展模式也基本上属于这一类型。

非洲、南美洲等地的欠发达国家，由于社会经济发展滞后，城市交通基础设施尚不完善，智能交通应用需求较低，智能交通系统的建设和应用只是局部试点应用。

1. 美国

20 世纪 60 年代后期，美国运输部和通用汽车公司研发电子路径诱导系统，开创了美国智能交通系统（Intelligent Transportation System, ITS）研究的先河。20 世纪 90 年代中期在全美开展的智能化车辆—道路系统（IVHS）的研究和建设，以及美国国会分别于 1991 年和 1998 年颁布的《陆上综合运输效率化法案》（ISTEA）和《面向 21 世纪的运输平衡法案》（TEA-21），从立法的高度统一规划 IVHS/ITS 的发展，将美国早期 ITS 研究和应用推向高峰。经过多年的发展，美国的智能交通研究和应用发展已经比较成熟，主要应用包括出行和交通管理系统、出行需求管理系统、公共交通运营系统、商用车辆运营系统、电子收费系统、应急管理系统和先进的车辆控制与安全系统等。

美国智能交通的发展特点是国家统一规划、充足投入、发展迅速，研究工作自上而下。早在 1992 年，美国运输部、联邦顾问委员会和全国智能交通协会联合制订了智能运输系统发展战略计划；次年美国运输部正式启动了国家 ITS 体系框架开发计划，明确规定了智能交通的体系结构、子系统服务功能，以及相应的设备包、市场包，实现了智能交通系统的模块化、市场化发展。同时，每年编制成本效益手册，对美国各州各城市建设的智能交通系统进行成本记录、效益评估，以作为其他类似系统建设的参考依据。

近五年，美国智能交通系统研究和建设的重点是车路协同系统（Vehicle Infrastructure Integration，VII），包括智能车辆先导（IVI）、车辆安全通信（VSC）、增强型数字地图（EDMap）、交叉口协作避碰（CICAS）内容。为了推进项目的建设和应用，美国通信委员会专门分配了 5.9GHz 的专用短程通信（DSRC）频段用于该项目。近期，为了进一步强调交通安全的重要性，美国交通部（DOT）将项目更名为 Intell i Drive。该项目主要应用在应急及事故处置、运输管理、安全预警、避碰和超速提醒、ETC、气象服务、辅助驾驶、信号控制、出行信息发布等领域，在加州、密歇根州以及亚利桑那州等地区重点开展建设。

2. 欧盟

欧盟的 ITS 发展始于 1985 年，当时欧盟的 19 个成员国成立了欧洲智能交通协会（ERTICO），实施智能道路和车载设备研发计划。1996 年欧盟正式通过了"跨欧交通网络指南"（TEN-T Guidelines），进一步肯定了 ITS 有效提高道路交通效率、改善安全和实现可持续性的作用。该指南促进了一系列项目的诞生，如 SERTI、CORVETTE、ARTS、CENTRICO、VIKING 等。经过多年的发展，欧盟的智能交通目前也已经比较成熟。

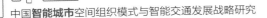

欧盟的 ITS 发展具有非常显著的特点和特殊性，需要综合考虑众多成员国不同的国情和发展情况，寻找共同利益，统筹兼顾，十分依赖各成员国多层次上的协调合作，也需要欧盟委员会、ERTICO 这样的机构统一领导规划实施。

目前，欧盟智能交通的建设重点主要在 4 个方面：安全性（Safe Mobility）、合作性（Cooperative Mobility）、生态流动性（Eco Mobility）和信息流动性（Info Mobility）。其目标是建设安全、环保和高度信息化、一体化的智能交通系统。优先发展和研究的领域集中在大范围多模态的出行者信息服务和实时交通信息服务、免费的交通安全信息服务、电子安全呼叫服务、卡车停车信息和停放预定信息服务等领域。

3. 日本

日本早在 20 世纪 70 年代就已开始了智能交通的研究，这其中有其国土面积狭小的原因，也有高度机械化的社会形态和雄厚的高新技术积累的原因，更离不开政府的大力支持。

日本智能交通的发展特点具有政府强力统筹、企业积极参与两种特征。日本的智能交通发展由高度信息通信网络社会推进本部主持，由首相直接领导，下面由国家警卫厅等 5 个省组成的联席会议负责研究和实施。1996 年，上述 5 个部门联合制定了《日本 ITS 综合发展规划》（Comprehensive Plan for ITS in Japan）。同时，丰田汽车、松下、三菱电机、先锋、三菱重工等大型企业也积极投身智能交通技术的研究和产品研发以及市场化的推广建设中。

受益于紧密的政企合作，日本的智能交通系统具有更高的应用效率和效果。典型系统包括 VICS（Vehicle Information and Communications Systems），它是世界上第一个车辆信息通信系统，1990 年开始设计研究，1996 年开始服务东京等几个城市，2003 年实现了日本全境覆盖。VICS 中心的运作采取政府和车载 ITS 设备提供商联合支持的方式，是目前世界上比较成功的一个交通信息服务系统。Smart way 是日本继 VICS 之后发展的又一项 ITS 服务，2004 年提出概念，2007 年小范围应用，2010 年初步覆盖全国，推进十分迅速。Smart way 主要提供三方面的服务：考虑安全因素的信息和路径指引，互联网连接服务，在收费站、停车场、加油站、便利店等场所的电子支付服务。Smart way 还提供先进的高速公路巡航支持服务（AHS）和先进的安全车辆服务（ASV），这些服务应用了车间和车路协同技术，降低了潜在的安全隐患。日本的 ETC 技术也与传统的 ETC 技术有所不同，其车辆上安装的电子标签和路侧收费装置间可以实现双向通信和识别，这种技术特点很好地推广了私人停车服务。日本的停车管理系统采用浮动的停车费用管理技术，有效地调节了大城市交通流，缓解了交通拥堵。

目前，日本正在继续推进车载信息服务的建设。2010 年，丰田、松下、三菱电机、先锋、三菱重工等 5 家公司先后将各自的新一代智能交通车载装置投入市场，新装置实现了导航、VICS、ETC、AHS 等功能的集成。

4. 韩国

1999 年 2 月，韩国制定了《交通体系效率法》，树立了国家级 ITS 实行计划和法律依据，促进了 ITS 技术标准的制定工作。建设交通部、信息产业部、科学技术部等机构联合组成智能交通协会（ITS Korea），统筹韩国智能交通建设。各地方机构为地方警察厅、地方自治团体、韩国道路公社、大学等单位，负责 ITS 实施计划的具体工作。

韩国的 ITS 计划分三个阶段：第一阶段从 2001 年到 2005 年，主要任务是组成 ITS 机构及初期工作；第二阶段从 2006 年到 2010 年，这个阶段是形成产业化、扩大规模的阶段；第三阶段从 2011 年到 2020 年，是确保各系统连接 / 兼容，发挥系统整体运行效率，为更高级系统进行规划的高级阶段。

经过多年发展，取得的主要成果有：

（1）出行者信息服务

韩国建立了国家交通信息中心（NTIC），交通信息通过高速光电通信网络由 NTIC 接受、处理和发送，再通过可变信息板（VMS）、互联网和广播等媒介发布传播。韩国还通过独立的交通广播站 24 小时不间断地发布实时通报、闭路电视图像、文字信息等。2008 年，韩国政府成立了韩国高速公路公司(Korea Expressway Corporation, KEC)，负责建设和管理韩国的高速公路。这个机构不但提供高速公路的交通信息，也提供国道和城市区域路网信息，并通过手机、车载设备、卫星广播和 IP 电视提供付费的交通信息。

（2）智能公交系统

韩国的智能公交系统是其智能交通应用的代表，公交站用 LED 或 LCD 显示屏向乘客提供公交车运行位置、状态、到站时间和排班车次等多种信息。乘客还可以使用具有 GPS 定位功能的手机查询在自己周围行驶的、可以搭乘的公交和地铁。

（3）ETC

韩国也有自己的 ETC 系统"Hi-Pass"，这套系统使用的是 5.8GHz DSRC

通信技术，而且具有和日本 Smart way 相同的服务。用户可以使用 Hi-Pass 卡在高速收费站、停车场、加油站和便利店消费。

5. 新加坡

新加坡是亚洲应用先进 ITS 技术的前瞻国家，是亚洲国家中建立现代都市、智能交通发展的典范。新加坡智能交通建设的一体化、平台化、信息化是其突出的特点。

从 20 世纪 90 年代开始，新加坡政府开始实施交通系统的综合整合工作，经过交通管理系统整合、公交系统整合、综合信息整合三个阶段，将城市高速公路监控信息系统、车速信息系统、数控出租车调度系统、出行者信息服务系统、车辆优先权系统、无线交通检测器系统、路口监测系统、交通信号优化系统等已有的系统，由一体化交通管理系统通过交通信息中心连接在一起，实现了数据采集、信息发布以及策略实施一体化，基本实现了对新加坡城市现代化交通系统的职能管理和调控，保证了快速、安全、舒适、方便的交通服务水平。

2006 年，新加坡政府开始推行"智慧国 2015 计划"，该项目有两个战略目标：一是运用信息通信技术对主要经济领域、政府部门乃至整个社会进行改造；二是建立超高速、普适性、智能化、可信赖的信息通信基础设施。同年，新加坡启动了"无线 @ 新加坡"项目，目前已在公共场所布置 7 500 多个热点。随着 2010 年新一代宽带网络正式启动，先进的国家信息通信网络为智能交通等应用系统提供了有力支撑。2010 年 3 月，新加坡首个智能地图信息系统——全地图（One Map）正式发布。该系统建立在新加坡基础地图上，是一个多样化服务平台，用户可使用此系统智能搜索和定位感兴趣的地点，例如博物馆、美食街、托儿所、公园、体育中心和学校。一起推出的 MyTransport.SG 服务也使市民能在任何时间、任何地点通过 Wi-Fi 或者 GPRS 接入网络，通过 One Map 平台了解全面的包括公交车、出租车、停车、路况等在内的出行信息，方便规划出行。

另外，新加坡在停车诱导和收费方面也处于领先地位，车辆可以通过路侧可变信息板获得附近的停车场信息，而行驶在某些特定路段时，ERP 系统会自动从存有费用的储蓄卡（Cash Card）中扣费。新加坡之前的 ERP 系统方案使用车流速度评价拥挤，通过调整系统费率使得快速路的车流速度保持在合理的区间。目前新加坡已经开始研究第二代 ERP 系统，这套系统使用 GPS 定位技术基于行驶距离来更加灵活高效地管治城市拥堵。

（二）发展经验总结

1. 重视国家层面的统筹，强调多部门、多领域的协调

智能交通是综合应用计算机、电子控制、通信和交通技术的新兴领域，在智能交通建设和运营管理中，往往需要涉及多个学科和技术领域，需要多个政府部门、高校、企业等不同群体的紧密合作，尤其在数据层面。另外，智能交通发展初期阶段更多地服务于政府管理和组织等行为，其整体的赢利能力较弱，需要来自政府层面的大力扶持。

美国、日本、欧洲等发达国家和地区过去 30 多年的智能交通建设都由政府牵头，并且都组成了多个部门或成员单位紧密合作的联合组织。实践证明，这些工作的开展为其智能交通发展和建设在政策体制层面提供了强有力的保障。日本的 VICS 系统能够顺利实施，并产生如此巨大的影响，就得益于多部门之间、官产学研之间的紧密合作。而美国在出行者信息服务领域发展略差，一个重要原因就是其联邦制的国家制度，各州各自为战的状态阻碍了系统建设进度和质量。

2. 重视技术标准的制定和实施，以使智能交通系统建设规范、有序

智能交通的跨学科性质决定其必须整合通信、计算机、人工智能、网络等多个领域的技术力量，整合的最佳途径就是标准的制定和实施。在这方面，最成功的是欧盟，欧盟是由多个国家组成的联盟组织，尤其需要通过技术标准协调各国之间的技术屏障，保障系统跨国跨区域的通用性。因此，欧盟先后成立了多个统一推进组织，如统筹智能交通建设的欧洲智能交通协会 ERTICO，专职推进交通广播信息服务的 TMC forum 等，并且他们与国际标准化组织（ISO）紧密合作，积极推出、使用相关标准。欧盟智能交通标准的制定和研究往往由协会牵头、以企业为主，这种工作方式不但使得标准能够快速地提出并制定，而且保证了标准在实施层面的可行性和高效率。

为了推进智能交通建设的规范化、有序性，美国、日本、欧洲等国家和地区从 20 世纪 90 年代开始先后推出了国家 ITS 框架，明确规定智能交通涉及的内容、服务对象，以及在物理和逻辑层面的组成及联通关系、传输的数据流。同时，美国还针对每年各地的智能交通建设和应用情况，编制智能交通系统成本效益手册，为各地后续相似系统的建设提供参考。

3. 从国家经济战略高度重视智能交通产业市场的培育和发展

交通在城市运行中的不可或缺地位，决定了智能交通发展和建设将是长期持续的工作，拥有巨大的发展前景；另外，智能交通系统建设囊括了土建、电子设备、软件工程、通信工程等多个产业，不仅智能交通系统建设本身拥有庞大市场，其也具有强大的带动效应。因此，各国都从国家经济战略高度看待本国智能交通产业市场的培育和发展工作，给予大量的扶持和帮助，强化本国的产业市场和能力。

美国、日本、欧洲等发达国家和地区由于起步较早，在传统智能交通产业领域占据了较大优势，如信号控制、车载导航等，在这些产业形成规模以后就迅速地推广到世界各地，为自身带来了巨大的经济效益。此外，从20世纪90年代末开始，每年举办一次世界智能交通大会，供各国交流智能交通技术和产品，以及培育相关市场。这些活动正是从智能交通的经济战略地位出发的。

4. 智能交通技术紧随高新技术的发展和应用

智能交通是以信息化和智能化为核心的新兴技术，非常重视新技术、新设备和新方法的使用，以及基于这些新兴事物的新智能交通应用领域的拓展。自智能交通形成以来，智能交通技术和领域的发展就没有停止过。尤其是新兴智能交通的国家，充分利用后发优势，结合传统发达国家的经验和基础，积极引入新概念和新方法，推进智能交通技术的进步和发展，形成了一批新的智能交通系统，并占据发展优势。如基于手机信令数据的定位技术、导航技术，基于3G通信的信号控制技术、远程图像信息采集技术，基于社交网络的个性化导航技术等。

三、中国智能交通发展现状

（一）发展阶段及特点

中国智能交通起步于20世纪70年代末至80年代初，在这一时期，智能交通理念刚刚由发达国家引入中国，智能交通的应用功能、建设方式、作用范围等均比较模糊。在城市交通中，智能交通的主要研究和建设对象是道路交通信号控制系统，部分开展了关于公共交通智能调度系统的研究和建设。总体而言，由于国家社会经济刚刚开始恢复发展，城市机动化需求较低，即使是北京、上海这样的大城市，智能交通的建设也没有受到高度的重视，在中国也没有形成支撑智能交通建设和发展的工业基础、人才队伍。智能交通的发展主要是以行业专家为核心的摸索、研究。直到 20 世纪 90 年代后期，随着社会经济的快速发展，城市交通拥堵频繁出现，智能交通才逐渐受到国家、大城市管理部门的重视，并开始进行建设和发展，开始出现一些国产化的技术产品和企业。

1. 探索阶段

我国在交通运输和管理中应用电子信息技术的工作始于 20 世纪 70 年代末至 80 年代初，当时称为交通工程。根据国际上对智能运输系统发展的研究，可以认为，交通工程的研究与应用是智能运输系统初级阶段的工作。当时交通运输部公路科学研究院与北京市公安局合作，首次在中国进行计算机控制交通信号的工程试验；20 世纪 80 年代初，国家科技攻关项目"津塘疏港公路交通工程研究"首次在高等级公路上把计算机技术、通信技术和电子技术用于监视和管理系统；由交通部、公安部、南京市共同参与完成的，以南京为应用城市的国家"七五"科技攻关项目（75-2443）"南京城市交通实时自适应控制系统"，该系统结合了 SCOOT、SCAT 等系统的优点，采用中心级、区域级和路口级三级阶梯式控制结构，系统具有实时自适应、固定配时和无线联动控制三种工作模式。这一时期的学者也进行了一些理论研究，如城市路口自动控制相关理论和数学模型。

1986—1995 年期间，我国在交通管理系统方面开展了一系列科学研究和工程实施，在城市交通管理、高速公路监控系统、收费系统、安全保障系统等方面取得了多项科研成果，并开发生产了车辆检测器、可变情报板、可变限速标志、紧急电话、分车型检测仪、通信控制器、监控地图板等多种专用设备，制定了一系列的标准和规范。这一时期的学者对高速公路监控系统数学模型、交通阻塞自动判断模型、标志和标线视认性、驾驶心理等理论进行了研究。以上这些工作为今后的智能交通研究和发展打下了良好的基础，积累了宝贵的经验。

2. 初步发展阶段

从 20 世纪 90 年代后期到 20 世纪末，随着中国城市社会经济的快速发展，交通需求与供给的冲突日趋激烈，智能交通开始得到广泛关注并迅速发展。这一时期我国智能交通的发展主要体现在积极参与国际会议学习先进国家经验、制定智能交通国家标准和规范、发展框架和战略等方面，表现出显著的政府推动特点。

20 世纪 90 年代中期以后，我国交通运输界的科学家和工程技术人员开始关注国际上智能运输系统的发展。中国政府认识到智能交通对提高交通运输效率和效益、保证运输安全方面的作用，提出将 ITS 作为中国未来交通运输领域发展的重要方向，是推动国民经济信息化的一项重要任务。从 1995 年开始，交通部每年组织代表团参加 ITS 世界大会，介绍中国道路建设的情况和中国发展 ITS 的战略，并向世界上的先进国家学习取经。

为了更好地开发和应用智能运输系统，交通部将智能运输系统的研究纳入了公路、水运科技发展"九五"计划；交通部被国家技术监督局确定为道路交通工程标准化委员会依托部门，委员会秘书处设在交通运输部公路科学研究院，同时国家技术监督局还确定智能运输系统国际标准化组织技术委员（ISO/TC204）在中国的归口部门为交通部，技术依托单位为交通运输部公路科学研究院，成立 ISO/TC204 中国委员会。交通部于 1998 年 1 月在交通运输部公路科学研究院成立了交通智能运输系统工程研究中心，该中心于 1998 年 9 月完成了交通运输部重点科研项目"智能运输系统发展战略研究"。2000 年，由科技部牵头，成立了全国智能运输系统协调指导小组及办公室，并制定发布了《中国智能运输系统体系框架》，详细介绍中国智能运输系统体系框架的服务与子服务、逻辑框架、物理框架、交通地理信息及定位技术平台、通信系统的体系结构、智能运输系统标准、技术经济评价等，为智能交通系统的发展提供了有力的理论依据。

3. 加速发展阶段

进入 21 世纪，国家对智能交通发展的重视和投入进一步提高和增加，中国与世界各国在智能交通领域的交流学习和合作更加频繁。这一时期也涌现出一批专业的智能交通企业，开始拥有和研发自己的技术和产品。我国的智能交通发展也从过去的探索尝试、初步发展阶段，逐渐走向实践和市场化的成熟道路。

（1）政府对智能交通的发展建设继续增加投入

在"十五"和"十一五"期间，国家科技攻关计划安排了"智能交通系统关键技术开发和示范工程""现代中心城市交通运输与管理关键技术研究""国家综合智能交通技术集成应用示范"等项目，系统地开展智能交通关键技术、系统的研究和示范建设；在产业化项目中安排了"卫星导航应用产业化专项""汽车电子产业化专项""下一代互联网示范工程"等重大项目，以及"国家高速公路联网不停车收费和服务系统"。在 2002 年确定了十个智能交通系统示范城市，积极促使智能交通从技术研究到工程示范应用在全国开展。在 2008 年组织筹建了中国智能交通协会。

从 2003 年开始，中国政府积极组织智能交通交流会议，如北京智能交通国际研讨会、中欧智能交通论坛等，广泛学习发达国家的成果和经验。从 2003 年开始，组团参加世界智能交通大会，了解和学习国际智能交通的前沿技术、最新产品，展示我国的智能交通建设成果；并在 2007 年 10 月在北京成功举办第十四届世界智能交通大会，来自 50 多个国家、地区的 2 000 多名参会代表参加了开幕式，为中国智能交通行业带来了大量新理念、新产品。

（2）大型国际活动将中国智能交通推向新的阶段

21 世纪第一个十年，中国举办了三个大型国际活动，即 2008 年北京奥运会、2010 年上海世界博览会、2010 年广州亚运会。这些国际活动的筹备、建设和开展，进一步推动了中国智能交通系统的建设，为新技术的实现和应用提供了宽广的展示平台。为了保障这些国际活动的交通顺畅，先后开展了"北京奥运智能交通管理与服务综合系统""上海世博智能交通技术综合集成系统""广州亚运智能交通综合信息平台系统"的建设工程。这些系统的建设和应用，一方面保障了大型国际活动时期的交通运输服务需求，充分展示了我国社会经济发展成就，同时也将所在城市及其周边区域的智能交通建设和应用水平推上了新的台阶，促进了智能交通系统的新发展。例如北京市通过 2008 年北京奥运会的召开，实现了基于浮动车的城市交通运行实时监测和实时车载动态导航，并在奥运建设成果的基础上延伸形成了《城市交通运行周报》管理机制，建成了基于交通指数的城市交通运行智能化分析平台和城市交通运行监测指挥中心，推出了《城市道路交通运行评价指标体系》《交通广播频道数据格式》技术标准等一系列智能交通成果。

（3）开始拥有与中国国情相适应的新技术、新产品

随着中国智能交通技术研究和建设深入，一些与中国国情相符合，具备自主知识产权的新技术和新产品开始形成，部分技术和产品甚至已经达到或超过了发达国家技术水平，比如浮动车交通信息采集技术。浮动车理念最先形成于欧洲，但一直到 2005 年才在北京真正大规模实现。而发展到目前，我国的城市浮动车规模已经达到世界第一（北京市浮动车样本规模达到 4 万辆），形成了一系列的自主知识产权，如路径搜索技术、行程速度计算技术等。再比如基于公共交通电子收费数据的公交运行分析技术，国外缺乏大规模、高覆盖率的公共交通电子支付数据，在这方面的研究和应用相对滞后。

北京市从 2006 年开始实行公共交通电子支付，每日公共交通电子支付次数达到 1 800 万人次，具备得天独厚的数据、技术和需求条件，吸引了大量的国际学者来北京开展研究。

在这一时期，中国智能交通系统得到快速发展，形成了完整的国家级智能交通体系框架。它是一个从中央到地方以及政府、企业、研究机构协同的组织体系。智能交通建设已经成为中国各地政府交通工作的重点之一，并开始在城市交通管理和服务等工作中发挥作用，为满足我国当前城市交通的发展需求提供巨大助力。智能交通企业研发生产了许多成熟的智能交通产品，基本涵盖了目前智能交通的应用领域，包括道路交通流控制及诱导系统、综合交通信息管理及指挥平台、视频监控系统、交通信息采集系统、治安卡口系统、电子警察系统、智能公交系统、出租车营运监控系统、轨道交通综合管控系统、高速公路管控系统、综合交通枢纽管控系统等。

4. 新一代移动互联网促进中国智能交通进入新阶段

进入"十二五"以后，受中国城镇化和移动互联网发展的影响，尤其是移动互联网、物联网、4G 网等新一代网络技术的发展，为智能交通建设提供了更加宽阔的基础通信平台，中国智能交通发展进入了一个新的阶段。主要有以下特征。

（1）综合交通运输协同技术受到关注和重视

世界发达国家已开始把注意力从修建更多交通基础设施、扩大交通网络规模，转移到采用高新技术来改造现有运输系统及其管理体系。交通运输信息化和智能运输系统 (ITS) 建设，已成为 21 世纪现代化交通运输体系的发展方向。ITS 的广泛推广应用，将有助于实现由单一的基础设施扩张向集约型交通发展的转变，是解决现代交通发展问题的重要手段。美国和欧盟的智能交通系统技术研究规划都开始关注综合交通的协调问题。智能交通技术正应用于物流、应急救援、公共安全、军事交通等多个领域，在定位、跟踪、路径规划、人员疏散等方面发挥巨大的作用，有效降低物流的运输成本，减少突发事件中的生命财产损失，保障大规模物资运输。

综合交通运输协同技术的主要趋势包括：

●基础设施整合化；

●运行联运化；

●目标多元化、管理一体化；

●信息化、智能化。

（2）智能化交通管理控制技术不断发展

智能化交通管理控制始终是智能交通系统发展的重点。随着城市交通拥堵的日益严重和低碳经济的发展，先进的交通管理系统、先进的交通信息服务系统等都有了新的目标，现代科学技术的发展成果的广泛应用也使智能交通系统的内涵更加丰富。

智能化交通管理控制技术有以下发展趋势：

● 高新技术的应用；

● 多元目标一体化；

● 新型交通信号控制系统技术。

（3）交通信息服务技术发展迅速并催生相关产业发展

智能化交通信息服务是现代智能交通领域的重要内容，同时在智能交通应用领域中也最具产业化发展潜力。先进的交通信息服务对于缓解城市交通拥堵、改善交通系统的运行效率具有十分重要的意义。智能交通系统提供的信息服务应遍及交通运输领域的各个角落，并能根据出行者需要及时间、费用、舒适、低碳等不同的价值取向，随时随地提供个性化、多样化的信息服务。由此催生的相关产业有：

● 道路交通信息采集设备制造业；

● 车载导航设备制造产业；

● 新一代移动通信设备制造产业；

● 智能终端制造产业。

（4）交通安全技术成为发展的焦点

安全是现代交通发展广泛关注的问题，国际上一些发达国家对交通安全的重视程度甚至超过了对交通效率的关注度，安全成为近几年来国际 ITS 界的新热点。除了在基础设施、法律和教育等方面采取措施外，智能交通与安全技术的开发和应用成为提升交通安全的最重要手段。主要的发展趋势有：

● 利用先进的信息与通信技术，进行安全系统的研发与集成应用，为道路交通提供全面的安全解决方案；

● 研究驾驶人的行为，以人的因素为基础，加强对驾驶人行为的安全预警和防范，提高主动安全水平；

● 自主式的车载安全技术和装置是智能汽车的重要构成；

● 通过车车以及车路通信技术获取道路环境信息，从而更有效地评估潜在危险并优化车载安全系统的功能。

（5）智能汽车与车路协同技术是近年发展热点

车路协同技术是当今国际智能交通领域研究的技术热点和前沿。主要发达国家和地区都在致力于建立基于车路协作的智能人车路协同系统，以实现更高效、安全、环保的目标。国际上在车路协同系统领域具有如下趋势：

● 车路协同系统的体系框架的建立；

● 车路通信平台的开放性；

● 车载终端的一体化；

● 强调人的重要性。

总体而言，我国城市智能交通取得了显著的成绩，在城市交通建设和发展中发挥了重要作用。但也需要清醒地看到，我国城市智能交通仍然处于发展阶段，很多领域的技术和设备均落后于国际先进水平，尚不能满足快速发展的城市建设对交通系统的要求，其建设和发展过程中也暴露了且存在着多方面的问题和障碍，需要各方共同努力，以更加开放的态度、多样的合作方式，仔细耐心地推进我国城市智能交通的各方面发展。

（二）智能交通关键技术发展现状

中国城市智能交通关键技术主要包括交通信息采集和处理技术、城市交通管理和控制技术、城市公共交通运营管理技术、城市轨道交通运营管理技术、城市交通信息服务技术、城市交通运行决策支持技术六个方面。各方面技术的发展现状如下。

1. 交通信息采集和处理技术

我国的交通信息采集技术主要是固定式和移动式采集两种。固定式采集又分为接触式和非接触式检测采集技术。接触式交通检测技术有环形线圈感应式采集、地磁车辆检测、气压管和压电检测等。其中，地磁车辆检测是近几年形成的新技术，具有成本低、维修方便的特点。我国在地磁检测技术和设备方面的技术水准已经达到国际领先水平。非接触式交通检测技术主要包括微波检测、视频检测、红外线检测、超声波检测、蓝牙检测等。其中微波检测技术应用最为广泛，视频检测则在近几年得到迅猛发展。移动式信息采集技术是指利用车辆或出行者的传感定位设备，实现对道路交通信息、个人出行信息的采集，主要分为基于 RFID、基于卫星定位（GPS）、基于无线定位（WLT）和基于手机信令的交通信息采集系统。其中，基于卫星定位的浮动车（FCD）在我国发展较快，已经在约 30 个城市得到应用。北京市从2006 年建成我国第一套浮动车系统，目前覆盖 4 万辆浮动车，采集精度达到

90%以上，其技术水平和应用规模都领先国外同等城市。

信息处理方面采用的技术方法包括卡尔曼滤波技术、贝叶斯估计、人工神经网络和综合统计分析技术等，主要用于对海量异构数据的实时处理。目前，我国在数据仓库和信息综合挖掘，尤其是多行业、多源信息的交叉分析方面的研究仍然较少，信息处理的深度也较浅。

2. 城市交通管理和控制技术

我国的城市交通管理和控制主要包括交通信号控制、城市交通诱导、交通监测和违章管理。

交通信号控制系统是我国建设最早的智能交通系统，但相对国际发达国家约百年的发展历程显然是起步较晚。从20世纪80年代开始，我国采用引进与开发相结合的方法，各大城市纷纷建设城市道路交通控制系统，逐渐实现了从单点信号控制向干线信号控制、区域协调控制，从固定配时信号控制到感应式信号控制，从机械控制器、电机控制器、电子控制器向计算机控制器的发展。随着我国城镇化进程的快速发展，我国也自主研发了一些控制系统，包括南京城市交通控制系统（NUTCS）、自适应交通信号控制系统（HiCON）、KELI-UTC系列交通信号控制系统等，但这些系统技术水准只是国外20世纪80年代水平，尚不能与国外系统竞争，国内市场主要由国外系统掌握。

城市交通诱导系统包括车载诱导系统、交通诱导信息发布和停车诱导系统等，目的是通过信息发布引导出行者出行方式选择和路径。2005年以来，我国城市交通诱导系统发展较为迅猛。到目前，车载诱导系统已经比较普遍。各大城市均建设了大量的路侧信息发布大屏幕，如北京市就在主干道上安装了约300块可变信息板。同时我国发布了《城市道路交通信号控制方式适用规范GA/T527》《城市交通信号控制系统术语GA/T509》《道路智能化交通管理设施设置要求DB11/T716》等标准，交通控制和信息诱导的基础设施建设已经开始标准化。

我国在2004年发布了《交通电视监视系统工程验收规范GA/T514》。目前，交通监视系统在我国已经得到广泛应用，已经普及到县一级的交通管理系统中。根据《中国智能交通行业发展年鉴2011》，截至2010年，我国视频交通监控点已经达到5.1万个，且从传统的模拟电视监控逐步转变为模拟数字相结合、全数字监控系统发展。交通违法监测记录系统广泛应用高清摄像机等设备和多目标跟踪等视频监测技术，并开始向基于嵌入式处理平台、集

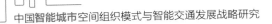

成多种视频监测技术、自动监测记录违法行为证据的集成式高清智能摄像机方向发展。

3. 城市公共交通运营管理技术

我国城市公共交通智能化由车辆自动定位、自动乘客计数、自动收费、车载公交信息服务、综合乘客信息服务、站点请求和中央调度等构成。北京、上海、广州、杭州和南京等城市均在积极进行城市公共交通管理平台的建设。广州智能公交监控调度系统实现客流统计、客流分析、计划排班、监控调度和效果分析的闭环管理，在国内乃至国际范围都是规模最大、实用性最突出、技术最领先、运行最稳定的系统。世博会期间，上海市公交行业监管平台实现了对 1 196 条公交线路、约 10 000 辆公交车辆的实时运行情况监管，及时掌握公交线路车辆的间隔时间、准点率、线路配车数量等基础信息，辅助政府部门实现对公交行业进行行业监管、智能决策、科学管理、综合服务和资源共享，进一步增强公交行业监管的主动性和实时性。

我国的公交信息服务包括基于 GIS 的 Web 服务模式、车站电子站牌和车载信息屏三种形式。北京、杭州、南京为代表的大多数城市均实现了城市公交服务网站，能够进行换乘查询服务。部分城市在实现了公交车辆的实时监控后，开始将公交车辆信息通过电子站牌提供给公交乘客。最近一两年，随着智能手机的发展，杭州、武汉等城市已经开始通过智能手机的应用软件发布公交车辆信息。此外，上海、广州等城市通过车载信息屏播放新闻、广播等信息，尤其是移动电视系统，通过广告资源的置换获得系统建设投资，实现良性循环。

4. 城市轨道交通运营管理技术

城市轨道交通系统由多个专业系统组成。目前，在各专业系统的具体功能上实现了较高水平的智能化技术，如列车自动控制（ATC）技术、列车自动监控（ATS）技术、列车自动保护（ATP）技术、列车自动驾驶（ATO）技术、设备与环境综合监控（BAS）技术、自动售检票（AFC）技术、乘客信息服务（PIS）技术等。在城市轨道交通网络智能化运营管理技术、运营信息服务和诱导技术、与其他交通方式的衔接配合等综合交通服务和管理技术、根据实际情况进行智能化运营组织和管理（比如列车调度、配车、限流、应急处置等方面）技术等方面尚有待发展。

在城市轨道交通运营信息服务技术方面，上海地铁和广州地铁近年来作了开创性的研究工作。城市轨道交通运营信息服务是以乘客信息采集和处理为基础的，通过自动售检票系统虽然可以获得实时进出站客流，但乘客进站后在城市轨道交通网络中的具体路径选择却难以获得，因而对线路断面流量、列车满载率等乘客关心的运营服务信息就难以及时获得。围绕着这一技术难题，上海地铁联合采用自动售检票（AFC）系统技术、列车自动监控（ATS）系统技术、车辆称重系统技术、视频分析等技术，在 2009 年年底，成功研发我国首套地铁客流实时信息显示系统，并在上海地铁投入使用（见图 3.1）。该系统可实时监控轨道交通各线路区段的客流、特定位置的客流密度与运营状态，并用红、黄、绿三种颜色表示线路中断、拥堵和通畅等实时运营情况。乘客可通过动态信息屏、智能查询屏、乘客信息系统（PIS）等多渠道获得轨道交通运营信息，动态调整出行路径和出行时间。

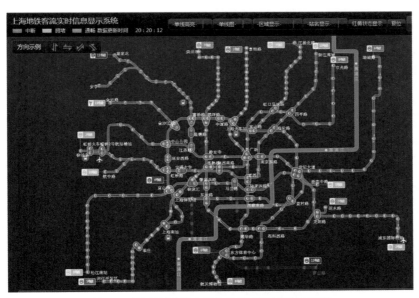

图 3.1　上海地铁客流实时信息显示系统三色全网图

广州地铁在上海地铁客流实时信息显示系统的基础上，增加了手机微信扫描二维码进入查看地铁运营服务信息的移动服务功能（见图 3.2）。

北京地铁目前正在开展"轨道交通安全防范物联网应用示范工程"，项目完成后，可实现对轨道交通重点区域的客流感知，结合车站 AFC 刷卡数据，实时掌握路网客流情况、列车和站台拥挤度等，实现大客流报警、拥堵站点对外发布、随时调整客流疏导方案等功能。

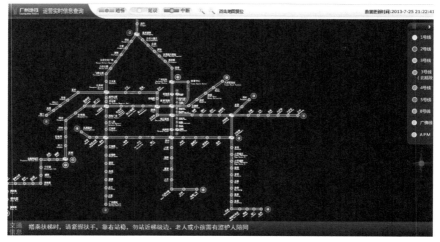

图 3.2　广州地铁运营线路实时客流三色全网图

5. 城市交通信息服务技术

城市交通信息服务在我国发展速度最快。2004，北京市通过动态交通信息服务示范平台项目率先开展我国交通信息服务技术研究和系统建设；2007年，北京移动呼叫中心 12580 正式推出实时路况查询业务；2008 年，北京开始推出首款覆盖北京地区数据的动态交通信息导航产品；随后，在奥运会期间，北京市已经可以通过导航仪、手机、互联网和动态信息屏向公众提供实时交通信息；2009 年，由汽车厂商主导的 Telematics 服务在我国正式商用，可以同时提供北京、上海、广州、深圳的交通信息；2010 年，上海世博会期间，上海建立了出行综合信息服务系统，通过手机、电话、网站、电视、广播、可变情报板、触摸屏等各种方式为公众提供交通信息服务；广州亚运会期间，广州建立了实时交通路况信息发布系统。

6. 城市交通运行决策支持技术

城市交通运行决策支持是建立在道路交通信息采集、道路交通管理、公共交通管理等基础上，集成多种数据资源，面向城市交通系统全面分析和决策的综合型系统。典型代表是北京市在 2009 年建立的北京市交通运行智能化分析平台。该系统集成了浮动车、微波检测器、公交电子收费、高速公路 ETC 数据，自主研发了"五维"交通拥堵评价体系，实现了对城市道路运行状况的实时监测、运行规律和瓶颈的内在挖掘、发展态势预测和预警，辅助管理者及时了解系统运行状态、及时发现问题，从而有针对性地进行预防、应急指挥；同时为公众提供综合信息服务，从出行前方式决策出发引导公众出行。从 2011 年开始，武汉、杭州、深圳、广州等城市也仿照北京开始类似系统的研发或者引进建设。

（三）发展中存在的主要问题

当前，我国城市智能交通发展过程中存在的问题主要有以下几点。

1. 交通行业综合统筹力度差，信息资源高端开发和应用不足

智能化和信息化的最大区别就在于对于信息资源的高端、深入挖掘与使用。而目前，我国交通行业部门分块较为严重，不但规划、建设、管理、运营分属不同职能部门，而且在同一领域内也存在条块分割。比如，在道路建设方面，城市快速路和主干道由市一级部门归口负责，而次干道和支路由区一级部门归口负责，街坊路、小区道路又分属不同的职能单位。另外，部分城市由信息化部门实现信息资源的汇聚，但因为信息化部门不了解交通行业应用需求，往往只能汇聚、堆积数据，无法实现丰富信息资源的集成应用和高端开发。

2. 运营模式和现状导致运营企业缺乏应用智能交通技术的原动力

交通行业的建设和运营往往带有国家投资和公益服务的属性。因此，我国大部分城市都采用政府补贴、大企业专营的形式，比如公交运营集团、高速公路建设和管理集团、地铁建设和运营集团等。这些企业对通过提高运营效率、质量来增加运营收入并不特别敏感和积极，相反对于通过智能技术的使用增加运营透明度所带来的更强行业监管和公众监督，以及由于业务流程改变可能导致的工作岗位减少、行业不稳定更加反感。这就导致运营企业缺乏应用智能交通技术的动力，对智能交通技术的应用往往比较谨慎和缓慢。另外，对于物流运输、旅游客运、车辆租赁等市场化程度高、企业分散的行业来说，缺乏建设智能交通系统的技术和经济能力，智能交通技术的大规模集团效益无法体现。

3. 智能交通标准发展滞后，产业发展存在隐患

我国的智能交通还处于发展阶段，产业、市场仍处于培育阶段。虽然很早就成立了智能交通标准化委员会和工作组，近几年也陆续发布了一些技术标准，但其规模和技术程度仍远远不够，尤其是没有形成面向某些领域、覆盖整个产业链的标准体系。一方面，无法为我国智能交通产业的发展保驾护航；另一方面，因为缺乏标准，现有系统的建设存在大量接口不一致、技术

方案多样的现象，为跨行业、跨区域的系统整合、集成埋下了较多隐患。

四、中国城市智能交通建设需求

我国已进入全面建成小康社会的决定性阶段，正处于经济转型升级、加快推进社会主义现代化的重要时期，也处于城镇化深入发展的关键时期。2014 年年底，我国城镇化率为 54.77%，达到世界平均水平。随着城镇化进程加快，大城市、城市群不断涌现，由此也引发一系列诸如交通拥堵、资源紧缺、环境污染等问题。为了缓解这些矛盾，引导城市有序发展，同时也将城镇化作为我国目前经济新的增长点，国家于 2014 年 3 月 16 日发布了《国家新型城镇化规划（2014—2020 年）》，提出了我国未来城镇化发展的总体目标和实施方案。其中，在"推进智慧城市建设"的"基础设施智能化"部分明确提出，"发展智能交通，实现交通诱导、指挥控制、调度管理和应急处理的智能化"。这对城市，特别是大城市的智能交通提出新的需求。

（一）中国城市发展国家战略

在《国家新型城镇化规划（2014—2020 年）》中，明确提出了城镇化发展的总体目标：

——城镇化水平和质量稳步提升。城镇化健康有序发展，常住人口城镇化率达到 60% 左右，户籍人口城镇化率达到 45% 左右，户籍人口城镇化率与常住人口城镇化率差距缩小 2 个百分点左右，努力实现 1 亿左右农业转移人口和其他常住人口在城镇落户。

——城镇化格局更加优化。"两横三纵"为主体的城镇化战略格局基本形成，城市群集聚经济、人口能力明显增强，东部地区城市群一体化水平和国际竞争力明显提高，中西部地区城市群成为推动区域协调发展的新的重要增长极。城市规模结构更加完善，中心城市辐射带动作用更加突出，中小城市数量增加，小城镇服务功能增强。

——城市发展模式科学合理。密度较高、功能混用和公交导向的集约紧凑型开发模式成为主导，人均城市建设用地严格控制在 $100m^2$ 以内，建成区人口密度逐步提高。绿色生产、绿色消费成为城市经济生活的主流，节能节水产品、再生利用产品和绿色建筑比例大幅提高。城市地下管网覆盖率明显提高。

——城市生活和谐宜人。稳步推进义务教育、就业服务、基本养老、基本医疗卫生、保障性住房等城镇基本公共服务覆盖全部常住人口，基础设施和公共服务设施更加完善，消费环境更加便利，生态环境明显改善，空气质量逐步好转，饮用水安全得到保障。自然景观和文化特色得到有效保护，城市发展个性化，城市管理人性化、智能化。

——城镇化体制机制不断完善。户籍管理、土地管理、社会保障、财税金融、行政管理、生态环境等制度改革取得重大进展，阻碍城镇化健康发展的体制机制障碍基本消除。

由此可见，我国城镇化发展的主要目标是要打破目前大城市和城市群的无序扩张，实现城镇、小城市、中等城市、大城市和城市群的合理分层、均衡布局和有序发展，实现区域协调发展，创造适宜的人居环境，从根本上解决"城市病"。在构建这种城镇化体系过程中，城市交通需要创新发展模式，智能交通应该大有作为。

（二）中国城市已进入快速发展阶段

根据中国国际城市化发展战略研究委员会 2008 年发布的《中国城市化率现状调查报告》，中国的城市化进程分为四个阶段。

第一阶段（1949—1964 年）：缓慢发展期。这一时期中国的城市化进程发展缓慢，城市化发展一波三折。其间，1949—1952 年，城市化率每年降低一个百分点，由 17.43% 降为 14.42%；1953—1960 年，城市化率增长近 6 个百分点，由 14.85% 提高至 20.74%；1961—1964 年，城市化率由 18.85% 降低到 16.56%。

第二阶段（1965—1975 年）：停滞期。这一时期城市化进程出现了停滞不前的状态，10 年间城市化率下降了 1.26 个百分点。

第三阶段（1976—1999 年）：平稳发展期。这一时期是中国城市化平稳发展期，城市化率逐步增长，从 1976 年的 15.49% 到 1999 年的 25.51%，20 多年间城市化率增加了约 10 个百分点。

第四阶段（2000—2006 年）：快速发展期。这一时期城市化进程明显加快，城市化率增长显著，从 26.08% 至 32.53%，7 年间城市化率增加了近 7 个百分点，平均每年增加约 1 个百分点。

2006 年至今，我国城市化率一直保持着大于 1% 的年增长率，城市化仍处在快速发展时期。特别是国家于 2014 年 3 月 16 日发布《国家新型城镇化规划（2014—2020 年）》后，我国的城市化又进入新的增长期。

根据世界城镇化发展普遍规律，城镇化率处于 30%~70% 区间的城市快速发展期，人口膨胀、交通拥堵、停车困难、空气污染、房价高涨、资源紧缺等一系列问题随之出现。如果仍延续过去传统粗放的城镇化模式，则会带来产业升级缓慢、资源环境恶化、社会矛盾增多等诸多风险，并可能落入"中等收入陷阱"，进而影响城市现代化进程。因此，对于城市交通来说，也应由之前的粗放式规划和运营管理模式向精细化、智能化方向发展。

（三）中国城市交通现存问题

1. 交通供需失衡，特大城市和大城市交通拥堵严重，并在时间与空间上持续扩展蔓延

随着城市化快速发展，我国城市交通拥堵不断加剧。城市交通需求总量不断增长和机动车交通量迅猛增加，使得城市交通拥挤已经从高峰时间向非高峰时间，从城市中心区向城市周边，从一线城市向二、三线城市迅速蔓延，交通拥堵已经常态化。许多特大城市和大城市中心城区高峰期间的行车速度已由原来的 40km/h 下降到目前的 15~20km/h。2009 年调查结果显示，上海市中心城区 204 个主要交叉口中，44%（90 个）的交叉口交通负荷达到饱和状态，40%（81 个）的交叉口接近饱和状态，仅有 16%（33 个）的交叉口处于畅通的状态，内环线主要干道早晚高峰普遍处于拥堵状态。

2. 公共交通发展速度滞后，服务水平不高，对小汽车的依赖日趋突出，公交出行比例普遍偏低

近几年，虽然加大了公交优先政策实施力度，但受资金、技术支持以及道路条件的制约，公交系统发展速度相对缓慢，公交出行在我国城市居民出行中所占的比例仍然较低。公交系统服务水平相对较高的城市，比如北京、深圳，其公交出行分担率也只达到 30%~40%；大多数二线城市公交出行分担率仅在 10%~20%，有的还达不到 10%；有的城市甚至出现公交分担率零增长或负增长。而一些人口密度跟我国城市差不多的东亚、东南亚国家大城市，其公交分担率基本都在 50% 以上，比如，东京为 51%，首尔为 63%，新加坡为 49.5%。

3. 综合交通枢纽交通接驳问题突出

综合交通枢纽规划、建设、运营、管理、服务、观念滞后，技术手段单一，不同交通方式之间衔接协调不够，交通资源难以充分有效利用，枢纽运行效率较低，尚未形成统一规划、统一建设、统一运营的机制，不能发挥综

合交通效能。

4.交通高能耗、高排放、高污染问题突出

随着经济的快速增长，能源消耗总量也迅速增加，目前我国已成为全世界最大的能源消耗国。石油对外依存度达 57%，能源安全已上升为国家战略层面的问题。

我国机动车基数大、增速快，交通行业能源消耗的增速高于全社会能源消耗的增速，已成为用能增长最快的行业之一；交通造成的城市空气污染也占到将近 1/3 的份额，交通环境噪声危害也不断加重。

5.交通安全问题仍比较突出

总体上看，我国道路交通安全状况近年来得到明显改善；但就全球范围的交通安全水平而言，我国的道路交通安全形势十分严峻。我国机动车万车死亡率明显高于美国、日本等发达国家，2011 年我国万车死亡率为 2.8 人 / 万车，而英国和日本 2009 年万车死亡率已分别降到了 0.66 和 0.64 人 / 万车[①]。

6.轨道交通建设起步过晚，尚未形成规划、建设、运营和管理完整体系

中国大城市轨道交通建设起步大大滞后于城镇化发展进程，这无疑在客观上刺激了小汽车需求的不断膨胀，加之对小汽车的"保有量高速增长，高强度使用，高密度聚集"的态势缺乏理性引导和调控，造成如今交通拥堵严重的被动局面。

多数城市在制定轨道交通规划时，未能从城市出行需求构成的实际状况出发，合理选择适应不同出行需求类型的轨道交通模式与运量等级，构建经济合理的多层次轨道交通体系，出现地铁线路由市区向城市外围区甚至远郊区盲目延伸的现象，造成轨道交通全线客流空间和时间不均衡、运营组织困难、旅行速度过低、运营成本虚高等弊端。用适合城市中心区高强度客流的地铁系统单一制式"打天下"，致使城市轨道交通未能实现"妙"发展。

城市轨道交通系统成网之后，其运营组织方式仍以单线运营方式为主，对跨线运营、快慢车组合运营等网络化运营方式研究较少，未能充分发挥轨道交通网络的效能和显著提高轨道交通服务水平。

---

①公安部交通管理局 . 全国道路交通事故白皮书 .2011.

7. 交通信息化与智能交通建设滞后

交通智能化建设是以全方位信息化为基础的。目前普遍存在忽视信息化基础建设的认识误区，绝大多数城市尚未建立起覆盖交通规划、战略决策、系统建设与系统运营服务全领域的实时信息采集、处理与应用信息化平台。由于缺乏信息化基础支撑，智能交通发展难以为继。仅就智能交通系统本身的建设而言，目前过分偏重于车路协同等为汽车出行服务的交通诱导与路网运行控制技术领域，而忽视了交通决策支持等高端服务以及面向多元方式出行与物流服务的需求。由于缺乏顶层设计，信息共享程度低、系统整合不够，系统应用处于较低水平。此外，交通信息与智能化产业缺乏政策指导和市场规范化的法制保障，产业发展滞后。各种技术标准也亟待制定。为适应区域统筹及城乡一体化新的发展形势需要，应不失时机地将城市群、中小城镇交通信息化与智能化建设纳入近期规划。

对以上这些交通领域存在的问题，在现今城市发展阶段，采用智能交通的理念，建立包括智能化交通规划、智能交通系统建设、智能化交通管理和智能化交通服务的完整体系，是一种有效的解决途径。

五、智能交通系统建设框架与重点内容

经过几十年的发展，ITS 在提高交通管理水平、解决交通拥堵方面发挥了巨大作用。目前已形成的智能交通应用技术和系统包括：以全球卫星定位和数字地图为支撑的导航系统、以移动通信和传感器为支撑的自动驾驶和车队管理系统、以专用短程通信（Dedicated Short Range Communication，DSRC）为支撑的不停车收费系统（Electronic Toll Collection，ETC）、以实时信息采集处理及显示技术为支撑的实时路况信息服务系统、以数字技术和广播技术为支撑的交通广播信息服务系统（Radio Data System and Traffic Message Channel, RDS-TMC）、以自适应控制为支撑的交通控制系统（UTMS）等。

近几年随着通信、信息和云计算技术的不断发展，以及移动互联网、3G 和 4G、移动智能终端的普及，新一代 ITS 也出现了全新的技术特点。

城市智能交通系统的发展目标、建设框架、系统结构和重点内容应基于这些系统，并随着这些新技术的发展，及时作出调整。当今智能交通系统发展应更多地依赖宽带移动通信，更多地实现实时信息交换，以更多地考虑出行者个体的应用和体验。

（一）智能交通发展趋势预判

1. 智能交通系统技术发展日趋互联化

智能交通系统的发展离不开科技的支撑，智能交通系统发展的需求也推动着科学技术的不断进步。随着大数据、物联网、云计算等技术的兴起，传统的智能交通系统需要进化以适应城市快速发展的需要。未来的智能交通系统应新一代信息技术而生，受技术手段的发展情况制约，为新技术的探索和改进提供实验和应用平台，同时也促进着技术手段的不断进步。

从2009年无锡物联网产业基地的设立到温家宝总理提出以"感知中国"为中心的物联网（IOT）概念，物联网已经成为市场最关心的话题。在物联网建设初期，交通系统是物联网的一个典型的应用平台。交通系统拥有大量的用户群，用户的出行兼具规律性和随机性。在工作日的早晚高峰，大量用户有着相同或相仿的出行目的或规律；在其他时段，用户的出行目的和规律可能相仿也可能截然不同。这些用户之间相互作用，相互制约，形成了复杂的交通系统。应用物联网技术，可以建立路侧／路面传感设备—车载设备—手持终端三位一体的综合信息采集和交互平台，从而发现城市居民的出行需求，挖掘出行规律和模式，制定管理措施和应急预案，达到更好地发挥交通系统的功能和服务城市居民多样化出行的目的。

基于RFID的货物运输管理已经在物流行业广泛引用，而将物联网技术应用于交通运输行业的各个领域，以信息感知、泛在网络和云计算等技术为支撑，实现交通运输系统中人、车（船）、路、货、环境等多元交通要素信息的融合处理，有机集成交通信息的数据采集、传输、处理与服务的综合体系，即为交通物联网。交通物联网已成为近几年业内关注的焦点。交通物联网建成后，可实现对各交通要素的实时采集、传输和处理，从而建立起一种涵盖交通运输行业的准确、实时、高效、便捷、安全、环保的综合交通运输管理系统，为社会公众提供全面的交通信息服务，提高交通行业管理和服务水平，推进交通信息化的发展。

车路协同系统即物联网技术在智能交通系统领域的一个典型应用。其旨在通过出行者、智能车载单元和智能路侧单元之间的实时、高效和双向的信息交互，为交通参与者提供全时空的、可靠的交通信息，实现人—车—路的充分协同，以有效提升道路交通系统的安全性和通行效率，改善交通环境，增加出行舒适度。

技术上，智能车路协同技术将综合应用信息、通信、传感网络、下一代互联网、可信计算和计算仿真等领域的最新技术，实现车辆与道路设施的智能化和信息共享，在实时、可靠的全时空交通信息的基础上，结合车辆主动安全控制和道路协同控制技术，保证交通安全，提高通行效率，实现人—车—路的有效协同。车路协同技术已经成为当今国际智能交通领域的前沿技术，是解决道路交通安全、提高通行效率和减少交通污染的有效途径。2014年10月8日至9日，由清华大学负责的国家"863"计划主题项目"智能车路协同关键技术研究"，在青岛举办的2014年国际电气与电子工程师协会（IEEE）智能交通系统国际会议上（ITSC 2014），成功组织了车路协同专题研讨会和典型应用系统现场演示活动。

同时，统计数据表明，中国互联网网民超过6亿人，中国手机网民超过5亿人，中国平均网速突破4Mb/s，中国互联网经济已占国内GDP的4.4%。手机终端信息服务呈爆发式增长，五花八门的APP软件让生活更便利和快捷。在这样的大环境下，未来的智能交通系统将不但是车辆高度互连互通的系统，更是人互联互通的系统。通过有线及无线网络，人们的出行目的、出行需求和出行方式都将面临改变。例如，滴滴打车、快的打车为大家带来了新的交通服务体验；高德导航、百度导航等导航软件为人们提供更加个性化的出行信息服务；京东、淘宝、亚马逊等电商的蓬勃发展，引发了我们是否还需要亲自出门购物的思考。在这样一个互联网时代，传统的交通运输系统正面临着前所未有的挑战，未来的智能交通运输系统也正面临着革命性的转变。

2. 智能交通系统产业构成日趋规模化和标准化

我国智能交通系统发展至今，其建设的主体以交通管理系统为主，主要客户为各地政府、交通管理部门、道路规划和建设管理部门等。传统智能交通系统产业发展大多面向政府采购的需求。现阶段行业特有的经营模式可归结为：政府部门客户根据自身需求和咨询服务商提供的规划方案公开招标，系统集成商通过投标向客户提供智能交通管理整体解决方案，中标后以智能交通系统工程项目总包商的形式进行系统集成和工程施工，通过收取项目合同款和后续维护费用实现收入与盈利，产品提供商负责提供相关软硬件产品。目前，智能交通系统的产业链结构清晰（见图3.3），自上而下分别为算法/芯片、集成电路/数据提供商、软件/硬件产品提供商、咨询服务/系统集成商、运营服务商和终端客户。

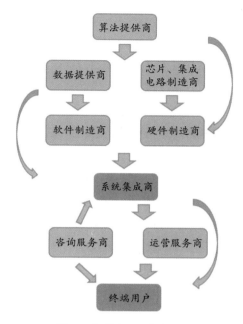

图 3.3　智能交通系统产业链

　　其中，算法、芯片和集成电路商基本上都被 ITU-T、ISO/IEC、JVT 等国外研究机构和 SONY、PHIlLIPS、TI、ADI 等国外厂商垄断，它们利用掌握的核心技术保持着较高的利润水平，其下游的产品制造商只能依赖于上述某些电子巨头。数据提供商主要指具备电子地图制作资质的厂商，行业的主管部门为国家测绘局。在智能交通系统发展的初期，国内道路交通信息采集数据主要由政府部门掌握，考虑到执法、金融等相关因素，其数据公开程度不高。但随着移动互联网技术在 2014 年的迅速普及，诸如滴滴打车、百度导航、高德地图等手机 APP 的用户群激增，海量的交通需求数据已逐步被互联网公司掌握。同时，智能交通系统也培育出了一批软硬件制造商。如 GIS 平台提供商 ESRI、超图软件、数据库系统提供商 Oracle 和基于 GIS 平台做二次开发应用的北大千方等。相关硬件主要包括前端的信息采集 / 指示、中端的传输和后端的存储 / 显示设备等。最终，由系统集成商提供全面解决方案，以招投标方式承包工程，在工程建设中投入外购或自主开发的嵌入式软件，以实现整个系统的特定功能，提高系统使用的附加值，并通过工程承包收入收回软件的研究开发投入。我国智能交通管理系统行业目前尚处于标准制定与完善阶段，行业内企业几乎全部扮演着系统集成商和产品供应商的角色，少量运营商业务主要集中在工程机械、公路运输车辆和出租车远程管理调度等特定领域且以地方性经营企业为主。目前大规模交通信息化服务运营市场产生条件尚不成熟，仍需要统一行业技术标准，城市智能交通软硬件系统进一步完善，车载和移动设备进一步普及。交通信息服务产业将进入快速发展阶段，智能交通运营服务商将在行业扮演越来越重要的角色。咨询设计商主要涉及的领域为向最终用户提供智能交通管理系统的设计与咨询服务，凭借其对智能交通系统的研究和经验并结合用户需求，提出系统建设的各项合理化建议，并为设备与软件选型提出基本的思路与方案。终端客户主要包括政府、交管部门、道路规划和建设管理部门、研究单位、企业和个人。

可见，智能交通系统产业目前已经有了较为清晰的产业链条，但处在链条上各环节的企业成熟度不一。同时，为了应对传统互联网和移动互联网的冲击，一些新的高科技企业也可能会打破现有的智能交通系统产业格局，形成更加规模化的和科学可持续发展的交通产业结构。在产业结构不断优化调整的同时，标准和规范的建设工作对打破多方混战的格局、保障智能交通系统的可持续发展也至关重要。

3. 智能交通系统服务对象日趋个体化和个性化

交通的发展是人类文化发展的缩影。交通运输是人和物的运输，但物的运输也是为人服务的，因此，究其根本，智能交通系统是为应对人的需求而存在的交通系统。随着科技发展对交通系统建设的支撑作用日趋显著，智能交通系统的关注点经历着从关注个别交通地点向关注全方位的交通网络的转变，其系统经历着从提供传统的出行服务向提供差异化、个性化服务的转变。

如果将智能交通系统的发展历程从信息采集和信息应用层面进行划分，则可以简单归结为信息采集与信号控制、拥堵治理与应急处置、出行引导与信息服务、需求控制与组织规划，以及精细管理与差异化服务五个阶段。

在智能交通系统建设的初期，其显著的特征是面向路口的交通秩序管理。其中信息采集以重点路口的简单交通参数采集为主，如排队长度、占有率、流量、流速等基本信息。信息应用主要是由服务本地路口的车辆通行秩序的交通信号控制。

随着汽车保有量的不断增加，交通拥堵越来越严重，智能交通的发展开始关注本地路口的拥堵治理和应急处置。智能交通系统的信息采集从重点路口拓展到路口沿线，信息应用仍主要用于服务本地路口的交通通行秩序，在重大事件和紧急事件发生时，及时对交通进行疏导，避免加重拥堵程度，提高路口通行效率和降低拥堵疏导时间。

伴随着交通拥堵成为常态，道路资源也在这样的背景下不断地扩大成网。智能交通系统开始关注路网状态下的出行引导和信息服务，以求能够在拥堵未成之前即可以通过信息化的手段，解决通行瓶颈和提高道路通行效率等问题。信息服务的手段不但包括通过可变信息板（VMS）发布信息，而且基于互联网技术、移动互联技术、手机推送技术、媒体发布技术等新技术的信息服务也开始发展。

目前，智能交通系统的聚焦点，不仅仅是出行发生之后，还包括出行之未成行阶段。也就是说，聚焦在出行需求与组织规划阶段，关注出行中的人和路两大主体因素。通过采集路网平面内的生产生活等活动的规律，以及对交通出行产生影响的可预测的各种数据信息，如车型组成、OD 分布、功能区分布、商业信息、会展信息、气象数据、人流分布等，采取科学的仿真计算和模拟手段，进行评价、验证、规划、设计和管理出行需求、道路规划、出口规划、城建规划、发展规划等，以达到改变目前行随路走、路随车建、车随堵治，以及功能规划盲目、配套设施落后、产业布局不均等被动局面。

在未来，智能交通系统的作用，不仅仅体现在与以出行为核心和纽带的交通管理相关的平面上，更要由社会管理向社会治理转变，充分利用大数据和云技术等相关前沿技术，将信息应用拓展到以社会治理为核心的立体应用上来，如拥堵收费治理、反恐治安协查、环保节能控制、敏感区域管理、个性差异服务、数据增值经营等，以及在此基础上，开展关键技术研究、关键产品研发、相关标准建设、管理措施研究等，让一次投入的社会资产，能够产生更大更广的社会和经济效益。

可见，在智能交通系统发展的前期，由于道路上的车辆规模较小且技术发展受限，更多的只关注某些交通枢纽、拥堵点的管理与服务，其面向对象也较多集中在经过这些路口的出行群体上。随着机动车保有量的激增，智能交通系统开始越来越多地由点及线、由线及面、由面及网，系统的综合性日益显著。另外，随着移动互联网的蓬勃发展，各种手机 APP 为交通出行的人机交互提供了广阔的空间，这为交通管理者和交通服务者获得海量的、实时的、多种多样的交通需求提供了条件，也为针对这些个性化的出行需求提供差异化的服务和精细化的管理提供了基础。由此，未来的智能交通系统必然会运用大数据技术辅助决策，制定短期、中期和长远的交通规划方案，并且针对出行个体需求，提供以人为本、个性化、差异化的解决方案；通过交通综合特征分析改善道路基础设施，确保出行安全，同时改进车辆设计，实现车辆的主动避撞和安全辅助驾驶等。真正做到决策从交通中来、到交通中去；根据人的实际需求和交通发展的规律制定决策，应用决策影响人的需求，优化交通构成，最终形成以人为本、人性化的智能交通系统。

4. 智能交通系统衍生服务日趋精细化和多样化

二十一世纪，互联网技术、无线传感技术和移动互联网技术得到了迅速发展和普及，尤其是无线传感技术和移动互联网技术，极大程度地促进了智能交通系统衍生服务的精细化和多样化。据不完全统计，截至 2014 年，智能交通行业的相关手机 APP 和互联网服务已达近 40 项（见图 3.4），涉及城市出行、长途出行、城市货运与长途货运的方方面面。与此同时，无线传感技术的发展，为安全辅助驾驶、自动驾驶和车路协同驾驶提供了广阔的发展空间。

这些交通衍生服务在方便百姓出行，改善出行体验的同时，也正冲击着传统的交通运输系统。例如，淘宝、京东、亚马逊等大型电商的出现将部分人流的出行变成了批量小件物流运输的现象（无疑，减少了因人车出行对道路产生的拥堵）。以淘宝为例，2013 年"双十一"当天的成交额达 570 亿元，这意味着数以亿计的货品在全国范围内大规模运输。如果将这些集中的货物运输转化为人流的出行，无疑会给道路交通系统带来巨大的压力。因此，传统互联网和移动互联网的迅速发展，正逐渐改变着人们的出行需求、出行目的乃至出行时间。在这样的大环境驱使下，传统的智能交通系统也面临着个性化服务带来的挑战。

随着无线传感技术的大规模普及，安全驾驶技术日趋精准。传感器技术的发展使得对车辆状态及其周边环境的描述更加清晰和完整，特别是图像识别技术和 76~79GHz 雷达技术的应用，使得车辆可以在复杂环境下将高速行驶车辆前方和侧面的车辆、行人、障碍物等识别出来，配合定位技术和安全辅助驾驶技术，可以大大提高车辆行驶的安全性，还可以对行人进行避让。同时，传感器技术的发展还为自动驾驶系统的开发提供了支撑。美国、欧洲和日本从 ITS 的起始阶段就开始自动驾驶技术的开发，1997 年在美国加利福尼亚州的圣地亚哥、2000 年在日本的筑波分别组织了大规模的自动驾驶技术的展示。在这之后，发达国家的相关研发虽然没有中断，但是研发和应用的重点转到车载安全辅助驾驶技术。近几年随着专用短程通信（DSRC）技术、传感器技术和车辆控制技术的日趋成熟，自动驾驶技术进入实用化指日可待，这将大大改变道路交通的运行和管理模式。

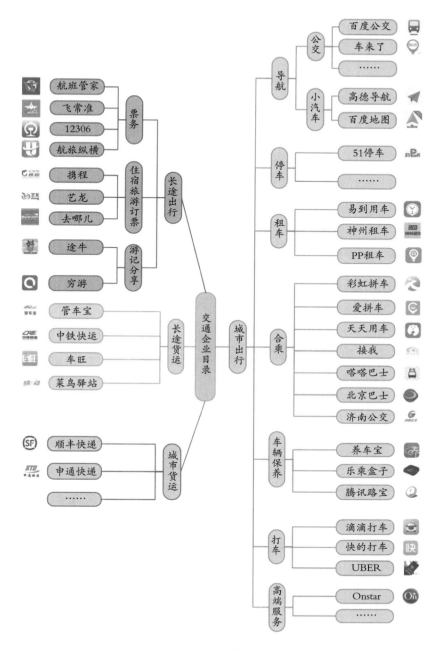

图 3.4　智能交通服务 APP

　　这些技术的发展，连接了出行者、车辆、道路和环境，使智能交通系统不仅能够为政府进行交通管理提供依据和手段，也为出行者提供全出行周期的精细化服务，乃至潜移默化地改变着城市居民的出行目的和出行习惯。未

149

来的智能交通系统必将向着更加个性化的服务、更加智能化的管理和更加合理化的运营的方向发展。

（二）系统框架

智能交通系统以人性化、一体化交通出行服务为根本出发点，以快速、准确、安全、便利、智慧的高品质服务为手段，围绕交通基础设施应用效率提升、客货运输安全运营和联动调度、行业监管效率和能力提升等目标，充分结合物联网、云计算、移动互联网等技术优势，整合既有智能交通基础设施，构建全方位的信息采集、传输、处理、发布系统，实现智能化的交通管理和服务。

根据智能交通系统的业务层面，智能交通系统整体架构可以从终端层（信息采集、服务应用）、支撑层（传输、计算和存储、处理、挖掘）、应用层（管理和服务）三个层次来划分。其相互关系见图 3.5。

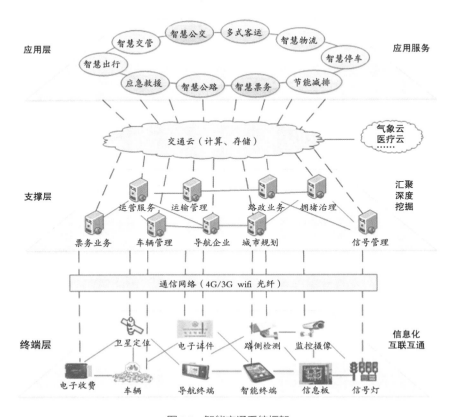

图 3.5　智能交通系统框架

1. 终端层（信息采集、服务应用）

终端设备是智慧交通系统的传感终端，主要通过各种传感终端设备实现交通信息的全方位、多样化采集。根据感知方式不同，可分为客流感知、车辆感知、道路感知、环境感知四大类。根据信息采集频次不同，可分为基础设施信息采集、统计信息采集和动态数据实时采集。

在未来互联网环境下，这些感知设备不但与上层的传输网络和业务系统垂直对接，而且通过车辆、车站或者乘客等载体实现设备之间的互联互通，既实现在设备端的数据互补互验，又实现通信网络、传感的集约化使用。

终端设备既是传感终端，也是交通服务提供的载体，在云计算能力、高速通信网的支撑下，将实现信息服务消费与个体信息采集的结合，在服务的同时完成信息采集。

2. 支撑层（传输、计算和存储、处理、挖掘）

支撑层是智能交通系统的业务实现主体。与传统系统相比，智能交通系统将在数据传输网络、数据计算和存储资源、数据挖掘分析能力方面实现突破。

传输网络主要通过有线通信网络或无线通信网络，将感知层所采集的信息实现汇聚，包括设备与业务系统之间、多个业务系统之间、不同设备之间的信息传输等。传输网络的重点在于数据传输的速率，安全性和差异化设备，系统之间网络连接的便利性、低成本。

数据计算和存储主要是通过云计算技术实现传感网海量数据的快速、便捷计算，并且实现针对某一数据或者多个数据之间相互交叉的挖掘计算，尤其是将实现全国广域范围内不同城市之间数据的交互和计算。

数据挖掘分析主要是面向行业需求特点，针对某一数据或者一部分数据，通过量化指标、机器学习方法实现直接数据的挖掘计算，获得能够支持业务应用、服务的量化数据。

3. 应用层（管理和服务）

智能交通系统应用层是基于交通管理应用进行开展的，通过基于智能化的数据深度挖掘和应用，将交通服务的前端个体与后端的运营组织、交通管理连接起来，实现供给和需求紧密联动、有机结合的交通服务新模式。

智能交通应用覆盖到交通系统的各个方面，并且随着交通系统在不同阶段的发展特点、需求，智能交通应用的重点也随之变化。

（三）重点建设内容

1. 天、空、地一体化感知技术

（1）低成本、普适、高精度交通感知技术

具有更低建设成本、更便于实施和维护特点的交通感知技术应用，以及通过数据挖掘实现新的交通感知功能或者提高感知精度、频率或扩大覆盖范围的技术。

（2）多维、动静态交通基础设施状态感知技术

着重研究面向各种动静态交通基础设施的状态感知技术和设备，尤其是车辆状态感知技术（包括车辆能耗、排放和安全器件）、基础设施（路面、桥梁、轨道）安全运行感知技术、多维度交通地理信息联动感知技术、极端天气下交通基础设施可用性感知技术。

（3）主动式交通安全危险感知技术

着重研究实时、主动触发的交通安全危险感知技术和设备，实现对高概率安全事故的主动感知，重点是地下通道人流密集感知技术、在途车辆碰撞感知技术、危险驾驶行为感知技术等。

（4）综合集成交通感知技术

着重研究与其他领域设备相集成的、通过数据挖掘或局部模块增加实现交通感知的技术和设备。重点是基于通信信令系统的活动链感知、基于电子收费系统的客流感知、基于用户使用行为（尤其是移动终端设备）的出行规律感知、基于蓝牙通信的交通感知等技术。

（5）高可靠交通信息交互技术

研究基于无线局域网通信（Bluetooth 和 ZigBee）、无线局域网通信（Wi-Fi）、无线广域网通信（WiMax 和 McWill 技术）、新型 3G 以及 4G 技术等无线接入技术，IPv6 网络通信技术，专用短程无线通信技术（DSRC）的交通信息可靠交互技术等，实现交通信息的可靠交互。利用物联网技术、交通信息物理系统、多源多目标交通信息交互服务智能代理技术，建立智能化交通信息网络。

（6）交通元数据体系

从交通行业基础感知出发，结合数据传输和应用需求，研究交通元数据体系，包括自动化采集数据单元、综合统计数据单元等，实现交通基础数据

资源的规范化、泛可用性、强扩展性。

2. 交通大数据处理技术

（1）大数据挖掘和处理技术

着重研究基于多行业、多来源、多层次数据的交叉分析和综合挖掘技术，强调在现有数据表象功能之上挖掘，实现对交通系统运行深层规律的辨识、对应用决策的直接支持；研究运用非线性预测技术、聚类技术对海量交通数据进行智能挖掘和分析，建立关联规则，实现交通态势分析、预警、动态行为模式发现。

（2）交通云计算技术

着重研究应用最新地理信息技术、云计算技术、互联网技术，实现海量交通数据的快速计算、结果图形化展示；基于图数据库（Graph Database）交通路网数据的储存，建立高效的复杂网络存储系统；以开源计算平台为基础，建立适合复杂网络分析、多元数据挖掘的高性能交通计算平台；建立交通行业云计算体系，实现单系统的高效计算和行业整体计算资源的集成应用。

（3）交通动态仿真技术

重点研究我国交通流（尤其是城市道路交通流、高速公路交通流）的基本特征参数，结合交通组织、控制的应用需求，研发具有自主知识产权的、具备国际竞争力的、能满足大城市高密度路网快速计算需求的动态交通仿真模型（重点是城市道路综合车流、场馆或地下通道人流）、运输组织（重点是物流运输、航空枢纽交通组织、公共交通客运）仿真模型。

（4）交通数据共享机制和技术

重点研究适合我国国情、可普遍接受的交通数据跨部门、跨行业共享机制，实现数据采集和管理责任明确、数据资源共享多元方便、数据使用合理可持续；研究跨网络、跨系统的，可靠、安全的交通数据传输交换技术，保证交通数据共享的技术可行。

3. 综合集成应用技术

（1）城市交通智能分析与决策支持技术

着重研究城市交通运行状态的智能化分析技术，包括全息系统监测计算、交通拥堵水平定量评价、运行瓶颈智能辨识技术、运行态势多方位预测技术、城市交通一体化联动指挥决策支持技术等。

（2）交通信息发布和应用技术

基于交通信息共享、交通信息互操作等技术，实现交通信息集成处理和服务，基于跨行业、跨区域不同尺度、维度、质量的交通信息集成技术，构建综合交通信息平台，支持交通管理和多渠道综合交通信息发布服务。

基于多运输方式客运信息共享与集成，实现交通综合信息协同服务、个性化交通信息服务，重点是基于智能终端、社交网络的个性化、交互式信息发布和应用。

（3）智能、精细化城市交通运营组织技术

着重研究实现智能控制、精细组织在城市交通运营组织中的应用，重点研究公共交通（包括公共电汽车、轨道交通、出租汽车、长途汽车、自行车租赁）客运的集中调度、联合调度、安全监控和防护，以及多方式协同运营的规划、组织和服务技术；城市物流运输的最优化组织、综合交通枢纽和空港客流组织与诱导、安全监控与防护。

（4）区域协同联动交通控制技术

着重研究面向区域整体交通系统的，集宏观需求调控、信息引导和信号控制为一体的协同联动交通控制技术，实现区域内多层次交通控制资源的联合协作，实现交通供给资源能效的最大化发挥。

（5）智能车路协作技术

运用各种先进的无线通信技术，实施车车、车路全方位动态实时信息交互，在全时空动态交通信息获取与融合的基础上，开展车辆主动安全控制和道路协同管理技术研究，开发实时、大容量车路信息交互技术；开发低延时、高可靠的车车信息交互技术，车群网络快速组建及通信资源管理技术；开发基于交通专用短程通信的多应用融合技术；集成基于车路协作的安全预警及辅助驾驶技术，以及基于车路协作的高速公路主线交通控制和诱导等技术。

（6）城市交通节能环保技术

重点研究机动车、轨道交通、交通基础设施的节能减排技术，以及新能源应用技术和设备；研究保障自行车、步行等绿色出行方式的安全性、便捷性的新技术和新设备；研究交通能耗与排放测算技术，实现智能化、定量化的交通系统节能减排决策支持，推进生态导向的城市智能交通系统建设，促进低碳化、绿色交通的实现。

（7）城市轨道交通网络化安全运营组织和服务技术

针对当前轨道交通网络化面临的安全及效率提升问题，重点研究城市轨道交通运营信息的动态感知和状态辨识技术、智能化的轨道交通安全防范技术、轨道交通运营信息服务和诱导技术，以及智能化运营管理，如调度、配车、限流、应急处置等技术。改变现有运营企业以人工为主的运营管理模式，实现地铁运营管理的数字化、自动化和智慧化，以期提供对运营管理从数据获取、模型分析、状态预测，到预警标准和应急处置策略的系统化解决方案。

六、智能交通建设保障措施

（一）建立自上而下的智能交通规划体系

各城市要建立统一的领导机构，对城市总体规划、综合交通规划、城市轨道交通规划、城市对外交通规划等统筹安排，加强领导，做到多规互动、合一，制定一体化规划，并从政策层面保障规划的约束力和执行力。

（二）完善政策、资金保障机制

制定有利于智能交通产业发展的行业政策。智能交通产业的发展受技术驱动，某些关键技术制约了智能交通系统的发展，政府有必要为 ITS 相关的研发机构和企业创造公平、开放的竞争平台，对自主研发、具有自主知识产权的产品加以重视和保护。

制定有利于智能交通产业发展的投资政策。ITS 的投入巨大，完全依靠国家投资智能交通产业远远不够，需拓宽融资渠道，从以国家投资为主，转变为国家投资、私企投资、外资并重的道路上来，鼓励非国有资金投入。

（三）加强标准化和产业化建设

加强 ITS 技术标准化工作。标准化是实现交通系统科学和现代化管理的基础，是提高智能化交通产品水平的重要保证。目前投入使用的交通产品缺乏标准化，部分已实施的产品缺乏合理接口，多项产品的集成和匹配困难，给数据融合带来很大困难。因此，在智能交通建设的初期，在智能交通顶层设计过程中，就应将标准化建设提到一定的高度予以重视。

将智能交通作为新型产业来发展。围绕智能交通产业价值链的整合、链上资源的优化配置和利用效率，重点关注智能交通产业链上企业间的关联关系和协同效应，提高响应顾客需求的速度，减少链上企业间非增值环节的时间占用和资金耗费；将基础设施、运载工具、出行者、服务提供者等各交通运输参与方通过信息网络与价值链连接起来，并按照市场引导、价值驱动的原则，建立交通信息在各利益相关方之间自由流动的应用服务模式，有效推动智能交通产业化的形成和发展。

七、 北京智能交通建设案例

（一）概　述

北京市是国内较早开始建设智能交通系统的城市，目前已经建设形成了具有国际先进水平的智能化交通管理系统和城市交通运行协调指挥中心。

通过城市交通多源异构数据特征分析与融合技术、分布式异构多系统集成技术、基于 GIS 的预案化指挥调度集成技术等，北京构建了以"一个中心、三个平台、八大系统"为核心的智能交通系统体系。

"一个中心"是交通协调调度系统（TOCC）（见图 3.6、图 3.7 和图 3.8），主要功能是汇聚城市交通数据资源，实现日常监测、协调指挥、决策支持与公众服务，重点支持交通运行监测、交通拥堵缓解、交通应急指挥、公众信息服务及综合交通协调联动等工作。目前，该系统整合 2 800 多项数据，接入 6 000 多路视频和 13 个应用系统，基本形成覆盖路网运行、综合运输、交通执法等交通行业各业务领域，涵盖民航、气象等其他运输方式或行业领域的综合交通数据体系，实现对城市路网运行状态动态监测，实现为城市运行智能化提供支撑；初步实现了多领域数据分析服务，为交通运输部、市各委办局、区县政府、交通委及各业务处室等政府部门科学决策提供依据，为行业企业及其他运输方式相关单位数据应用提供支撑。

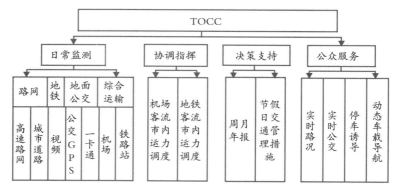

图 3.6　北京市 TOCC 系统架构

图 3.7　北京市交通综合信息平台

图 3.8　北京市交通运行监测调度中心指挥大厅

"三个平台"是指信息基础平台、行业监管平台、交通安全应急平台。信息基础平台已建设完成，它通过全面梳理交通行业应用系统和数据资源，建立了交通行业数据标准规范和信息资源目录，整合了行业各类动态、静态数据信息资源；建设了数据共享交换平台，形成了数据和应用相结合的北京市交通综合信息平台。行业监管平台覆盖交通运输行业监管、路政业务管理及交通执法三方面，目前建成了交通运输安全监督管理、交通运输行业信用信息管理、交通行业质量信誉考核及运输审批等一系列行业监管系统；建立了道路路网管理平台和路政审批系统；初步建立了执法处罚业务系统和监控指挥系统；初步建设完成了交通安全应急平台，包括交通安全应急指挥调度系统、轨道交通安全防范物联网应用示范工程和极端天气条件下道路交通保畅物联网应用示范工程。

在公众出行服务方面，初步建成了以网站、热线、手机、车载导航等多种形式为载体的公众出行信息服务体系；实现了道路交通诱导系统、智能化公共自行车服务系统、东直门综合运输枢纽信息服务平台及天通苑北交通枢纽停车换乘（P+R）信息发布平台等示范试点；市政交通一卡通系统覆盖了全市地面公交、轨道交通和部分出租车及停车场。

在行业企业运营智能化方面，基本建设完成了地面公交智能调度与安全防范管理系统、轨道交通网络化安全运营系统、出租车统一调度平台及个别综合交通枢纽智能化等；初步建设了高速公路联网收费及养护系统、公路巡查与养护管理系统、城市道路养护管理系统及轨道交通基础设施养护管理系统等。

（二）城市道路交通诱导系统

城市道路交通诱导系统主要面向社会公众和在途车辆，通过设立在道路上的可变情报板（VMS）发布各种动态交通信息，诱导车辆选择合适的行驶路径，达到引导车流合理分布、缓解交通拥堵、减少行驶延误的目的。

城市道路交通诱导系统接入各类基础交通信息，进行智能化处理和分析后，自动生成交通状态等信息，控制可变情报板实时发布。系统由交通流信息实时接入子系统、交通流信息处理/分析子系统、交通流信息发布控制子系统构成。系统的总体框架见图3.9。

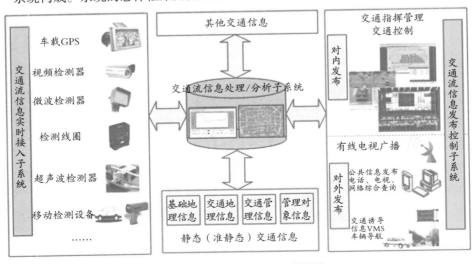

图 3.9　北京市道路交通诱导系统架构

1. 交通流信息实时接入子系统

交通流信息实时接入子系统是城市道路交通诱导系统的基础，接收下端视频、微波、超声波、GPS 定位等设备采集的实时动态交通信息，以及交通事故、勤务信息、道路施工、交通管制等交通事件信息，为交通流信息处理 / 分析子系统提供数据来源。

2. 交通流信息处理 / 分析子系统

交通流信息处理 / 分析子系统是城市道路交通诱导系统的核心部分，连接交通流信息实时接入子系统和交通流信息发布控制子系统，实现缺失和错误数据的识别与修复、异常数据的过滤，生成统一规范的标准化交通数据，再经深入分析与挖掘后形成描述交通状态的信息，为诱导信息的生成提供数据来源。

3. 交通流信息发布控制子系统

交通流信息发布控制子系统根据交通状态自动生成诱导信息，并实现对 VMS 的屏体控制、播放控制、显示控制、状态控制等。面向不同的用户，交通流信息发布子系统提供对内和对外两种途径的信息发布。对内发布子系统面向的用户为交通管理人员，为交通指挥、管理、控制提供决策支持；对外发布子系统面向的用户主要是交通出行者，为公众出行路径选择提供信息服务与支持。

北京市目前建成的城市道路交通诱导系统（见图 3.10），属国内规模最大，其覆盖范围包括整个北京城区及通州、大兴、昌平、房山等部分远郊区。截至 2013 年，系统由一个主控制中心、11 个分控制中心及 420 余块 VMS 构成，系统设计最大控制能力的 VMS 数量不少于 1 000 块。控制中心根据多种数据源自动计算、生成实时路况信息和诱导信息，以文字和图形方式发送到 VMS 上，每 2 分钟更新一次，并可随时插播各种宣传、管制、提示信息以及突发事件信息。

2008 年奥运期间，系统控制的 VMS 每天自动发布交通诱导信息总数量近 200 万幅，发布人工编辑信息 800 余条，发布人工干预状态信息 2 700 余条，对缓解城市交通拥堵、改善北京市道路交通出行、提高交通保障服务水平发挥着重要的作用。

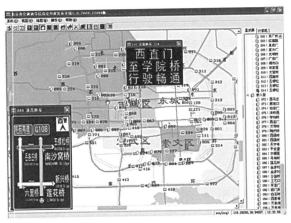

图 3.10　北京市道路交通诱导系统

（三）公交优先信号控制系统

近些年来，北京针对公交优先发展战略，投入颇多。公交优先信号控制系统就是比较成功的一个系统。

从技术层面讲，公交优先主要包括"空间优先"和"时间优先"。"空间优先"是指通过设置公交专用道或部分锯齿形公交优先进口道，给予公交车辆通行的空间优先。"时间优先"是利用先进的通信、控制、计算机技术，在交叉口对公交车辆在通行时间上给予优先，使公交车辆能够顺利通过，进而减少公交车辆在路口的延误，缩短公交车辆的路段行程时间，提高公交准点率，达到提高公交车辆的运行效率的目的。

北京公交优先信号控制系统（见图 3.11、图 3.12 和图 3.13），由公交车辆检测识别模块、优先申请生成模块、优先控制策略生成模块，以及公交信号优先监控平台构成。RFID 有源标签设置在公交车辆上，RFID 阅读器设置在路口。当公交车辆接近路口时，有源标签射频装置向路边的 RFID 阅读器发送公交车辆相关信息，包括公交车辆的 ID 编号、出行线路、优先级别、出行方向、时间等。RFID 阅读器经过识别、校验后，将车辆信息传送给路口的信号优先申请接入设备，经过优先申请生成模块处理后，一方面将车辆信息和优先请求传输至公交信号优先监控平台，由平台进行统计分析工作；另一方面将优先请求、公交运行时间传输给信号控制系统，由信号控制系统生成优先策略并传递给信号控制器执行。

图 3.11　标签、读卡器实景照片

图 3.12　天线安装实景照片

图 3.13　北京市公交优先信号控制系统

　　目前，北京市已经实施了三期公交信号优先控制工程（见图 3.14），建设范围共包括 15 条道路，沿线 300 个路口，路线总里程约为 131.8km。一期工程建设总里程为 28km，主要分布在中关村大街、两广路和阜外大街三条主干道上；二期工程建设总里程为 66.2km，主要分布在南中轴路、北苑路、

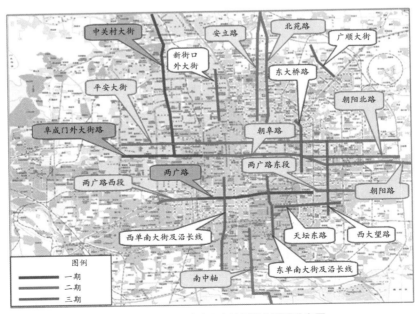

图 3.14　北京市已建成公交信号优先道路分布图

朝阜路、朝阳北路、平安大街、两广路东段和西段；三期工程总里程约为
37.6km，主要分布在新街口外大街、广顺大街、东大桥路、西大望路、天坛
东路、东单南大街。北京市公交信号优先工程已经由市区的主要道路，向周
边地区辐射，逐步实现了从"点优先"向"线优先"的过渡，提高了城市地
面交通的运输效率。

　　北京市交管局选取 4 条道路，评价了公交信号优先工程的实施效果（见表
3.1），得出以下结论：在道路交叉口实施公交信号优先工程后，公交车辆路口
一次通过率提高约为 6.74%，准点贡献率提高 8.92%，平均延误降低 12.20%。

　　2008 年北京奥运会期间，基于本系统的奥运中心区公交优先系统实现
了运动员及官员 VIP 车辆的紧急优先控制。奥运中心区公交优先系统（见图
3.15）自 2008 年 7 月底开始运行，9 月底运行结束。据统计信息，仅 8 月 13
日北辰东路与北辰西路南北双方向，全天共收到 1 027 辆 VIP 车辆的 9 375
次优先申请，信号系统共响应优先申请 3 560 次，优先响应率为 38%。优先
控制有效地减少了奥运车辆的延误，提高了运行效率，为奥运车辆的畅通运
行提供了有力的技术保障。

表 3.1　北京市公交信号优先工程实施效果对比数据

道路名称	路口一次通过率提高百分比	准点贡献度	平均延误降低
中关村大街	8.73%	12.68%	11.10%
两广路	7.33%	7.85%	14.37%
南中轴	4.30%	6.42%	12.08%
平安大街	6.59%	8.74%	11.26%
均　值	6.74%	8.92%	12.20%

（四）道路交通拥堵指数系统

　　交通拥堵指数，又称交通运行指数（Traffic Performance Index），简称
TPI。该指数是北京市首创的综合反映道路网畅通或拥堵的概念性数值，其
取值范围为 0~10，每 2 个数为一等级，分别对应"畅通""基本畅通""轻度
拥堵""中度拥堵""严重拥堵"五个级别。数值越高，表明交通拥堵状况越
严重。

　　基于交通拥堵指数概念，北京市研发了城市道路交通拥堵指数系统（见
图 3.16）。该系统基于分布在城市大街小巷的动态车辆位置信息（简称数据），
对车辆位置数据进行计算和分析处理，得到不同功能等级道路的运行速度，

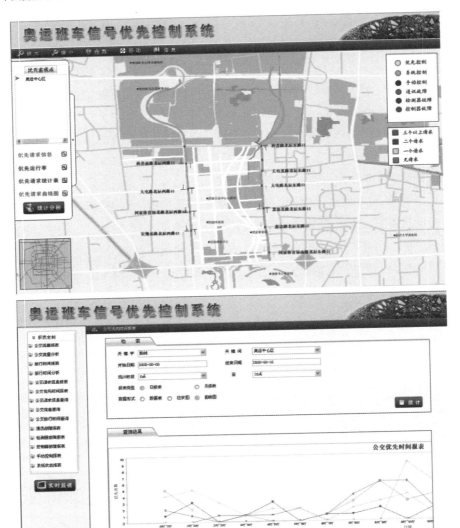

图 3.15　奥运班车信号优先控制系统

　　然后根据道路功能不同以及流量数据，计算该道路在全网中所占权重，最后计算出交通拥堵指数指标值。

　　目前北京市是通过全市 3 万多辆出租车上的车载 GPS 回传动态数据给数据处理中心进行计算处理的。交通拥堵指数计算最小时间单位是 15min，指数值可以实时动态地反映全路网的运行状态，通过定义通勤早、晚高峰或者节假日高峰等不同统计周期，可以得到工作日高峰平均交通拥堵指数、日交通拥堵指数最大值等反映一天典型交通拥堵特征的指数（见图 3.17）。

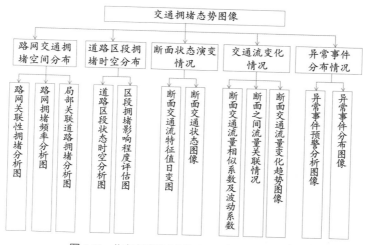

图 3.16　北京市道路交通拥堵指数系统态势图像

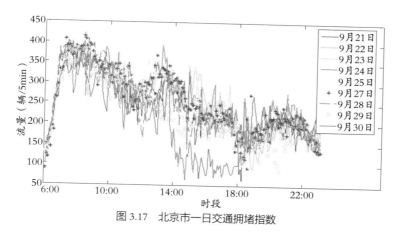

图 3.17　北京市一日交通拥堵指数

八、新交通理念及新型交通系统

（一）慢行交通的回归

慢行交通（Slow Transportation），亦称非机动化交通（Non-motorized Transportation），主要指步行和自行车交通。其特征是以人力为驱动主体，是一种绿色环保的交通方式，同时也是一种生态、低碳的生活方式。在日益重视城市环境和体育锻炼的今天，人们开始重新审视慢行交通，规划建设了大规模的绿道系统，将慢行交通作为重要的一种交通方式予以大力倡导和推行，使之成为一种全新的出行理念。

美国东海岸绿道全长达到了约 4 500km，途经 15 个州、23 个大城市和

165

122个城镇，连接了重要的州府、大学校园、国家公园、历史文化遗迹；德国鲁尔区将绿道建设与工业区改造相结合，成功整合了区域内17个县市的绿道；日本对国内主要河道——编号加以保护，通过滨河绿道建设，为植物生长和动物繁衍栖息提供了空间；我国广东省珠三角各市累计建设省立绿道2 000多公里，其他城市的绿道建设也在进行中。图3.18为一典型的绿道，在绿道上，可以步行、骑自行车。

图3.18　绿道

自行车也是人们交通出行链中"最后一公里"交通系统的最佳选择。"最后一公里/英里"（Last Kilometer/Last Mile），泛指乘客从轨道交通、地面公交等主要交通站点下车后到达目的地（工作单位、家、商场、体育场馆等）的距离。"最后一公里"往往偏离城市交通运输体系，一般没有固有的交通工具作为运输载体，常常成为城市交通的瓶颈。利用自行车在短距离出行和接驳换乘方面的良好优势，及其清洁、环保、经济、便捷、促进健身等方面的特点，公共自行车系统（见图3.19）自然成为衔接其他公共交通方式，解决居民末端出行，解决城市"最后一公里"问题的有效方法。图3.20为哥本哈根的自行车专用道。

图3.19　公共自行车

图 3.20　哥本哈根的自行车专用道

随着自行车越来越深入人心，围绕着自行车系统及其应用，也出现了不少新技术。

1. 自行车混合动力车轮

图 3.21 为自行车混合动力车轮，美国波士顿和丹麦哥本哈根的公司都研发出了这种产品。在丹麦，该产品也叫作"哥本哈根车轮"（Copenhagen Wheel），用它取代自行车的后轮，轮子中装有一个由内置电池供电的电动机和传感器。当人蹬车时，传感器和一个智能手机应用将测出骑车者每次蹬车所用的力，然后在必要时由电动机提供额外动力。

图 3.21　自行车混合动力车轮

2. 自行车"电梯"

为增强自行车对起伏较大城市地形的适应性，让人们骑自行车上坡时也能如履平地，挪威的特隆赫姆市（Trondheim）投资修建了名为 Trampe 的自行车"电梯"，其工作原理见图 3.22。其结构非常简单，就是路边预埋一条升降通道，上坡时，将一只脚踩在通道（见图 3.23）提供的脚踏上，它就能以 2m/s 的速度推着人和自行车前进。

Trampe概念图

图 3.22　自行车"电梯"原理图图　　　　3.23　挪威的自行车"电梯"

3. 自行车"高速公路"

英国伦敦规划了名为"skycycle"的城市高架，即自行车"高速公路"，见图 3.24。

图 3.24　伦敦规划的 skycycle 自行车"高速公路"

4. 空中自行车道

图 3.25 为利用悬索建设的空中自行车道。其工作原理见图 3.26。

图 3.25　空中自行车道

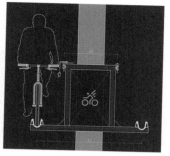

图 3.26　空中自行车道原理图

5. 社区自行车

有了社区自行车（见图 3.27），配合移动手机终端租赁系统，可以允许自行车使用者将租赁的自行车丢在任意的地方，而不用归还到某个固定点。如果用户要租车，可以方便地使用手机定位找到距离最近的待租自行车，并解锁自行车。这是一套颠覆传统的自行车租赁系统，连租车点和换车点都不再需要。

图 3.27　SoBi 社区自行车

（二）汽车共享（Car-sharing）

开车出行确实有舒适、载物等优越性。然而，如果开车通勤上班，则在主人进入上班时间之后，车便停泊超过 8 小时没有使用，这样不仅需要支付高额的停车费用，还占用了城市市区大量宝贵的空间。此外，开车上班人数多的时候还造成城市交通拥堵。基于以上考虑，20 世纪 40 年代有人提出了汽车共享的概念，期望通过车辆共享机制，将车辆无意义的停泊时间缩至最短，使其能长时间运转，从而实现以最少的车辆满足最多人的交通需求，减少城市市区用车总数，达到改善城市交通环境、减少资源浪费的目的。

随着计算机技术、网络技术、卫星定位系统、电子钥匙、电子支付等新技术的发展，今天的"汽车共享"有了全新的内涵。基于汽车共享概念，德国戴姆勒公司于 2008 年，提出一种创新的城市车辆绿色出行方案 "car2go"（见图 3.28）。使用者使用一张电子会员卡，便能开启任何一辆停泊在市区内的 "car2go" 车辆的车门，再输入密码，可从车辆的控制盒中取得钥匙，便可以开始用车；当车用完之后，车辆无须交还至特定服务中心，仅需随意停放在市区内合法的停车位，将钥匙放回控制盒并登出后，便可以离开。"car2go"设有专门的运营维护团队，他们随时待命，透过云端系统，随时监控车辆的状况以及使用者的回应，进行车辆加油、清洁、保养、维修等服务。

"car2go" 车辆的使用理念和私家车非常相似；利用高科技的卫星定位、移动互联网、电子支付等技术使得汽车共享高效且易于使用；通过车辆共享，减少了私人车辆的购买，减少了车辆闲置成本。"car2go" 车辆被最多人充分利用，缓解了城市市区交通压力，减少了二氧化碳排放，因此，很快得到人们的认可和使用。

图 3.28 "car2go" 汽车共享使用流程

（三）个人快速公交系统

个人快速公交系统（见图 3.29）的设计灵感来源于迪士尼乐园的单轨列车。这种公交系统将火车、小汽车、自动步道和过山车等交通形式奇妙地结合在一起，采用先进的单轨列车，通过专用轨道实现快捷、准时、舒适和安全的个人公交服务，是一种新型的高品质、高效率、低能耗、低污染、低成本的公共交通形式。

图 3.29　个人快速公交系统

（四）真空管道磁浮系统

真空管道磁浮系统是指建造一条与外部空气隔绝的管道，将管内抽为真空，在其中运行磁悬浮列车（见图 3.30 至图 3.33）。列车在密闭的真空管道内行驶，不受空气阻力、摩擦及天气影响，理论设计时速可达到 4 000~20 000km/h，单位能耗不及民航客机 1/10，噪音和废气污染及事故率接近零，是一种革命性的新型交通系统。目前尚处在研究及实验室阶段，还未达到实用的地步。

图 3.30　真空管道磁浮系统外观效果图

图 3.31　真空管道磁浮系统剖面图

图 3.32 我国西南交通大学实验室内的真空磁浮环形轨道

图 3.33 我国西南交通大学实验室内的真空磁浮列车

第4章
iCity

智能物流系统

一、智能物流的发展背景

智能物流是指在智能交通系统的基础上，利用信息化与多种技术手段，实现货物从供应者向需求者及时、高效率、低成本移动的管理过程，以满足客户需求为目的，以集成和优化为目标，力求消耗最少的自然资源和社会资源，促进社会的可持续发展。

（一）中国智能城市的发展环境

1. 服务于绿色城市的目标

国家"十二五"规划纲要（2011—2015 年）明确提出"加快建设资源节约型、环境友好型社会，提高生态文明水平"等战略观点，可见，实现节能环保、绿色生态，建设符合低碳排放标准的绿色城市是我国未来的城市发展目标的重中之重。绿色城市是充满绿色空间、生机勃勃，并且在高效管理下实现以人为本、适宜居住的环境、经济和社会可持续发展的城市。从其内涵出发，要实现建设绿色城市的目标，减少城市环境污染、降低碳排放标准是一条必由之路。

从我国的现实情况来看，城市中人类活动造成的温室气体，主要来自交通、建筑及工业。其中，交通运输所占比重达到 17.5%，且这一趋势还在逐年上升。以上海为例，2000 年上海交通运输 CO_2 排放量为 1 465 万吨，2007 年为 4 491 万吨，分别占上海总的 CO_2 排放量的 10.87% 和 18.77%（见图 4.1）。其根本原因在于上海作为国际金融中心及运输集散中心，大量的人流与物流加剧了上海内外交通负荷。除上海以外，全国其他大型城市也面临相同的情况。2010 年，北京市城市中心区货运总量为 10 041 万吨，货运总车次为 3 639 万次，其中城市运行保障货运量占城市中心区货运总量的 53%，货运车次占城市中心区车次总数的 21%。在一系列运输货物中，运量最大的为建筑物资类，达到 5 113 万吨，占总运力的 51%；居民日常生活类货物所占车次最多，为 2 515 万次，占总车次的 69%。

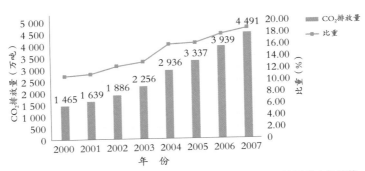

图 4.1　2000—2007 年上海交通运输 CO_2 排放量和占总量比重的变化趋势

因此，由于城市内部货物运输量的增加而造成的交通运输 CO_2 排放量的攀升，是建设资源节约型、环境友好型社会，实现绿色城市目标过程中不可忽视的重要方面，而发展一套适应我国国情的，既环保又高效的智能物流系统，是解决这一严峻问题的必要途径。

2. 促进新型城镇化发展的实现

党的十八大和 2012 年全国"两会"上，新一届党中央、国务院都把新型城镇化提升到前所未有的高度，十八大报告中对"新型城镇化"的表述尤为醒目。新型城镇化是以城乡统筹、城乡一体、产城互动、节约集约、生态宜居、和谐发展为基本特征的城镇化，是大中小城市、小城镇、新型农村社区协调发展、互促共进的城镇化。其核心在于着眼农民，涵盖农村，实现城乡基础设施一体化和公共服务均等化，实现共同富裕。新型城镇化的要求是不断提升城镇化建设的质量内涵，建设模式更强调公共服务均等化和城乡统筹发展。从需求面来看，在增加城镇基础设施投资的同时，这将有利于扩大城乡居民消费，促进消费率上升。从供给面来看，未来的城镇化对劳动生产率提高的作用将弱于此前。"新型城镇化"紧扣"均衡""和谐"等关键词，城市或者农村，都应当成为"美丽中国"的一部分。中国的城镇化不是简单地仅仅将农村人口转变为城市人口，而是同时向他们提供同等条件的收入水平、生活条件以及社会资源。

但是在过去我国高速发展的城镇化进程中，这一目标远未实现，城镇间的物资拥有、使用水平的不平衡已成为我国实现全面城镇化的主要阻碍。而其根本原因在于向城镇化转变过程中的欠发达区域严重缺乏高效、全面的物流覆盖网络，大量急需的物资无法送达，严重阻碍了这些区域的经济发展及居民生活水平的提高。主要体现在：①物流发展不平衡，难以形成完善的物流网络；②物流基础设施较差，无法发展大型物流集散中心；③服务水平低下，无标准化作业流程。由此导致这些区域获得工业、商业及居民物资较难，商品质次价高，售后服务不完善、不配套等。

从新型城镇化发展需求的角度审视智能物流的发展方向与目标，其发展的主要方向应该有：①实现在城镇化建设过程中对城市功能及居民生活的保障；②实现城镇化区域产业结构的优化及升级；③扩大城镇化经济辐射范围，使商品不仅要"走进来"，同时也要"走出去"，促进城镇化区域经济的发展。

3. 基于工业产业发展与变革的考虑

推进工业结构的调整和优化升级，是实现我国经济发展方式转变、增强经济可持续发展能力的重要手段和途径。在工业经济领域实现发展方式转变，就是要走出一条有中国特色的新型工业化道路。因此，"十三五"时期，从探索有中国特色新型工业化道路的根本目标出发，立足于中国的基本国情和工业结构的现状，通过调整促进工业结构的转型和优化升级已成为重要任务。要最大限度地发挥工业结构调整后的作用，仅仅依赖工业产业升级、生产效率提高是远远不够的，还应从生产存储、配送等方面出发，实现效益最大化。要实现这一目标，必须依赖拥有现代技术的智能化工业物流系统作为支撑，从生产原料、资金流转速度，原料、产品运输成本，配件、总装合理搭配等方面多管齐下，全方位地促进我国工业的发展。工业产业发展与变革对发展智能物流系统提出了以下三方面的具体要求：

（1）发展智能物流系统符合改变传统的工业"生产—供给"模式的要求

传统的工业生产企业只专注于生产环节，对于市场需求和反应完全忽略或反应迟钝，其造成的直接后果是生产的产品数量与市场需求产生严重偏差。当"供大于求"时，产品及生产原料积压，企业资金周转缓慢，造成生产力浪费的同时使企业生存能力大幅下降；当"供不应求"时，导致产品脱销、价格升高，极大影响市场的有序运行，危害极大。有研究表明，当前我国工业企业存货率为 9.6%，远高于西方发达国家 5% 的水平；我国工业企业流动资产周转次数为 2.9 次，远低于日本和德国 9~10 次的水平。因此，工业企业有必要建立集生产、流通以及消费于一体的供应链体系，加快资金周转、降低库存，改变目前僵化的工业"生产—供给"模式，如采取早已在日本企业中推行的"以销定产"的模式。要实现这一目标，需要依赖现代化的智能物流系统，其高效的智能化手段将极大地提高工业企业在原材料存储、生产数量、市场需求的感知与协调水平。

（2）发展智能物流系统是解决工业产品"低成本"与"高价格"矛盾的有效手段

通过研究不难发现，我国工业物流效率低下、成本高昂，使得工业产品在流通环节的成本抵消了其本身的低成本。有研究表明，中国商品本身的购买力很强，但如果加上实际物流成本，货品的价格就会达到亚洲的平均水平。2004年，中国的物流总成本占GDP的比重为21.3%。此外，中国物流成本占国民经济生产总值的比例比日本和美国多一倍以上，物流环节中的损失达到2 000多亿美元。由物流成本高导致的工业产品竞争力下降，将使得工业企业发展受到极大制约；毫无疑问，改变这一困局的根本途径是发展智能物流系统，通过智能化的管理、完善的物流网络将有效降低物流成本。

（3）发展智能物流系统符合引导产业转移、推动工业企业布局合理化的要求

我国早期的工业产业布局缺乏长远考虑、较为分散，未能因地制宜地考虑原料产地、生产场所及运输销售的合理布局。对这一问题的解决，将分两个方面进行：①以市场为导向、以企业为主体进行跨区域的产业转移，使产业转移向形成分工合理、特色鲜明、优势互补的区域产业布局方向发展。②鼓励产业集群的形成，促成主体生产企业与配套生产企业的合理布局，实现生产效率最大化。毫无疑问，实现产业转移与工业企业的合理布局将促使我国工业的极大发展，但要充分发挥其成效，仅仅"工业升级"是不够的，与之相配套的仓储、运输、流通环节不可或缺。目前已有的物流系统难以支撑这一系列的工业产业升级与调整，建立智能化的物流系统势在必行，合适、配套的智能物流系统将成为工业升级效率的倍增器。

4. 适应商业模式发展的需求

随着国家经济的发展与居民收入的持续增加，并伴随信息网络基础设施建设、互联网不断发展普及，我国的商业交易模式正在发生深刻的变革，即由传统的商业消费模式转变为网络消费模式；电子商务在城市居民的商品交易中扮演重要角色，正成为我国未来经济发展的重要推动力。据统计，目前我国电子商务产业正处在前所未有的高速增长阶段。截至2012年6月，中国网购用户规模达2.14亿人，同比增长23.7%；上半年购物市场交易规模超过5万亿元，同比增长61.3%。

电子商务能否最大限度地发展，与之相配套的物流业难以忽视。物流是有形电子商务运作中的必要一环，对电子商务行业的作用尤为突出。但是，我国为电子商务专门配套的物流基本还处于起步阶段，存在的诸多问题正制

约电子商务的发展。具体表现在：

（1）配送速度较慢。据调查统计，2/3 的网购消费者理想的送货时间是在"24 小时之内"，但在实际中，能够做到的不足 15%，而在"1~3 天"内能做到的占 40.4%，"3~7 天"的占 30%，"7 天以上或更长"的则占到 14.6%。

（2）难以实现"随时随地的配送"。在配送时间无法保证的同时，配送地点僵化，给消费者带来不便。

（3）出错率高。我国目前配送的出错率是发达国家的 3 倍。

目前的物流水平难以适应电子商务的快速发展，主要存在以下瓶颈：

（1）设备现代化程度低，信息化程度不高

电子商务物流发展的目的是降低物流成本、提高物流效率、满足客户要求，并日益呈现信息化、自动化、网络化、智能化和柔性化的发展趋势，其中信息化是电子商务物流的核心，是提高效率的根本。目前的物流发展与电子商务交易平台融合度不高，从而影响了电子商务物流的效率、效益，增加了电子商务的购物成本。

（2）物流网点布局不合理，协调性较差

最近几年我国物流网络的建设有了很大发展，但在区域分割、多头管理的模式下，物流网络的规划和建设缺乏必要的协调性，导致其配套性和兼容性差，进而造成物流成本升高、服务水平难以一体化。

（3）电子商务物流服务水平较低，存在区域差异

我国目前的物流企业数量虽具有一定的规模，但真正能适应现代电子商务的物流企业数量仍很少，规模小，服务意识和服务质量不尽如人意。大多数物流企业还只是被动地按照用户的指令和要求从事单一功能的运输、仓储和配送。此外，目前的物流配送服务网络仅仅到达大中型城市和一些交通便利的县城，对于较为偏远的县城、广大的农村区域难以实现覆盖，严重影响了这些区域居民的生活水平，阻碍了我国城乡一体化经济的发展和城镇化的建设。

为了适应电子商务的快速发展，必须发展依赖于先进技术的现代智能物流系统，利用信息化、智能化手段，实现商品的快速、高效、准确和人性化的流通，其最终目的是使各个区域的居民能够享受平等的商品供应、公平的商品价格，实现我国城乡一体化经济的发展和城镇化的建设。

（二）中国城市物流系统的特征分析

城市是物流活动的重要集聚地和枢纽节点，但是由于每个具体城市在整个城镇体中的地位、城市主导产业、在综合交通系统中的区位等多方面的因

素影响，其物流系统有待解决的问题、发展目标、系统架构和功能组成等存
在多样性。智能物流的推进不能采用完全固化的模式生搬硬套，而应采取一
种实事求是、具有针对性的灵活组合。

1. 具有复合型功能的物流核心枢纽城市

这类城市本身具有巨大的城市物流服务市场需求，同时在全球性运输体
系中占据了重要的枢纽地位。以上海为例，它所承担的国际航运中心建设任
务确立了其在国际物流系统中的重要角色；服务长江三角洲和长江流域的任
务又决定了其区域物流的辐射职能；建设全球城市的目标明确了其必须处理
好城市环境与高强度物流活动之间的关系；适应 2040 年城市居民生活模式演
变要求城市物流构建与之匹配的新型服务体系。

国际航运中心从功能上可以划分为货运型和服务型两种类型，而从辐射
范围上则可划分为全球性和区域性。上海国际航运中心建设正逐步从货运型
区域性走向增强服务功能、做强国际航运集装箱枢纽港的目标，其关注点聚
焦于国际集装箱航线的数量、5 000TEU 以上大型集装箱班轮的靠泊数量和
国际中转集装箱吞吐量。而增强航运服务能级则需要进一步提升航运保险、
融资、交易等功能。可见其依托港口的集装箱枢纽与依托城市的航运服务两
方面均需并举，但也由此产生处理好港城矛盾的问题。在图 4.2 中可以看到，
相比参照城市，上海在宜居、创意等指标方面存在明显的短板，而这必将影
响国际航运中心相关服务功能要素的集聚。

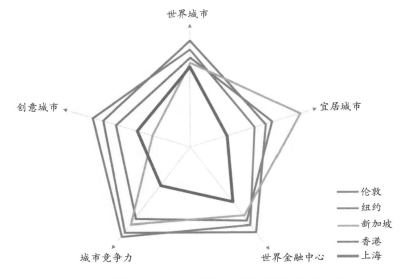

图 4.2　上海与相关城市在全球城市相关评价指标方面的对比

图 4.3 为上海城市北部集装箱堆场及集装箱卡车运行道路分布示意图，从中可以看到，大约 150km²（含水域面积）的城市土地使用受到集装箱运输活动的制约，难以配置高端服务功能要素。

图 4.3　上海城市北部集装箱堆场及集装箱卡车运行道路的分布示意

而从图 4.4 中可以看到，占车辆数 5.1%、行驶里程数 23.0% 的中重型货运车辆所排放的氮氧化物为 40.0%，成为提升城市宜居环境必须解决的重要问题之一。

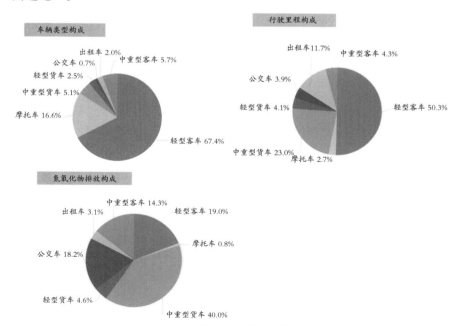

图 4.4　上海市车辆及其行驶里程构成和氮氧化物排放的结构

由于在强化集装箱枢纽港地位与国际航运中心服务能级提升两方面不能偏废，因此采用新技术、实现国际物流集疏系统模式创新成为急迫的课题。

　　与此同时，电子商务的快速发展，引发快递业务的快速增长，这与城市交通之间亦产生了巨大的冲突。据统计，上海目前70%以上的网购业务需依靠快递来完成，快递行业50%以上营收来自电子商务。上海市快递业务按照快件寄递的目的地可以分为同城快递（即起讫点均在上海的业务）、国内异地快递（即起点在上海，讫点为外省市）、国际及港澳台快递（即起点在上海，讫点为国际及港澳台地区）。2010年至2014年，上述三类业务均呈现增长趋势，其中国内异地和同城快递业务增速迅猛，年均增长率分别达到51%和52.7%（见图4.5）。从图4.6所示上海内资快递企业配送网络体系中可以知道，尽管末端配送环节基本依靠助动车等交通方式完成，但是在城际干线、市内干线和市内支线等环节，所使用的货运车辆会对城市道路造成拥堵，同时受到交通管制的制约。

　　从国际快递与国内快递的市场情况来看，Fedex、UPS和DHL占据上海国际快递业务的份额超过75%，但这三家企业合计在中国国内快递市场的份额却不到1%。这明显反映出我国的快递市场格局以及内资企业网络和服务覆盖尚不具有全球竞争的优势。

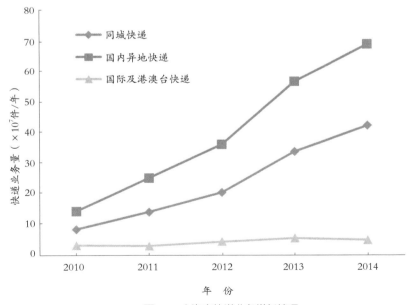

图4.5　上海市快递业务增长情况

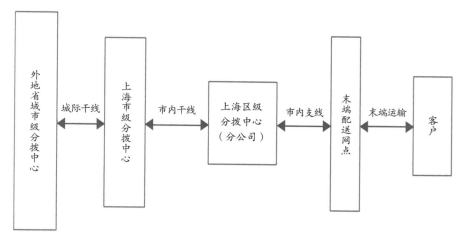

图 4.6 上海内资快递企业配送网络体系示意

2. 依托综合交通枢纽的物流枢纽城市

这类城市是多种交通运输方式的枢纽节点，如何将运输枢纽转变为物流枢纽是其面临的重要挑战。以湖南省株洲市为例（见图 4.7），境内京广、浙赣、湘黔、湘桂等铁路干线纵横交汇，京珠、上瑞高速及 106、107、319、320 四条国道贯通，水运内联湘、资、沅、澧四条大河，经洞庭湖外接长江，可谓承东启西，连南接北。株洲北站是江南最大的编组站，日解编能力 17 200 辆，主要办理京广、沪昆两大干线四个方向货物列车的到解、编发作业以及各方向旅客列车的通过作业。尽管具有很强的运输枢纽地位，但是株洲在大型物流企业网络系统中并非重要节点，所以并不能称为物流枢纽城市。

从图 4.7 株洲市所处的经济及交通区位示意中可以看出，株洲市无论是经济还是交通区位都具有独特的优势，但是从图 4.8 能够看到，株洲市自身工业企业对于所能够获得的铁路运输也并不感到满意。

图 4.9 显示了株洲市工商企业所希望获得的物流服务内容，与图 4.10 株洲市物流企业所提供的服务相对比，可以看到两者之间存在的错位。

从表 4.1 和表 4.2 中可以看到，株洲市集聚的物流企业尚处于物流作业的低端，并没有足够的技术能力为企业提供高层次的技术服务，而从株洲市被调查工业企业自身物流信息系统功能情况中可以看出（见表 4.3），其物流管理能力并不强，有待专业物流服务企业予以支持。

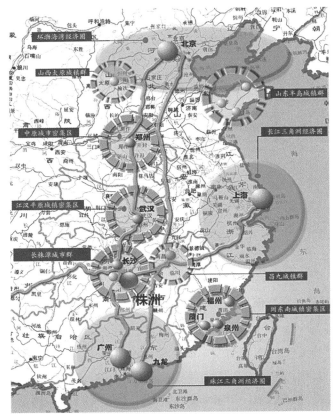

图 4.7　株洲市所处的经济及交通区位示意

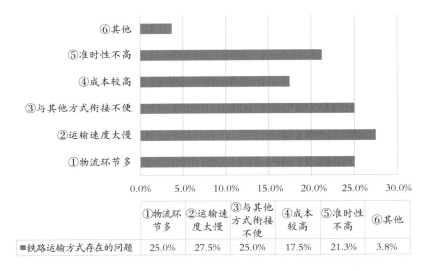

	①物流环节多	②运输速度太慢	③与其他方式衔接不便	④成本较高	⑤准时性不高	⑥其他
■铁路运输方式存在的问题	25.0%	27.5%	25.0%	17.5%	21.3%	3.8%

图 4.8　株洲市工业企业对于铁路运输服务存在问题的反馈

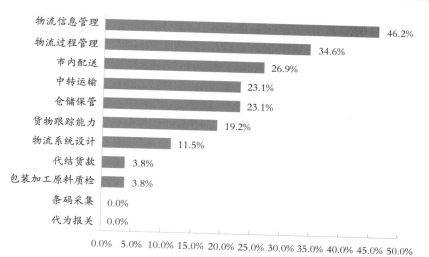

图 4.9　株洲市工商企业希望获得的物流服务

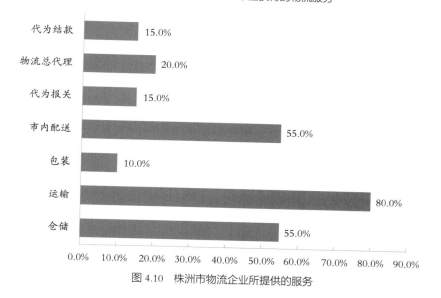

图 4.10　株洲市物流企业所提供的服务

表 4.1　株洲市被调查物流企业的物流绩效评价、物流信息系统和物流成本核算情况

项　目	拥有该项目企业数	占企业总数的比例	按照企业年产值规模分类		
			100万元以下	100万~1 000万元	1 000万元以上
有物流绩效评价	10	38.5%	30.0%	30.0%	66.7%
有物流信息系统	16	61.5%	70.0%	50.0%	66.7%
有物流成本核算	22	84.6%	90.0%	80.0%	83.3%

表 4.2　株洲市被调查物流企业仓储设备情况

仓储设备类型	拥有该类设备的企业比例	按照企业年产值规模分类		
		100万元以下	100万~1 000万元	1 000万元以上
条形码	20.0%	0.0%	25.0%	40.0%
托　盘	60.0%	71.4%	37.5%	80.0%
立体货架	25.0%	14.3%	12.0%	60.0%
叉　车	50.0%	57.1%	37.5%	60.0%
计算机管控系统	30.0%	28.6%	25.0%	40.0%

表 4.3　株洲市被调查工业企业物流信息系统主要功能情况

排　名	主要功能	比　例	排　名	主要功能	比　例
1	库存管理	21.3%	4	调度管理	11.3%
2	货物跟踪	20.0%	5	单证管理	8.8%
3	货物配送运输管理	11.3%	6	网上交易	1.3%

同样在全国运输体系中具有枢纽节点地位的江苏省南京市，中国邮政物流依托南京机场构建了其物流网络的中枢节点。中国邮政南京航空速递物流集散中心由企业自建，占地 1 200 亩（1 亩 = 666.7m²），总投资 60 亿元，全部建成投产后，将成为世界第三、亚洲第一的航空速递物流集散中心。中国邮政南京航空速递物流集散中心的投产，实际涉及中国邮政速递物流全部网络的调整，以南京集散中心作为建设的核心项目来重构、再造其网络、流程。该中心的建设对于南京在全国物流网络体系中地位提升将发挥关键性作用。

3. 服务于产业集聚的城市物流系统

以江苏省苏州市为例，在其发展过程中借助于外资制造业的引入，形成了巨大的产业规模。近年来由于世界经济发展的变化，苏州市工业增速趋缓（见图 4.11）。由于苏州市已经形成产业和人口高密度聚集，而其自身环境容量较小，资源环境难以承载原有发展模式，为解决好发展空间、资源瓶颈、环境容量的问题，必须走转型升级之路。

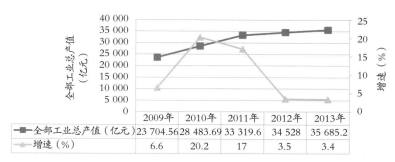

图 4.11　苏州市工业总产值及增速变化情况

	2009年	2010年	2011年	2012年	2013年
全部工业总产值（亿元）	23 704.56	28 483.69	33 319.6	34 528	35 685.2
增速（%）	6.6	20.2	17	3.5	3.4

苏州市第二产业规模导致巨大的物流需求，从统计数据中可以看到（见表 4.4），工业品物流占据了该市社会物流中的重要份额。

表 4.4　2012 年苏州市社会物流总额构成统计

构成种类	构成种类数额（亿元）	增幅（%）	占社会物流总额比例（%）
工业品物流	32 822	4.6	70.4
进口物流	8 240	−3.0	17.7
农产品物流	55	10.0	0.1
再生资源物流	22	3.2	0.05
单位与居民物品物流	29	5.3	0.06
外省市商品	5 455	3.7	11.7

与之相配合，全市共建成综合型、仓储型、保税型、商贸型四大类交通物流基地 33 个，其中具备公铁水联运功能的物流基地 1 家，服务进出口贸易的保税物流基地 7 家。白洋湾综合货运枢纽成为主要的公铁水联运节点，白洋湾区域内公水中转货运量已超过 42 万吨，公转铁货运发送量已经超过 10 万吨。2013 年，苏州市公路、水路完成货运量 1.85 亿吨，货物周转量 181.9 亿吨·公里，分别比上年增长 6.8% 和 6.7%。全年铁路旅客发送量 3 035.1 万人次，比上年增长 15.5%。铁路货物发送量 83.53 万吨，货物到达量 195.79 万吨。与此同时，已建成农村交通物流示范点 8 个，初步形成较为完善的农村交通物流网络和服务体系。

苏州市原有物流体系建立在外资制造业为主要市场的基础之上，且处于外贸物流体系的低端。随着世界经济形势影响，苏州外贸业务增速放缓。与之配套的进出口物流企业普遍陷入业务减少、收入下降的困境。许多物流企业开始将目光转回国内市场，希望以此化解业务不足的压力。但内外贸运输在定位、渠道建设、经营模式、交易方式及导向等方面存在较大差异，给苏州交通物流业发展带来一定的不确定性。

实际上无论从苏州所处交通区位条件，还是从现有工业基础上的转型发展趋势来看，苏州的物流服务体系均有非常大的提升空间，且能够为苏州市产业转型提供实质性支撑。但是这种提升已经不再是原有模式的外延扩展，而需要建设商品流通与工业生产一体化的物流服务体系，其中关键性要素为提升太仓港口在内贸水运中的功能地位，以及构建跨境电子商务物流服务体系。

苏州市太仓港在内贸水运网络中所处区位为建设内贸水运中枢港创造了条件（见表 4.5 和表 4.6）。苏州市太仓港已经开辟沿海内贸干线 31 条，靠泊海口、湛江、珠海、蛇口、汕头、广州、虎门、泉州、福州、厦门、宁波、上海、日照、青岛、龙口、天津、锦州、大连、营口等 19 个沿海港口。其中，与国家确定的 21 个沿海主枢纽港口中的 14 个有航线联通，比例达到 66.7%。同时，它借助长江黄金水道，与长江中上游经济腹地建立了重要的运输联系。在这种区位条件基础上，太仓港已经在全国港口体系中占据了重要的位置。

表 4.5　太仓港与长江沿线经济腹地运输联系情况

省　市	四川省	重庆市	湖北省	湖南省	江西省	安徽省	江苏省
通航港口比例（同航港口数/全部港口数）	1/6	3/23	3/23	0/2	1/3	4/7	9/10
2012年社会消费品零售总额（亿元）	9 087.91	4 033.70	9 196.80	7 854.9	4 006.2	5 685.6	18 215.3
增长率	16.0%	15.7%	16.0%	15.4%	15.9%	16.0%	15.0%

表 4.6　太仓港与沿海部分港口相关数据对比（2012 年）

港　口	货物吞吐量（万吨）	增长比例（%）	内贸吞吐量（万吨）	增长比例（%）	集装箱吞吐量（万TEU）	相对2011年增长比例（%）	内贸航线数量（条）
太仓港	12 262.5	19.6	265.9万TEU	35.9	401.5	38.9	31
大连港	37 000.0	11.0	26 000	13.0	806.4	26.0	20
营口港	30 107.0	15.4	25 040	41.4	485.1	20.3	15
天津港	47 700.0	5.2			1 230.3	6.2	
青岛港	41 464.8	9.2	12 528.72	11.4	1 450	11.4	
日照港	28 400.0	11.9			174.9	25.0	19

续表

港　口	货物吞吐量（万吨）	增长比例（%）	内贸吞吐量（万吨）	增长比例（%）	集装箱吞吐量（万TEU）	相对2011年增长比例（%）	内贸航线数量（条）
上海港	73 600.0	1.1	37 700	−3.1	3 252.9	2.5	
宁波港	45 300.0	4.5	20 800	4.0	1 567.1	8.0	32
福州港	9 373.3	14.1	4 092.3	−17.4	182.5	9.9	
厦门港	17 200.0	10.1			720.2	11.4	45
广州港	43 517.4	0.9			1 474.4	2.1	31
深圳港	22 806.9	2.2	5 106.9	5.8	2 294.1	1.6	19
珠海港	7 745.0	8.0	6 021.0	10.4	81.0	−0.3	
湛江港	17 092.0	10.0			41.2	8.3	
海口港	6 122.9	11.5			100.0	23.8	20

另外，在近年来跨境电子商务快速发展的背景下，具有良好经济和外贸基础的苏州市自然需要提高对此的关注。

苏州市六大支柱产业中的五个（纺织化纤——纺织业；数码家电——通信设备和计算机及其他电子设备制造业；机械设备——电气机械及器材制造业、通用设备制造业；化工塑料——化学原料及化学制品制造业），八大新兴产业中的四个（数码家电——新型平板显示；机械设备——高端装备制造；化工塑料——新材料；医疗医药——生物技术和新医药）属于适于发展电子商务的产业（见图 4.12）。

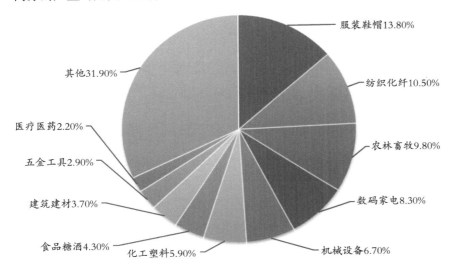

图 4.12　2012 年中国电子商务企业行业分布

但是苏州市目前物流企业规模整体较小，抗风险能力弱，全市 50% 以上的货运企业仅能提供基础的仓储和运输服务，而作为增值服务的金融供应链以及零担货运整合、城市配送等细分市场业务却鲜有企业涉足。大量的同质化竞争、高企的经营成本、增长缓慢的外部需求不断吞食着物流企业利润空间。

实现发展愿景就意味着苏州的物流体系必须完成从低端配套走向高端整合的变革，这并非是由原有物流企业进行简单外延拓展就能够完成的转型。

4. 服务于商贸流通的物流枢纽城市

此类城市的典型代表是浙江省义乌市。2012 年，义乌集贸市场总成交额 758.76 亿元，同比增长 11.94%；其中中国小商品城成交额 580.03 亿元，同比增长 12.6%，连续 22 年位列全国专业市场榜首。作为目前全球最大的小商品集散中心，义乌市小商品巨大的货源优势，为其发展现代物流也提供了良好的条件基础。物流供给端的集聚优势与小商品的流通需求在义乌形成对接。2012 年，义乌市聚集国内联托运经营单位 1 328 家，国际货运代理单位 1 056 余家。航空货运代理单位 100 多家，快递公司 134 家，其中，国内快递物流规模企业 21 家。全球四大知名快递公司均已在义乌设立分公司或办事处。

目前，义乌已经初步形成了由国内物流、国际物流、快递企业所支撑的物流发展体系。公路货运直达全国 31 个省（市、自治区）的 320 多个大中城市；铁路中转托运站连通全国 20 多个铁路大站；驻义乌经营的航空货物代理单位有 100 多家，依托义乌机场和义乌至上海浦东机场的"卡车航班业务"，每年的国际空运货量超过 3 万吨，国际贸易覆盖 260 个国家和地区，快递物流业务量增长迅猛。由此形成了直接拥有公运、铁运、空运和借助上海、宁波的海运等对外运输方式，形成了与小商品市场相适应的较为发达的物流体系。2014 年 11 月，更是开通了承运出口小商品的"义（乌）新（疆）欧（洲）"铁路国际货运班列，从"全球最大超市"浙江义乌市出发，途经哈萨克斯坦、俄罗斯、白俄罗斯、波兰、德国、法国、西班牙，历时约 21 天、行程 13 052km 后，抵达目的地马德里。

但是整体来说，义乌的商贸物流服务还处于较低的水平，从图 4.13 中可以看出这一问题存在的普遍性。

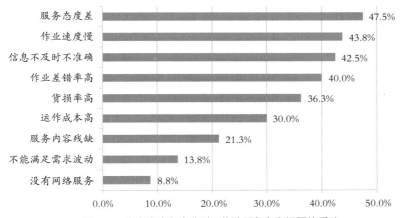

图 4.13 义乌市商贸企业对于物流服务存在问题的反映

随着时代发展，电子商务对义乌商业模式的影响已经开始显露。从 2013 年进行的抽样调查中可以了解到，义乌商贸企业中有 1/3 已经开始涉足电子商务，所产生的直接结果就是义乌市快递业务的迅速攀升（见图 4.14）。

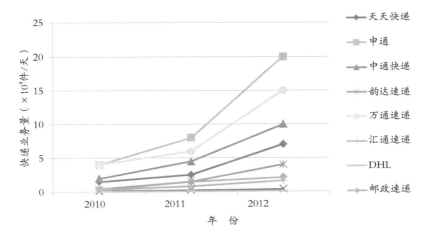

图 4.14 2010—2012 年义乌市日均快递业务量增长情况

与此同时，作为客户方的商贸企业和服务提供方的快递企业均对提升物流信息公共平台具有很大的期待（见图 4.15 和图 4.16）。

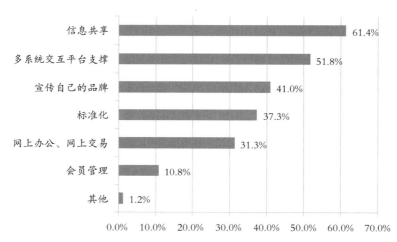

图 4.15 义乌市商贸企业希望得到的物流公共服务平台的功能支持

面对市场需求的变化,相关快递企业日益关注如何得到物流公共信息平台支持问题。

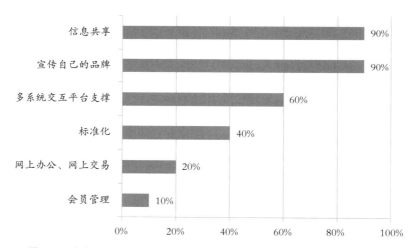

图 4.16 义乌市调查中相关快递企业希望得到的物流公共信息平台的功能支持

（三）逐步改变工业生产模式与生活方式的物流服务实践

现代物流系统的发展对经济和社会继续发生深刻的影响,逐步改变着生产组织方式和公众的生活。

以 NEC 在日本米泽的整机工厂为例。该企业采用"订单响应生产"方式,在每天生产的 2 万余台计算机和存储设备中,50% 以上的订单为 1~2 台,最大订单不超过 200 台。因此,它将原有 4 条生产线改为 300 余条生产线,每 30min 调整一次生产计划；按照生产计划从距离组装厂 10 余分钟车程的保税区内零部件配送中心调运所需零部件（见图 4.17）。这种"以销定产"的生产方式，正是在强有力的物流系统支撑下得以实现的。

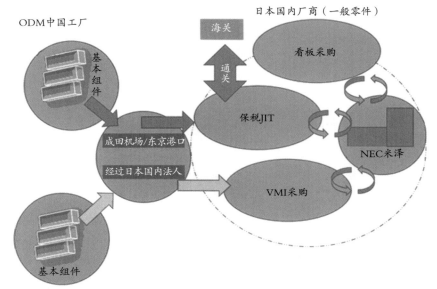

图 4.17　日本 NEC 米泽整机厂的生产物流概况

在物流社会服务方面，日本也曾经提出了"徒手旅行计划"的概念，即在轨道系统与枢纽机场形成紧密衔接的基础上，进一步为旅客提供行李事先运输服务（见图 4.18）。

我国城际铁路建设为枢纽机场扩展吸引旅客范围创造了很好的条件，为此部分机场集团和航空公司适时推出了"空铁联运"服务。为了逐步实现全程航空化服务，在以城际铁路为"零高度支线航班"提供"一票制"联运服务的基础上，他们参照日本经验对人与行李分离的物流服务进行了研究，并制定了相关规划。

而针对墨西哥城 75 万家（2010 年）通常仅有 $10m^2$ 的小型商店所产生的货物运输问题，DHL 则设计了采用共同配送方式的店铺直送服务来加以应对。该解决方案包括：循环取货——提高采购效率；内部集运——在 DHL 管理范围内进行集运，为小型零售店配送作准备；路径优化——使用 DHL 车队运输，采用最优路径，将集运的货物运送到销售点；特别货车——设计特别的货车，使不同类型的产品、货物能够整合运输。这种实践经验对于我国部分城市的老城区具有重要的参考价值。

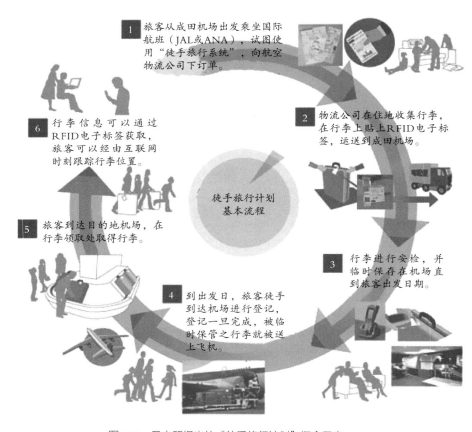

图 4.18　日本所提出的"徒手旅行计划"概念示意

　　而针对城市土地价格高涨导致物流设施难以建设的问题，意大利索加利斯酒店（Hotel Sogaris）提出了"物流酒店"的要素概念。该"物流酒店"是一种结合了多种城市功能的多层建筑，以期在城市物流和其他更能够赢利的功能之间达到平衡。在法国的第18大区，索加利斯酒店正在建设一个可持续的公铁货运基地，占地面积 34 838m^2。它将成为通往巴黎的主要物流门户，连接到铁路网，从而吸引大量通过铁路到达巴黎中心的货物。

　　这种基于物流活动与商业乃至第三产业的融合，从而分摊投资成本并重新将物流设施引入城市中心的思想，对于面临电子商务高速增长，城市配送需要调整优化其网络的中国城市来说，具有很好的参考价值。

二、智能物流：企业的行动

（一）物流企业的理念变换

与许多公共服务不同，智能物流是政府搭建平台，以企业为主体演绎的生产和流通模式进步大戏。因此，企业行为动向是在智能城市框架下研究智能物流的重要关注内容。

伴随物流技术和市场需求的变化，物流企业也在不断调整自身的发展目标。例如，某物流企业所提出的"最 SMART 的物流"的理念，反映了许多物流企业的发展趋势（见图 4.19）。

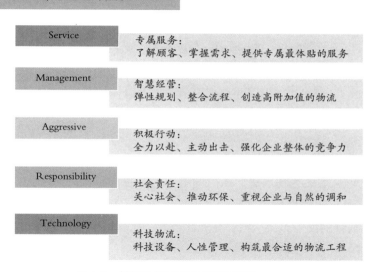

图 4.19　某物流企业所提出的发展理念

（二）电子商务平台企业的物流管控模式

在互联网条件下信息的快速流动，为通过柔性生产、渠道扁平、精准分拨等提升供应链效率创造了条件。而这种供应链改造一旦与某种商业运作模式相融合，则可能产生巨大的效益。

ZARA 以品牌运作为核心的协同供应链运作模式就获得了巨大的成功。ZARA 的全程供应链可划分为四大阶段，即产品组织与设计、采购与生产、产品配送、销售与反馈，所有环节都围绕着目标客户运转，整个过程不断滚动循环和优化。

从设计理念到上架，ZARA 平均只需 10~14 天，而大多数服装企业需要 6~9 个月甚至更长时间；库存周转——ZARA 每年库存周转达到 12 次左右，其他运作一流的服装企业也只能达到 3~4 次，而国内大多数服装企业是 0.8~1.2 次；产品品种——ZARA 每年推出 12 000 多种产品给客户，运作一流的服装企业平均只能推出 3 000~4 000 款，而国内多数企业能推出上千款的寥寥无几；销售量——2004 年 ZARA 销售服装 2.36 亿件，这对即使追求数量的中国众多服装企业来说，也是可望不可即的天文数字；销售额——ZARA 2005 年销售额达 44.41 亿欧元，息税前利润 7.12 亿欧元（约 72.89 亿人民币），而中国服装企业前 10 强加起来的销售额、利润都还远不如它。

ZARA 的供应链模式与其核心经营理念具有密切的关系，其产品开发模式基本是基于模仿而不是一般服装企业所强调的原创性设计或开发。它强调通过直接整合市场上已有的众多资源，更准确地收集时尚信息，更快速地开发出相应产品，节省产品导入时间，形成更多产品组合，大大降低产品开发风险。它从顾客需求最近的地方出发并迅速对顾客的需求作出反应，始终迅速与时尚保持同步，而不是去预测 6~9 个月后甚至更长时间的需求。ZARA 以消费者为中心，缩短前置时间，向供应链的各环节"积压"时间并清除可能的瓶颈，减少或取消那些不能带来增值的环节，小批量多品种以营造"稀缺"，跨部门沟通、协同快速响应满足市场需求，从而提升了品牌价值和竞争力。

正是借鉴这种思想，国内的电子商务也开始认真思考构建品牌供应链（见图 4.20）的发展模式，力图以渠道支撑为核心支点，利用全网渠道疏通作为杠杆的发力点，达到以品牌商为核心的商家生态系统带动众多商家成长的目的。

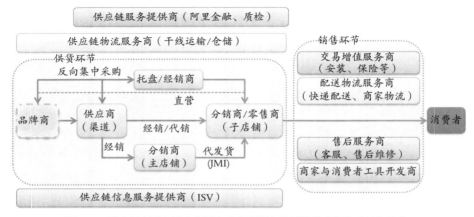

图 4.20　国内某大型电子商务平台企业所提出的品牌供应链体系结构示意

事实上，真正能够对物流企业提供服务产生影响的不是政府而是市场。例如大型电子商务平台的物流管控战略，对物流配送企业的发展产生着深远的影响。图 4.21 显示了某大型电子商务平台企业对消费者物流服务需求的理解示意，在此基础上延展出该企业物流管控策略（见图 4.22）。

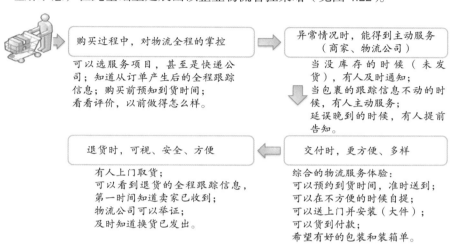

图 4.21　某大型电子商务平台企业对消费者物流服务需求理解示意

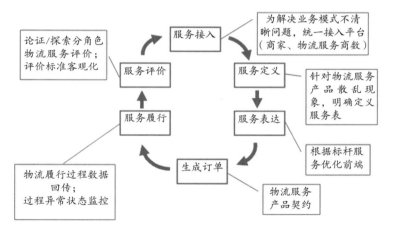

图 4.22　某大型电子商务平台企业对于物流协作企业管控策略示意

图 4.23 显示了该电子商务平台企业对于物流服务的定义，实际上表达了一个物流服务协作平台的基本构成关系。

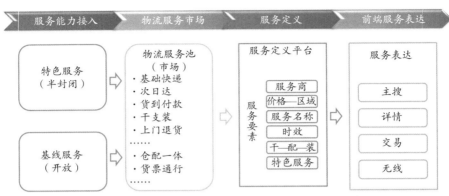

图 4.23　某大型电子商务平台企业对物流服务的定义方式

作为支撑这个物流服务协作平台的技术手段，相关物流数据平台发挥了非常重要的作用。该物流数据平台提供了订单履行透明监控、物流服务商和商家物流服务能力公示、基于地址库的应用、商家库存计划、物流公司订单流量流向预测、"虚假发货"识别等功能。

物流服务协作平台和物流数据平台，共同形成了由"业务场景"驱动的物流网络逐步演化（见图 4.24）。

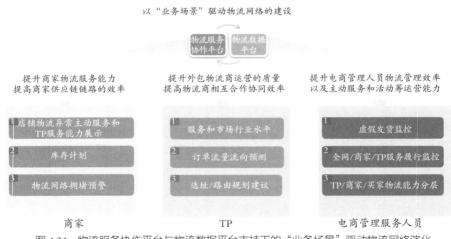

图 4.24　物流服务协作平台与物流数据平台支持下的"业务场景"驱动物流网络演化

注：TP, Taobao Partner，即淘宝拍档。

（三）园区企业推进以主导产品为目标的物流供应链系统

物流园区是我国推进物流系统建设的一个重要基地，而园区经营企业对于现代化物流系统发展的观点，将有助于我们对于推进智能物流过程中重要主体的行动加深理解。

以央企携手地方建设的华东某国际塑化城为例，力图推进的模式是建立以主导产品为目标的物流供应链。该企业作出此战略抉择的机遇分析依据见图 4.25。

图 4.25　某园区经营企业对于战略机遇的判断示意

该企业参考了上海春宇一体化供应链模式（见图 4.26）。春宇是集电子商务、物流、进出口贸易于一体的一站式供应链服务商，其运作模式是以数字商务交易平台为基础，为国内外上中下游企业提供线上的供应链管理和线下的物流、金融、咨询等增值服务。2009 年，提供的化工产品近 3 000 种，出口交易金额达 3 000 多万美元，其中自营出口 1 800 万美元，其他交易通过境外服务平台完成。

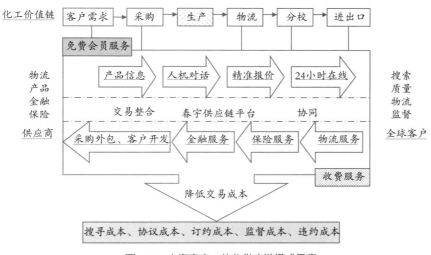

图 4.26　上海春宇一体化供应链模式示意

该企业依托自身所属集团以基础化学品生产为主导产业，以烧碱、聚氯乙烯、尿素、甲醇、醋酸等为主要产品，自身为全国最大的 PVC 和烧碱供应商及全国 PVA、尿素和合成氨的重要供应商的行业优势，背靠华东地区巨大的化学品市场（见表 4.7），同时具有位于太仓的区位优势，力图推进以主导产品为目标的物流供应链系统。

表 4.7　2009 年华东塑化市场情况

产品	产量	占全国的比例
塑料树脂及共聚物	1 002.9万吨	44.90%
塑料加工专用设备	95 046台	74.50%
各类塑料制品	1 312.7万吨	47.20%

该企业所提出的战略目标建立以供应链管理为核心的现代服务业基地，其供应链运营中心的发展框架为：以稳定市场为重心，建立两网两库的体系，整合物流和信息流（见图 4.27）。该企业的运作架构在充分整合已有资源的基础上展开（见图 4.28）。

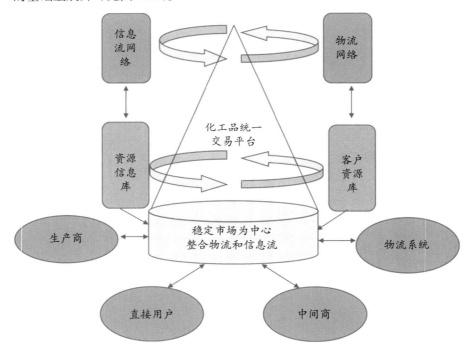

图 4.27　某园区经营企业供应链运营中心的发展框架示意

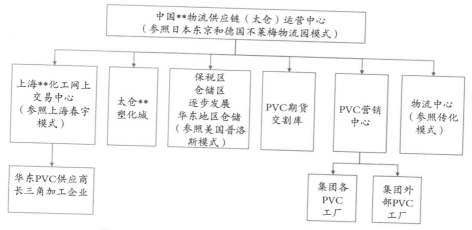

图 4.28　某园区经营企业供应链运营中心的运作架构示意

三、对行业产生重大影响的潜在技术

（一）地下集装箱物流系统

国际现代地下物流系统的研究已经有 20 余年的历史，但主要集中在小直径地下物流系统方面（直径 <2m）；而大直径地下物流系统（直径 >4m），即地下集装箱运输系统，是一个比较新的拓展领域。从国外来看，地下集装箱运输系统研究在十几年前才刚刚起步，其研究主要集中在以下几个方面：

（1）地下物流系统应用于港口集装箱系统集疏运探索性研究，如美国德州农工大学（Texas A&M University）的 Arthur P. James 博士、比利时安特卫普大学（University of Antwerp）的 Willy Winkelmans 教授等的研究。这类研究从深层次解析了发展地下集装箱运输系统的动因，并对部分港口利用地下物流系统运输集装箱的可能性与可行性进行了分析。

（2）地下集装箱运输系统的技术研究，如美国麻省理工学院（MIT）的 D. Bruce Montgomery，美国加州大学（California State University）的 Kenneth A. James 分别探讨研究利用以电磁为动力的集装箱运输的可行性；美国德克萨斯州交通研究院（Texas Transportation Institute, TTI）的 Roop 教授则正在进行利用安全货运机车（Safe Freight Shuttle）运输集装箱的探讨研究。

（3）地下集装箱运输系统的技术经济可行性研究。这类研究系统研究了地下集装箱运输系统技术及经济方面内容。目前美国 Henry Liu 教授研究了利用气动舱体（PCP）技术对纽约港集装箱进行集疏的可行性。

1. 德国的地下集装箱运输研究

为了应对公路正面临着扩展和维修方面的资金短缺，以及环境和生态方面的压力，德国不断探寻新的运输系统。

波鸿鲁尔大学曾经提出"地下运输和供应系统"作为未来德国的第五类运输系统，将其定义为 CargoCap（箱体托盘车）。该系统其管道直径为 1.6m，利用欧洲的货盘作为运输的标准。每个 Cap 单元能运输 2 个标准的欧洲货盘。他们认为约有 2/3 的德国货物可直接适用 CargoCap 系统运输。

在此基础上，2005 年 Dietrich Stein 教授开始探讨利用该系统在港口和内陆之间运输集装箱、可拆卸货厢、半挂车的可行性。这些集装箱运载工具（Transport Vehicle）仍采用 CargoCap 的技术，但其尺寸等参数不同；集装箱运载工具为 4 个轴自动运行，最高速度可达到 80km/h；能够进行编组，每组是 34 个运载工具，总长度是 750m。其路线主体部分为单线，每 30min 发一组，每 18km 有一个双线岛，岛长 2.7km。轨道的最大坡度 1.25%，最小转弯半径是 1 000m。单线方形隧道规模是 5.31m×6.99m，双线方形隧道规模是 10.08m×7.36m，圆形隧道直径是 8.10m。所构想的运行线路见图 4.29。

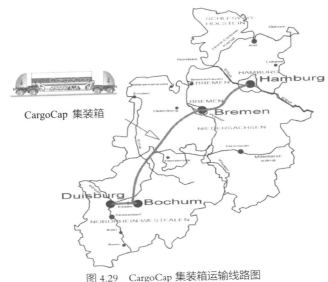

CargoCap 集装箱

图 4.29　CargoCap 集装箱运输线路图

2. 利用 PCP 技术集疏纽约港口集装箱可行性研究

美国 Henry Liu 教授对利用 PCP 技术集疏纽约港和邻近的新泽西港口集装箱的可行性进行了系统研究，认为该系统需要利用大直径的隧道或导管。在纽约港口附近或城市地区，特别是穿过哈得孙河（Hudson River）或纽约的港口时，需要一个在水下 100~150ft（1ft=0.304 8m）的圆形隧道。当隧道延伸到郊区时，可以采用掘开式，在地下 5ft，并改用方形隧道。

该系统的动力推荐利用线性感应电机（LIM），每年将能运输 760 万 TEU。2003 年，纽约港和邻近的新泽西港口集装箱处理量是 410 万 TEU。这意味着一个以 LIM 为动力的 PCP 集疏系统将能完全处理纽约港和邻近的新泽西港的集装箱量。

根据可行性研究结果，纽约 PCP 的集装箱分发配送系统需四个分支管线，共 16mi（1mi=1.609 344km），以及 5mi 的主管线，共 21mi 的隧道，另外还有 15mi 的方形导管。由于双向同时运输，需双管铺设。

按照当时标准计算，隧道与导管的建设费用为 20.01 亿美元，每年的运行维护费用为 3.12 亿美元。系统寿命按 30 年计算（最保守估计），运输每个 TEU 的成本是 17.2 美元。

3. 安全货物机车

德克萨斯交通部（TxDOT）在 20 世纪末估算了每年与墨西哥贸易交通道路的损失：维修费用约 1.5 亿美元、技术改造费用约 3.5 亿美元。1996 年，由卡车带来的货运公路路面损坏、拥堵、事故和污染损失超过 6 亿美元。

德克萨斯州交通研究院自 1998 年起开始进行货物管道运输的研究。1998 年《21 世纪交通权益法案》（Transportation Efficiency Act for the 21st Century (TEA-21)）立法下拨资金资助德克萨斯州交通研究院，德克萨斯交通部通过联邦公路管理部门提供 20% 的配套资金，探讨研究发展管道货物运输的可行性、减少道路拥堵和维护费用、减小卡车带来的污染和拥堵等问题。

通过多年研究，德克萨斯州交通研究院提出了安全货物机车新概念。该系统作为多式联运的一种新方式，基于 LIM 等技术，能有效满足公共与商业需要，并具有安全、自动、快速与环境友好等特点。采用单集装箱运输方式，可以在地面、高架或地下独立运行。该系统由四个子系统组成，即：①运载工具（Vehicle）；②导轨（Guide Way）；③控制系统（Communications/Command/Control）；④终端布置与设计（Terminal Layout and Design）。

四个子系统相互作用，运载工具速度为 30~70mi/h，运行能力为每天 6 000 个集装箱，每年运输的集装箱可超过 200 万个。每个终端每天可处理 3 000 个集装箱。根据美国 20 世纪 80 年代标准得出其运行费用每英里小于 0.1 美元，与卡车货运相比，每少用一辆卡车，每英里公共收益见表 4.8。

表 4.8　安全货物机车系统公共收益（美元 /（车·英里））

收益类别	乡　村	城　市
安　全	0.008 8	0.011 5
路面的损坏	0.127 0	0.409 0
拥　堵	0.022 3	0.200 6
空气质量	0.038 5	0.044 9
噪　声	0.001 9	0.030 4
总收益	0.198 5	0.696 4

资料来源：联邦公路管理局（The Federal Highway Administration, FHWA）

　　针对美国南加利福尼亚的洛杉矶和长滩港引起的集装箱集疏运拥堵，有人提出利用安全货物机车系统进行集装箱运输的构想。2003 年，洛杉矶和长滩港的集装箱吞吐量为 1 180 万箱，其当地居民为 1 700 万人；预计 2025 年集装箱吞吐量将达到 3 000 万箱，人口将达到 2 300 万人。在此背景下，目前已经饱和的高速公路和铁路显然不能满足其增长的需要，因此需要探讨利用安全货物机车运输集装箱的可行性。

　　4．比利时安特卫普港地下集装箱运输系统研究

　　安特卫普港口的发展与比利时的经济密切相关。安特卫普是世界第二大石化工业区，仅排在美国德克萨斯州的休斯顿之后。在 2006 年，该市解决的直接就业人数为 6.3 万人，直接经济产值为 83.4 亿欧元。为确保安特卫普港作为集装箱枢纽港（Container Mainport）的地位，新建了位于斯凯尔河（Scheldt）西岸集装箱码头，即 Deurganckdock。该码头在 2005 年已部分投入运营，在其全部投入运营后，总能力可处理集装箱 800 万箱。安特卫普港集装箱处理能力将达到每年 1 600 万 TEU，从而进一步扩展斯凯尔河东西两岸集装箱运输。该码头与现存的右岸码头 Delwaidedock 和 Churchilldock 之间有着大量集装箱运输需求（包括重箱和空箱）。

　　目前大部分集装箱都由安特卫普港的东岸终端进行处理。如在 2004 年，东岸处理 578 万 TEU 的集装箱（占安特卫普港集装箱吞吐量的 96%），并引起严重的交通拥堵。分析认为，新建的 Deurganckdock 码头未来的处理能力 800 万 FEU 中的 20% 由水水转运，剩余的 640 万 FEU 中的 70%，即约 450 万 TEU 或 300 万 FEU（TEU 与 FEU 各占 50%）将在东西两岸之间转运。

　　考虑到传统集装箱集疏运方式不可能适应快速增长的集装箱运输的需求

背景，利用地下物流系统进行集装箱运输的设想被提出来。所设想的系统具有时效、可靠、效率高、可持续等优点，设计了垂直竖向进出口形式（Vertical Shaft Entry）以及水平坡道进出口形式（Horizontal Ramp Entry）两种地下集装箱运输方式。

在垂直竖向进出口形式方案中，制约系统可靠性的是完成集装箱竖向移动的龙门起重机或升降机。与传统铁路相对比，具有允许坡度大，造价和工期节约的优点。在 7km/h 情况下，每年可运输 180 万 TEU。如果速度提高到 15~16km/h，每年可达到 400 万自然箱。按 20 年寿命周期计算，运输每个集装箱少于 30 欧元。这个价格与传统运输方式相比，具有相当大的竞争力。

在水平坡道进出口形式方案中，可以采用自动导向车（AGV）或利用轨道机车（Rail Shuttle）两种形式。AGV 形式中，在地下物流系统内部无人驾驶，由计算机程序控制完成集装箱或货物的装卸，在两点之间完成集装箱运输，可为固定路线，也可为无确定的路线，并使该系统在隧道外也可以利用。其优点是灵活、可靠，要求的空间小而效率高。对于轨道机车方式，虽然是无人驾驶，但由于需要有专用轨道，其费用高，灵活性差，在早期研究中即予以排除。

5. 日本东京地下集装箱运输研究

根据第 4 次日本物流调查（The 4th Survey on Physical Distribution），仅在都市区内部（不包括山梨县（Yamanashiken））的物流量是 126 万吨 / 天，见图 4.30。

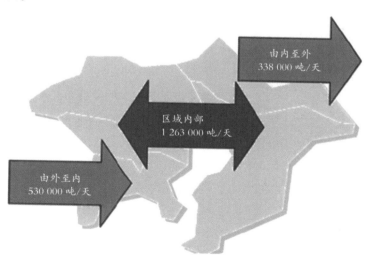

图 4.30　东京都市区物流量分布

随着全球化水平的提高，东京港的集装箱吞吐量于 2003 年首次突破 300 万箱。根据东京港口第 7 次修订规划，建议加强设施建设以满足集装箱量快速增长的需要。与此同时根据 2005 年 2 月生效的《京都议定书》，2008—2012 年日本需减少 6% 的温室气体排放，2010 年需将交通的二氧化碳排放比 1990 年降低 15.1%。

在上述背景下，2006 年 2 月，东京都市区政府批准了"一体化物流愿景"(Integral Physical Distribution)，该规划提出应研究有效利用深层地下空间。为此，东京提出了一个在地下 40m 以下建设宏伟的地下集装箱运输系统的计划，以满足东京集装箱货运量的增长。在"一体化物流愿景"中，重点研究了东京西南地区建设地下集装箱运输系统的可能性，在港口与物流园区之间创造更有效的运输方式。其地下物流系统的目标是：

（1）通过建设地下集疏系统（Underground Distribution System），确保可靠的运行，减小环境压力，消除港口周围的交通拥堵；

（2）改善工作条件，减小交通事故的发生；

（3）减少二氧化碳的排放，高效利用港口的土地，改善港口地区的景观。

其基本要求是：

（1）可以运输 20ft 的标准集装箱；

（2）地下运输系统是无人驾驶的；

（3）地下隧道将在地下 40m 或更深的层面上；

（4）中间将与一条快速路会合；

（5）隧道采用圆形断面，其多余部分安排其他设施。

考虑了三种运输方式：铁路、自动运载车辆（Transport by Vehicles）、舱体运输（Transport by Air Capsules）。

根据初步研究认为，该地下物流系统具有很大的可行性，并符合《大深度地下空间法》要求。其后在日本 Keirin 协会（Japan Keirin Association）资助下展开了进一步的研究，评估它的经济影响、规划线路物流量、新的配送系统和可能的法律方面的调整。根据附加的工作，可能需要相关一系列设施的研究，如信息设施、能够对大型灾害作出反应。

（二）大数据技术应用

近年来迅速发展的大数据浪潮得到了企业界高度的关注，IBM、Oracle、微软、谷歌、亚马逊、Facebook 等均提出了一系列相关理念和技术解决方案设想，成为大数据处理技术发展的主要推动者。Google、百度、亚马逊等巨头正在力图建立完善的大数据服务基础架构及商业化模式，从数据的存储、挖掘、管理、计算等方面提供一站式服务，将各行各业的数据孤岛打通互联。在用户与数据服务商之间正在逐步形成算法提供商，依托专业领域的数据分析师，通过数据挖掘的方式，寻找事物间的联系。

2008 年的金融危机时，阿里巴巴网站利用统计数据发现的询盘指数和成交指数强相关关系，观察到询盘指数异乎寻常的下降，推测未来成交量的萎缩，提前呼吁、帮助成千上万的中小制造商准备"过冬粮"，从而赢得了声誉。这被认为是大数据技术应用的成功案例。

伴随相关系统的建设，物流领域正在逐步形成电子商务信息等企业协作平台，以及综合交通信息等政府公共数据平台，其中的大数据资源深入挖掘应用正在引发多方面的关注。例如天猫物流正在逐步发展的为商家补货计划提供建议的功能（见图 4.31）。

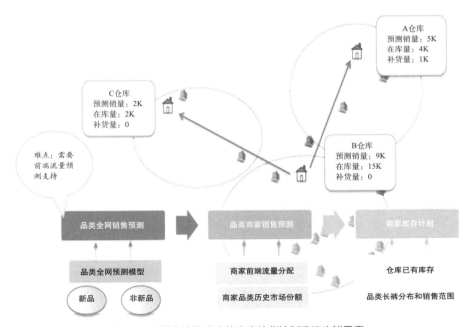

图 4.31　天猫物流构建中的商家补货计划建议功能示意

又如依托政府构建的综合交通信息平台的数据资源（见图 4.32），实现道路网络交通状态预测，以此支持物流企业行车组织计划的制订（见图 4.33）。

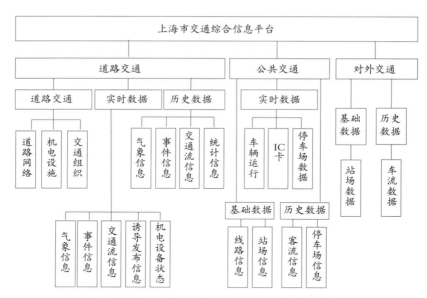

图 4.32　上海市交通综合信息平台的数据资源类型

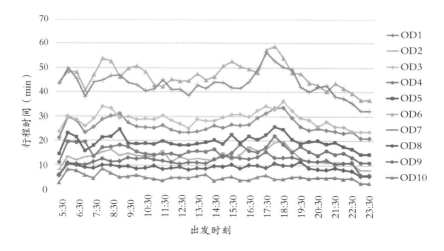

图 4.33　深圳市典型节点对间车辆行程时间随出发时刻的变化预测

四、我国智能物流的发展目标

（一）战略层面的发展目标

智能物流的战略发展目标，是希望通过智能物流提供一种方便、及时、低成本、高效率的现代先进物流服务，提高城市物流活动的资源利用率和企业生产力水平，减少碳排放量，实现城市的可持续性发展（见图 4.34）。

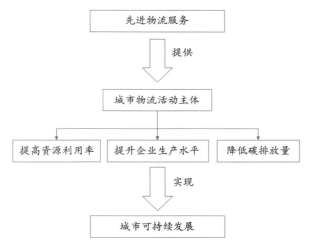

图 4.34 智能物流的战略发展目标

（二）实施层面的发展目标

1. 配合电子商务发展构建城市现代物流配送体系，兼顾城乡一体化发展

现代物流业与电子商务之间存在着相互促进、共同发展的关系。近年来电子商务的迅速壮大，使得城市物流配送呈现运量小、批次多和时效性强的特点，这对我国的传统物流业提出了更高的要求。因此，以满足城市社会经济发展和城市居民需求为目的，以提高配送效率、降低配送成本、缓解城市交通拥堵为核心，构建现代物流城市配送体系，已成为电子商务环境下的城市现代物流的发展方向，同时还要兼顾城乡一体化的发展。

2. 完善交通枢纽城市集疏运和干线运输体系，以城市为节点建立轴幅式网络，实现实效运输

目前，我国交通枢纽城市集疏运和干线运输体系的构建还不够完善，大多数干线运输仍保持着多批少量的运输方式，不仅造成了物流资源的不合理利用、空载率上升，还导致了额外的能源消耗与碳排放量的增加。因此，应以城市为节点建立轴幅式网络，货物先由各节点运至枢纽中心站，再依据目的站进行集中运输，不仅可以降低单位运输成本，在网络干线上形成规模效应，提高资源利用率，同时还可以产生集群效益，带动所在区域及城市的经济发展。

3. 提高运输企业运输组织管理能力，适应多样化的物流需求

近年来，我国现代物流业经历了飞跃式发展，消费者需求的多样化、商

品生命周期的缩短，使得送货时间日趋苛刻；配送成本过高、速度过慢使物流服务的水平下降；加上城市交通负载繁重，停车、卸货困难，更加凸显了物流配送服务的问题。因此，需要提高运输企业运输组织管理能力，提高运输效率，降低运输成本，适应多样化的物流需求。

4. 建设高效、专业化的物流信息化基础设施，构建社会物流公共信息服务平台

我国物流业的发展还不能很好地满足经济发展的需求，主要表现在物流服务质量差、物流成本高等方面，其主要原因之一是物流信息化水平低下。因此，以传统物流基础设施，如物流仓库、物流中心、物流园区以及码头装卸泊位等作为信息化载体，建设高效便捷的物流信息化基础设施，实现企业仓库信息化管理、货运运输过程跟踪、业务信息电子数据交换等物流现代化管理，有助于提升企业物流服务水平，避免货物在多级供应商之间经历多次运输，降低物流成本，提高运营效率。

除此之外，政府部门或相关企业应构建社会物流公共信息服务平台，提供专业化的物流信息服务，以便促进协作企业间物流信息共享和物流资源整合，优化业务流程，加强企业间合作，整合物流资源，提升企业竞争力。

5. 保障城市安全：危险品运输和救援的一体化、专业化以及可持续发展

随着我国化工产业的发展，危险品运输市场需求的持续增长，国内交通基础设施的大规模建设，外资石化巨头及大型化工企业的推动和影响，我国危险品物流也在规模、管理等方面发展快速，但在物流服务的专业化分工以及安全、环保意识上，与世界一流水平差距较大。作为保障城市安全的重要环节，危险品运输和救援一体化、专业化、信息化以及可持续发展成为智能物流所要达到的目标之一。

五、我国智能物流的发展愿景

（一）满足物流需求的多样化

随着电子商务 B2C 的迅速发展以及客户的物流需要越来越丰富多样，公众对于现代物流服务水平和物流产品的要求也逐渐提高。为了迎合公众的多样化物流需求，提高物流服务质量，运输企业需要改善现有的物流服务模

式，提供满足个性化需求的物流产品。例如，城市物流配送更多的是短距离配送过程，是直接面对消费者的流通，所以也常常被称为"最后一公里流通"，但往往会遇到客户无法及时收货而不得不多次配送的情况，既浪费了额外的配送时间，又造成资源和能源的浪费。因此，可以利用附近一些公共基础设施（如地铁车站、便利店等）来提供暂时性货物储存功能，满足小范围区域的配送服务，既避免了货物多次配送，又方便客户取货。除此之外，韩国旅游购物中比较流行的"徒手购物"模式以及上海国际机场努力完成并提供的"人包分离"模式都属于新型物流服务模式，目的都在于满足公众物流需求的多样化，提高物流服务水平。

（二）实现运输企业的精明管理

1. 合理制订货运车辆的调度计划，优化物流配送路径，降低资源消耗，节约物流成本

现代物流发展的目标在于以最小的物流成本和资源消耗满足消费者的物流需求。当前，企业在生产、销售方面的规划管理水平已经得到很大提高，但在仓储、运输等环节却消耗了大量的成本。统计表明，运输费用约占物流总消耗的 50% 以上，因此，建立大型的运输配送系统，优化货运车辆的调度计划，合理规划物流配送路径来降低物流成本，是企业运输管理的重要内容之一。

2. 加强运输企业间的合作，促进共同运输，实现货物运输的"代码共享"

代码共享（Code-sharing）一词起源于航空客运，指的是由一家航空公司营销而由另一家航空公司运营的航班。这对航空公司而言，不但可以在不投入成本的情况下完善航线网络、扩大市场份额，而且可以合作互补，提高效率和上座率，提高航班频率。

同样地，物流网络化运营对于运输企业来说至关重要，但由于网络铺设的过程中需要投入相当大的成本，因此我国很多企业的自营物流网络还未成规模，直接影响了企业业务范围的拓展。除此之外，某条线路上的货源不足也直接导致了空载率的上升和资源的浪费。若能借鉴航空客运中"代码共享"的方式，加强与其他运输企业间的合作，实现共同运输，则不但可以迅速扩展运输网络范围、提高市场份额，而且还能提高运输效率和资源使用率。

3. 促进卡车运输企业的升级换代

现代物流发展中，卡车运输企业的升级换代主要从三个方面寻求突破：

一是卡车运输企业服务型商品的拓展和服务技术的深化。主要的几种战略形式见图 4.35。

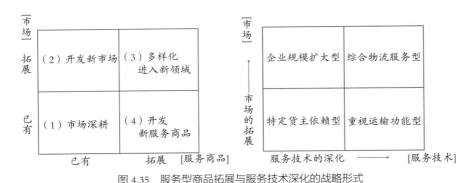

图 4.35　服务型商品拓展与服务技术深化的战略形式

二是信息化与运输系统的革新。运用现代信息技术对物流过程中产生的全部或部分信息进行采集、分类、传递、汇总、识别、跟踪、查询等一系列处理活动，以实现对货物流动过程的控制，从而降低成本、提高效益。信息化的推进主要分为四个阶段，见表 4.9 和图 4.36。

表 4.9　信息化推进的阶段

阶　段	内　容	效　果
1	在会计、工资等业务中使用计算机	提高承担特定业务人员的工作效率
2	在经营管理中灵活应用规划、实际绩效对比表等	不但针对经营者，而且针对管理者提高定量意识
3	与服务对象在线沟通物流管理信息	提高服务对象与物流企业双方效率
4	以提高知识生产率为目的的信息系统	通过文书信息的共享提高知识作业的效率，提高其表现

三是提高企业的运营效率。企业需加强对货主、驾驶员与货运车辆的运行管理，提高企业的运行效率与运输效率（见图 3.37）。

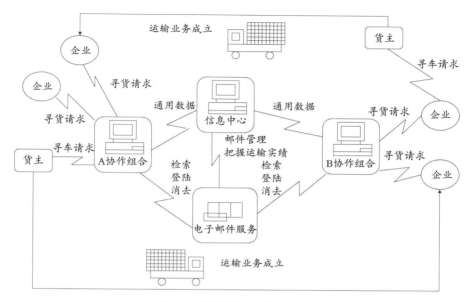

图 4.36 运输业务信息化流程示例

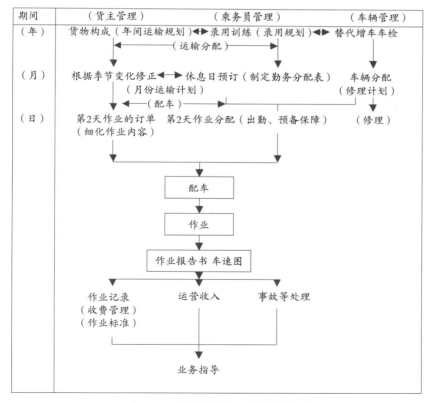

图 4.37 运输企业运行管理系统示例

213

4. 推动射频识别技术在物流管理中的应用

香港机场是世界上第一个运用射频识别技术（Radio Frequency Identification，RFID）进行行李管理的企业，与传统的自动化识别的技术相比，机场行李处理速度明显加快，准确性明显提高。原来用条码标签的时候，基本上是处于 70% 的运营效率。另外不准确的 30% 多需要进行人工处理，而这些人工处理需要花费大量的人力物力。采用了 RFID 标签后，读取率达到了 96% 以上，行李处理系统的处理能力和效率都得到显著提升。

RFID 技术有速度快、效率高、可全天候工作、不怕灰尘污染、传输距离远等特点。因此，若将射频识别技术应用到物流管理中，将极大提高货物与运输车辆管理的水平和效率。

5. 大力推广物流 EDI 系统平台的使用，提高企业运行效率，降低运营成本，促进综合交通运输方式间的顺畅衔接

物流电子数据交换（Electronic Data Interchange, EDI）系统平台以完整的货物运输流程为主要业务，集成与此流程相关的各种增值业务服务（物流保险、车辆定位、物流信息、RFID 应用等），最终实现物流、资金流、信息流的高度集成应用，使信息流通速度加快，物流服务能力提升。因此物流 EDI 系统平台的大力推广有助于提高企业运行效率，降低企业物流运营成本，增强企业竞争能力。

除此之外，物流 EDI 系统的出现也为综合交通运输通道内的信息传递提供了良好的平台，促进了多种交通方式联合运输的发展。作为 EDI 系统与传统纸质运单的结合产物，多式联运电子运单具有成本低、手续简单、传输快速等优点，提高了提单签发的速度，提升了工作效率，促进了综合交通运输方式间的顺畅衔接。

（三）缓解物流活动与城市发展间的矛盾

1. 改善货运集疏运体系结构，降低其对城市发展的影响

随着近年来国内经济的发展与外贸经济的繁荣，东部沿海地区的集装箱运输获得了高速的发展，但我国大部分港口的港区与腹地城市之间的集疏运系统会对城市的发展造成很大的负面影响。以上海为例，随着城市化进程的不断加深，以公路（重卡）集装箱为主的集疏运体系对上海城市发展产生越来越大的负面影响，集装箱集疏运与城市日常交通互相干扰，土地资源紧

缺、能源紧缺以及环境污染问题等将极大阻碍上海城市和货运集疏运体系的可持续发展。因此，需要改善城市货运集疏运体系，建设集约化货运通道，拓展现有交通运输系统（如 24 小时运输、客运与货运分离、发掘地下运输空间等），降低其对城市发展的影响。

2．鼓励区域内共同配送，解决城市交通拥堵问题的同时，减少资源消耗

在城市物流系统中，城市物流配送作为一种社会化流通体制和高效的现代化物流方式，在某种程度上与城市交通系统产生冲突，并制约着我国城市经济的发展。针对目前物流配送多批少量的运输方式与交通系统的矛盾，如早晚高峰的交通拥挤叠加效应与交通安全恶化现象，政府可以鼓励运输企业采用区域内共同配送的方式来化解两者之间的矛盾。例如欧洲某国家政府出资建设仓库作为区域配送的中间转换节点，各运输企业的货运车辆在节点处完成货物集结后，统一进行区域内部的共同配送。采用这种共同配送的方式，一方面能解决传统城市配送物流多批少量运输方式所造成的区域交通拥堵问题；另一方面可以通过作业活动的规模化降低物流配送成本，提高物流资源的利用效率，减少能源消耗。

六、智能物流的关键技术

智能物流系统是在智能交通系统以及相关信息技术的基础上，以电子商务方式运作的现代物流服务体系。它通过智能交通系统和相关信息技术解决物流作业的实时信息采集问题，并在一个集成环境下对采集的信息进行分析和处理。智能物流系统以信息运动为主线，以满足客户需求为目的，以集成和优化为手段，其实质是一个复杂的人机大系统。智能物流系统需要很多技术作为支撑，包括智能交通技术、信息系统技术以及物流企业的管理技术等，只有各技术要素不断完善并协调作用，才能实现智能物流系统的智能化、高效化、绿色化。

（一）物联网技术

2005 年 11 月 17 日，在突尼斯举行的信息社会世界峰会上，国际电信联盟（ITU）发布了《ITU 互联网报告 2005：物联网》，正式提出了"物联网"的概念，提出了任何时刻、任何地点、任何物体之间的互联、无所不在的网

络和无所不在的计算的发展愿景。

物联网是指通过信息传感设备如无线传感器网络节点、射频识别、红外感应器、移动手机、全球定位系统、激光扫描器等，按照约定的协议，把任何物品与互联网连接起来，进行信息交换和通信，以实现智能化识别、定位、跟踪、监控和管理的一种网络，它是在互联网基础上延伸和扩展的网络。物联网在逻辑功能上可以划分为三层，即感知层、网络层和应用层，见图4.38。感知层，即末端感知网络，由大规模的传感器、射频识别等智能传感节点组成，其主要任务是信息感知；网络层，即融合化的通信网络，其主要功能是实现物联网的数据传输；应用层，即应用服务支撑体系，其主要功能是物联网的数据分析和处理。图4.38中的公共技术不属于物联网体系的某个特定层面，但与物联网架构的三层都有关系，提供标识与解析、安全管理、网络管理和信息管理等技术。在上述三层体系结构基础上，ITU还提出了更为细化的五层物联网体系结构，自底向上分别为感知层、接入层、网络层、支撑层以及应用层。

根据物联网的三层结构体系，物联网的关键支撑技术可以分为物联网感知技术、物联网网络技术以及物联网应用技术（见图4.38）。

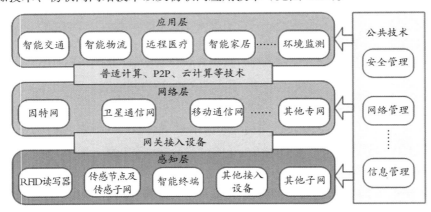

图4.38　物联网体系结构

1. 物联网感知技术

（1）RFID技术

RFID技术是一种利用射频通信实现的非接触式自动识别技术，是物联网的核心技术之一。一个典型的RFID系统由电子标签、读写器和计算机通信网络系统三部分组成，见图4.39。

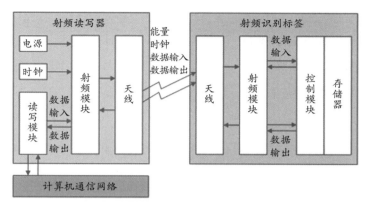

图 4.39 RFID 系统组成

根据不同的标准，RFID 有很多种分类方式。按照能量供给方式，可分为有源、无源和半有源系统；按标签信息的传播方式，可分为主动式、被动式和半主动式；按标签的工作频率，可划分为低频、高频、超高频和微波；根据标签的存储器类型，可分为只读型、读写型和一次可写型。

RFID 技术的关键技术包括中间件技术、安全与隐私保护技术、防碰撞技术、天线技术等。

（2）NFC 技术

在射频识别技术及互联网通信技术发展的推动下，为了满足电子设备间近距离通信的需求，飞利浦、诺基亚、索尼等厂商联合推出了一项新的无线通信技术——NFC（Near Field Communication），即近场通信技术。

目前，近距离无线通信技术包括了蓝牙（Bluetooth）、IEEE 802.11（Wi-Fi）、ZigBee、红外（IrDA）、超宽带（UWB）、近场通信（NFC）等，它们都有各自的特点：或基于传输速度、距离、耗电量的特殊要求，或着眼于功能的扩充性，或符合某些单一应用的特别要求等（见表 4.10）。

表 4.10　不同类型近距离无线通信技术的特点

	ZigBee	Bluetooth	UWB	Wi-Fi	NFC
安全性	中等	高	高	低	极高
传输速度	10~250kb/s	1Mb/s	53.3~480Mb/s	54Mb/s	424kb/s
通信距离	10~100m	0~10m	0~10m	0~100m	0~20cm
频段	2.4~2.484GHz	2.4GHz	3.1~10.6GHz	2.4GHz	13.56MHz
国际标准	IEEE 802.15.4	IEEE 802.15.1x	未定	IEEE 802.11b IEEE 802.11g	ISO/IEC 18092 ISO/IEC 21481

除了上述 RFID 和 NFC 技术外，应用于物联网的其他自动识别技术包括条码技术、IC 卡识别技术、语音识别技术、图像识别技术、光字符识别技术、生物特征识别技术等。

2．物联网网络技术

（1）宽带无线网络

依靠电磁波在空间的传输，宽带无线网络可实现用户和网络之间的信息传递。目前的宽带无线网络主要分为基于 IEEE 802.11 标准的无线局域网和基于 IEEE 802.16 标准的无线城域网两大类。

（2）低速无线网络

全面的互联互通是物联网的特征之一。通常情况下，网络中既有智能设备又有非智能设备，非智能设备通常数据传输速率较低、通信覆盖范围较小、计算能力较差、自身能量也非常有限。低速无线网络是为了适应物联网中这些智能化程度较低的设备而提出的短距离、低功耗无线通信方式，包括红外、蓝牙、ZigBee 等。

（3）蜂窝移动通信系统

蜂窝移动通信网络相对有线网络有着无可比拟的可移动性与灵活性。将蜂窝移动通信系统技术应用于物联网中的信息接入和传输，实现移动通信网络和物联网的有机结合，将能极大地促进物联网的普及与应用。

3．物联网应用技术

（1）网管技术

物联网中的节点数量规模庞大，如何对包含大量节点的网络进行管理是一个极具挑战性的问题。网管技术中包含节点管理协议、任务分配和数据通告协议、节点询问和数据分发协议等。

（2）信息处理技术

在物联网中，信息处理是基于多个物联网感知互动层节点或设备所采集的感知数据，实现对物理量、状态、目标、时间及其变化的全面、透彻感知，以及智能反馈和决策过程。物联网中的信息处理技术主要面临的挑战有数据多源且异构、环境复杂且动态变化、目标混杂及突发事件的不确定性等。从感知角度出发，在信息处理的研究方面最主要的问题是协同信息处理，所采用的主要方法是信息融合方法。

（3）安全技术

物联网相较于传统网络，其传感节点大多部署在无人监控的环境，具有能力较弱、资源受限等特点；并且由于物联网是在现有的网络基础上扩展了感知网络和应用平台，传统网络安全措施不足以提供可靠的安全保障，从而使得物联网的安全问题具有特殊性，必须根据物联网本身的特点设计相关的安全机制。

（二）公共物流信息平台

智能公共物流信息平台是一个面向整个物流系统的、集成化的、智能化的物流信息管理中心。智能公共物流信息平台将信息技术、计算机处理技术、网络技术、数据通信技术等信息技术应用于物流信息系统中，按照既定的规则从不同的子系统提取信息，在平台内部对公用物流数据进行融合、处理和挖掘，为平台不同的使用者提供不同层次的基于全系统范围的信息服务和辅助决策以及相关业务服务，实现物流信息的采集、处理、组织、存储、发布和共享，以达到整合整体物流信息资源、降低整体物流成本和提高整体物流效率的目标（见图 4.40）。

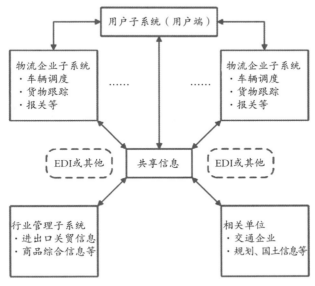

图 4.40 公共物流信息平台

智能公共物流信息平台涉及多个政府主管部门、物流枢纽、物流园区、物流企业、工商企业等，智能公共物流信息平台的引入和建设必将给处于封闭状态的各个企业或政府部门所拥有的为自身服务的信息系统带来巨大影响。公共物流信息平台可以为物流企业提供共用物流基础设施资源信息、物流市场需求信息、物流业务运作信息以及其他物流咨询服务等信息资源，可以为工商企业提供物流供应商的资料、物流业务交易管理、专项及其他增值服务等，可以为政府部门提供区域物流运行基本数据、区域物流资源整合支持、区域物流分析及其规划支持等（见图4.41）。

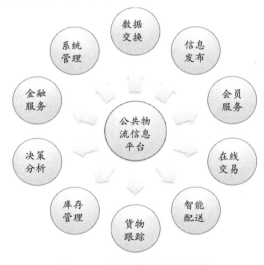

图 4.41　公共物流信息平台功能

建设智能公共物流信息平台对物流企业的意义在于疏通物流信息渠道，增强对物流成本的控制与分析功能，发挥物流企业推动电子商务发展的功能，实现物流企业的网上营销，实现对客户的快速反应，为物流企业的客户提供便利的信息查询，提高服务质量；对政府的意义在于便于实现对物流企业的宏观管理，为物流企业的发展创造一个公开、公正、公平的环境；对于普通企业可以增加其选择物流资源、采购资源、销售资源的范围。

（三）物流网络规划技术

物流网络是在网络经济和网络信息技术条件下，适应物流系统化和社会化的要求发展起来的，由物流组织网络、物流基础设施网络和物流信息网络三者有机结合而形成的物流服务网络体系的总称。其中，物流组织网络是物流网络运行的组织保障，物流基础设施网络是物流网络高效运作的基本前提和条件，物流信息网络是物流网络运行的重要技术支撑。简单来讲，物流网络由节点、线路以及伴随的信息组成。节点是一种物流基础设施，包括交通基础设施、商品生产场所、商品存储场所、商品市场场所以及信息收集处理点；线路表示商品在不同节点的移动路线，即流通渠道，伴随有信息的传递方式。在层次上，物流网络涉及宏观和微观两个层次。宏观上的物流网络研究园区、城市、区域、国家、国际物流网络构建与设计；微观物流网络研究企业物流网络构建与设计。当然，和物流网络相配合的还有信息网络。

1. 宏观物流网络

（1）物流园区物流网络

物流园区是由分布相对集中的多个物流组织设施和不同的专业化物流企业构成的具有产业组织、经济运行等物流组织功能的规模化、功能化区域，其主要功能是集成和整合。物流园区网络规划内容包括园区类型选择与功能定位、园区的功能布局及其经济评价、园区的基础设施布局、园区功能模块设计、园区的网络系统规划设计等。

（2）城市物流网络

城市物资通过城市物流网络向城市内部用户提供服务，城市物流网络由各级节点和连线组成。节点包括各类物流服务提供商和各类物流基础设施；连线指形成协同关系的物流服务提供商之间的有效联系和由交通、通信干线连接起来的通道。城市物流网络的主要功能是聚集、扩散和中介。城市物流网络规划包括线路的规划和节点的规划。线路规划主要涉及交通规划，如公路、铁路、水路和航空线路；节点规划以交通规划为依据，包括物流园区规划、货运通道规划、配送体系规划和城市物流信息平台规划等。

（3）区域物流网络

区域物流是为实现区域经济可持续发展，对区域物资流动统筹协调、合理规划、整体控制，实现区域内物流各要素的系统优化，以满足区域内生产、生活需要，提高区域经济运行质量，促进区域经济协调发展的载体。区域物流网络以城市为核心，通过点辐射、线辐射和面辐射的方式，实现区域内物资流通，带动并促进区域经济协调发展。区域物流网络规划工作是一项复杂的系统工程，规划内容多，涉及区域物流系统和区域经济社会的各方面。区域物流网络规划的主要内容包括区域物流运输设施网络建设、物流运作设施网络建设、物流业结构化、物流人才培养体系建设、物流技术发展平台建设和物流发展政策措施体系建设等。

（4）国际物流网络

国际物流指各个国家和不同组织之间对物流活动进行计划、执行和协调的过程。国际物流网络中，线路主要是海（河）运航道、航空航线和陆地公路、铁路；节点主要包括国际贸易口岸、保税区、保税仓库、国内外中转仓库等。

2. 微观物流网络

微观物流网络相对于宏观物流网络而言，是指局部性、单一性或一个地域空间、一种活动环节的物流网络，主要研究企业物流网络构建。对于生产企业，物流网络包括设施网络、供应网络、仓储网络、配送网络和装卸搬运网络。流通企业包括批发企业和零售企业。流通企业的物流网络和生产企业一样，但其关注重点不同，批发企业物流网络设施主要是配送中心，零售企业的物流网络设施主要是终端设施网络和仓储网络。

3. 物流信息网络

物流活动的整个过程会不断产生物流信息，包括库存水平、仓库利用率、仓储费率、运输费率、客户信息以及其他相关信息。物流信息网络中的链由两点之间的信息传输构成，网络中的节点则承担采集、处理和存储物流信息的任务。企业物流信息网络能够很好地解决物流企业内部信息资源的整合问题，保证物流企业的高效运转。然而，企业内部物流网络不能解决物流企业间的信息交互与资源整合问题。系统地规划物流信息网络，将各企业的物流信息网络连接起来，构建公共物流信息网络，搭建公共物流信息平台，能够大大提高资源利用率、降低物流总成本。

物流网络规划是一门科学与艺术并重的学科，虽然其理论与务实均不易完全以数学或定量模型来涵盖其所有内容或寻求解决方案，在规划过程中，时常需要根据经验进行判断，但物流网络规划也遵循一般解决科学问题的思路（见图4.42）。物流网络规划以物流活动信息为基础，需要收集大量物流数据，借助规划分析工具进行规划设计，包括图表技术、仿真模型、优化模型、启发式模型、专家系统和决策支持系统等。图表技术泛指借助相对低水平数学分析的直观方法，能够综合反映各种显示的约束条件；仿真模型考虑具体设计和网络性能方面的动态情况，能方便处理随机性的变量要素，对显示问题进行比较全面的描述；优化模型通过精确的数学方法求出决策问题的最优解，在给定的假设前提和有足够数据支撑条件下，优化模型能保证求出最优解；启发式模型集成了仿真模型和优化模型的优点，能对现实问题进行较为全面的描述，但不能保证得到最优解，而是寻找复杂物流网络设计问题的满意解；专家系统是将以往解决问题积累的经验方法转化为计算机程序，集成了数据、信息和技术，能够支持管理者作出决策。

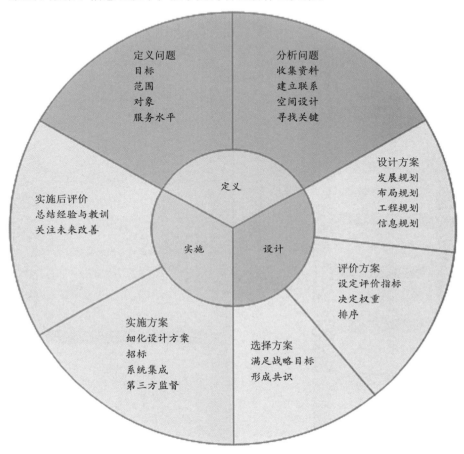

图 4.42　物流网络规划的一般化方法

（四）物流企业运营管理优化技术

物流企业同生产企业一样，是独立运作的经济主体。对物流企业进行有效的管理，能够合理地配置企业的人力、物力和财力，以求用最小的消耗实现既定的经营目标，获取更大的效益。物流企业作为服务型企业，其管理目标主要是提高服务水平、控制成本及提高效率。智能物流企业以智能物流信息网络采集的各种物流信息为基础，运用先进的运营管理优化技术来提高服务水平，实现较高的投入产出比，从而提高企业的竞争力和企业效益。物流企业运营管理与物流信息是一种融合互动的关系，相互反馈促进。物流企业管理技术主要包括战略管理技术、组织管理技术、客户管理技术、成本管理技术、信息管理技术、质量管理技术、流程管理技术、运输组织管理技术等内容（见图 4.43）。

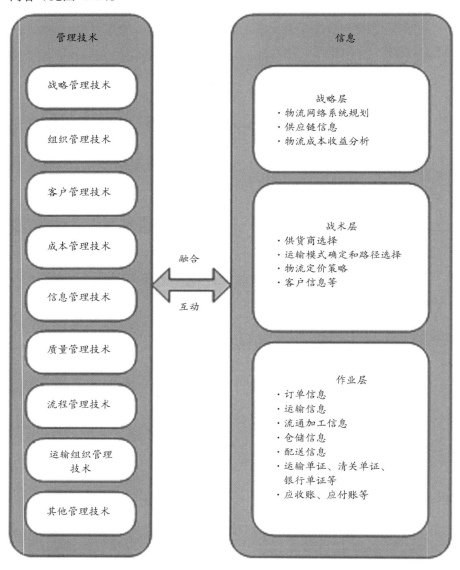

图 4.43　物流企业管理技术

1. 战略管理技术

物流企业战略管理是在对物流企业外部环境和内部环境分析的基础上，为求得物流企业生存和发展而作出的长远规划，包含了物流企业发展的长期目标和方向。全面的战略管理过程包括战略环境分析、战略制定、战略实施以及战略控制与评价四个阶段。物流企业战略包括客户服务需求决策、选址战略、库存战略和运输战略等（见图4.44）。

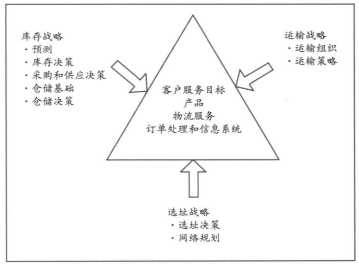

库存战略
· 预测
· 库存决策
· 采购和供应决策
· 仓储基础
· 仓储决策

运输战略
· 运输组织
· 运输策略

客户服务目标
产品
物流服务
订单处理和信息系统

选址战略
· 选址决策
· 网络规划

图 4.44 物流规划三角形

2. 组织管理技术

物流企业组织管理是支撑物流企业得以正常、有效运营的基础。在物流企业发展的不同阶段，应针对物流企业的不同目标和任务，结合外部市场发展需求，对物流企业内部相关资源进行有效整合，建立良好组织结构体系，并在企业发展过程中不断完善其组织结构。良好的组织管理能够使物流企业工作趋于程序化，提高工作效率，有效降低物流企业内部消耗，使物流企业归核化能力大大提高。

3. 客户管理技术

物流客户是物流企业的服务对象。物流客户管理是物流人员通过收集和分析客户信息，把握客户需求特征和行为偏好，有针对性地为客户提供物流产品或服务，发展和管理与客户之间的关系，从而培养客户的长期忠诚度，形成双方共赢的经营策略。物流客户管理是基于物流、资金流、信息流的过程，通过合作伙伴关系来实现信息共享、资源互动和客户价值最大化，并以此提高企业竞争力的一种管理。物流客户管理主要包括物流客户的信息管理、客户分类管理、客户服务管理、客户关系管理等方面。

4. 成本管理技术

物流成本是伴随企业的物流活动而发生的各种费用。物流成本管理就是对物流成本进行计划、分析、核算、控制与优化，达到降低物流成本的目的。物流成本的管理可按物流环节的不同进行管理，可分为运输成本、仓储成本、配送成本、包装成本、流通加工成本、装卸搬运成本和物流信息处理成本等的管理。物流成本管理主要通过预算和控制来进行。物流成本预算是以货币形式及其他数量反映企业未来一定时间内全部物流活动的行动计划，根据物流系统成本控制和绩效考核需要，分解到各部门、各物流环节、成本项目等。物流成本控制是在物流活动中依据物流成本标准，对实际发生的物流成本进行严格的审核，进而采取不断降低物流成本的措施，实现预定的成本目标，实现企业全员控制、全过程控制、全环节控制、全方位控制，实现经济和技术相结合的控制。

5. 信息管理技术

物流信息在物流活动中无所不在，物流信息管理是对物流企业活动产生的信息资源进行采集、传输、存储、处理分析及反馈的过程。为保障信息管理的有效运转，必须建立物流信息管理制度作为信息管理的章程和准则，使信息管理规范化，如建立原始物流信息收集制度、规定信息渠道、提高物流信息利用率、建立灵敏的物流信息反馈系统等。

6. 质量管理技术

物流服务质量指物流服务固有的特性满足物流客户要求和其他相关要求的能力，主要表现为物流服务的技术质量和物流服务的功能质量。物流服务质量包括物流对象质量、物流设施设备质量、物流服务的可靠性、无形的劳动质量等。物流企业质量管理的主要内容主要包括物流服务的质量管理、物流工作的质量管理和物流工程的质量管理。服务是物流企业最根本的职能，物流服务质量是物流企业质量水平的直接体现。物流工作的质量指物流各环节、各工种、各岗位具体工作的质量，受制于物流技术水平、管理水平、设施设备、员工素质等多方面的因素。

7. 流程管理技术

流程管理是一种以规范化构造端到端的卓越业务流程为中心，以持续地提高组织业务绩效为目的的系统化方法。物流企业的服务需要通过一系列的流程来实现，进行有效的流程管理有助于企业着眼于顾客的需求，进行流程的设计和优化，重视输入资源的产出价值，从而有利于物流企业管理水平的提高。有效的流程管理有利于提高物流企业的运营水平，有利于整合不同地域的物流运营和资源。物流企业主要的业务流程管理包括订单业务流程管理、运输业务流程管理、仓储业务流程、配送业务流程管理等。

8. 运输组织管理技术

物流企业运输组织是在企业既有运输网络上，在一定的管理体制的调节和控制下，通过各种运输方式的配合和各运输环节的协作，对整个运输过程中的各个环节进行合理组织、统一使用、调节平衡、监督执行，实现运输工具、装卸机具高效地运转和货流合理流动的一系列过程。物流运输组织管理的内容既包括对运输工具、装卸工具等设备本身的组织与管理工作，也包括对货运市场及货物的组织与管理工作。物流企业运输组织管理包括运输生产计划工作、运输业务组织和运输工具运送组织、运输调度管理等方面。

七、智能物流的推进战略

（一）优化物流政策环境

1. 加大政策扶持力度

研究制定促进现代物流业发展的有关政策，营造良好的行业发展环境。加大政策扶持力度，制定落实具体政策，推动物流政策进一步细化和深入。

（1）经济支持

统筹完善有关税收支持和税费减免政策，调动物流企业积极性。完善融资机制，拓宽融资渠道。设立专项资金，扶持物流业重点建设项目。

（2）土地支持

科学规划仓储设施、配送中心、物流园区等物流设施用地，节约土地，加强管理，切实提高土地集约利用水平。加大土地政策支持力度，对规划的物流园区用地给予重点保障和优先安排。

（3）管理支持

加大对高速公路收费的监管力度，规范道路交通管理，保障物流车辆安全、高效通行。研究制定城市配送管理办法，有效解决城市内部配送难、停靠难等问题，促进物流企业规范化、规模化发展。

2. 促进行业可持续发展

研究制定引导现代物流业发展的相关政策，打造规范有序的物流市场，加强国际合作，注重人才培养，为物流业的可持续发展创造有利条件。

（1）法律法规

立足物流业长远发展，加强对物流领域的立法研究，完善物流的法律法规体系，加大对物流市场的监管，保障物流行业规范有序发展。打破行业垄断，消除地区封锁，逐步建立公平开放的物流服务市场，促进物流业健康发展。

（2）规划引导

引导和推动重点领域和区域物流业的发展，统筹制定专项规划。优化物流业发展区域布局，促进产业集聚，形成全国性、区域性和地区性物流中心和三级物流节点城市网络，促进大中小城市物流业的协调发展。完善城市物流设施，加强物流园区规划布局。

（3）国际合作

引进吸收国外现代物流发展的先进经验和管理方法，开展物流方面的技术合作和政策协调，继续推进物流业的对外开放和国际合作。

（4）人才培养

加快物流人才培养，鼓励企业与高校建立良好的校企合作关系，促进高校教育和企业需求的有效衔接。开展在职员工培训，提高员工对现代物流业发展的适应能力。

（二）推动体系制度改革

1. 加快职能调整

总结政府职能部门对物流行业监管和指导过程中遇到的体制障碍，加快政府职能转变和管理创新，加强对物流业发展指导的落实力度。通过细化政策措施，切实贯彻实施，积极推动物流业又好又快发展。

发改委要会同有关部门加强对各项政策措施落实情况的督促检查，及时研究物流行业发展新情况、解决新问题，为物流业进一步健康发展提出战略性指导意见、创造良好的政策和体制环境。交通委要推动物流基础设施和交通基础设施的整合，优化资源配置，提高基础设施的利用率。商务委要把握行业发展需求和动向，积极促进企业服务模式的创新和物流技术的推广。

2．打破条块分割

加快推进物流管理体制改革，改善部门间的组织协调，打破物流管理的条块分割。鼓励整合、改造和提升现有物流资源，鼓励物流企业跨部门、跨地区、跨行业、跨所有制整合现有物流资源。打破部门间和地区间的分割和封锁，创造公平的竞争环境，促进物流服务的社会化和资源利用的市场化。

（三）加强基础设施整合

1．促进交通基础设施和物流基础设施的一体化

依托铁路、公路、港口、机场等交通基础设施的规划建设，推进物流基础设施建设和网络空间布局优化，促进基础设施和资源之间的有效衔接和配套，提高资源使用效率和物流运行效率。

发展多式联运，加强集疏运体系建设，使铁路、港口码头、机场及公路实现"无缝对接"，着力提高物流设施的系统性、兼容性，努力降低社会综合运输成本，提高运输的可靠性和效率。

重视港口与铁路、铁路与公路、民用航空与地面交通等枢纽衔接不畅带来的货物在运输过程中多次搬倒、拆装等问题，促进物流基础设施协调配套运行，实现多种运输方式"无缝衔接"，提高运输效率。

2．提高既有资源的整合和设施的综合利用效率

以服务需求为导向，充分发挥市场机制的作用，整合现有运输、仓储等物流基础设施，加快盘活存量资产，通过资源的整合、功能的拓展和服务的提升，提高既有资源的使用效率，促进设施的综合利用。

3．加强新建设施的规划协调和功能整合

加强物流基础设施与新建铁路、港口、公路和机场转运设施的统一规划和建设，相互依托，相互促进，避免功能性的重复建设。加强仓储设施建设，合理布局物流园区，完善中转联运设施，保障物流的运作组织顺畅，推进综合运输的协调发展。按照物流基础设施层次和功能分工，通过建设模式、运营模式、服务创新等方面，充分发挥基础设施功能，进一步提高基础设施的网络化服务能力，构建现代物流发展所需的高效基础设施体系。

（四）强化跨行业间沟通

以适应生产者和消费者多样化的物流需求为出发点，搭建跨行业企业间的交流平台，积极推动物流企业与生产、商贸企业的互动，促进物流供需市场和政府之间的信息互通，改善企业之间、行业之间、部门之间的沟通协调机制。综合考虑各行业需求，因地制宜，统筹规划，制定切实有效的扶持政策，营造契合企业需求的成长环境，促进行业间的联动发展。

鼓励制造业物流分离外包，提高核心竞争力。加大农产品物流扶持力度，发展农产品冷链物流，加快构建高效畅通、安全便利的农产品物流体系。实行医药集中采购和统一配送，提高医药物流安全性。加强对危险品物流的跟踪监控，实现规范化管理。鼓励发展面向流通企业和消费者的社会化共同配送，提高物流配送效率。

（五）促进物流技术推广

1．推广物流技术应用

根据我国物流企业的技术水平现状，推动适用性强的物流技术的研发和社会化应用，逐步改善物流行业的技术环境，促进物流企业的技术升级。

支持公共性物流技术的研发和推广，广泛应用条形码、智能标签、RFID等自动识别、标识技术以及EDI技术，实现货物跟踪和快速分拣等功能。

实施物流技术应用示范工程，选择大型物流企业、物流园区开展物流技术试点工作，并在总结试点经验的基础上逐步推广。

2．推进物流标准化建设

结合物流行业现状和发展需要，积极推进物流通用基础类、物流技术类、物流管理类、物流信息类等基础标准的建设，促进物流系统各环节的衔接配合，提高物流作业效率，降低物流作业成本。标准的制定应充分考虑现实条件，广泛听取各地区各行业意见，提高标准化推进过程中的协调配合度。关注国际物流标准化的发展动向，构建与环保标准和贸易标准相吻合、与国际物流通用标准相衔接的标准体系。

加强重大基础标准研究制定和贯彻实施，现阶段重点是加快推进托盘、集装箱、各种物流装卸搬运设施等通用性较强的物流装备和技术的标准化建设，以及供应链流程信息标准化和物流服务规范标准化的建设，形成一整套既适合我国物流发展需要，又与国际惯例接轨的全国物流标准化体系，提高物流运作管理水平。

（六）优先关注发展重点

政府在指导和推进物流业发展的过程中应注重统筹规划、循序渐进。突出重点，优先考虑重点物流项目的规划建设和土地使用，优先推进城市支柱型重点产业的物流服务发展，优先扶持大型企业、龙头企业的物流技术推广和服务创新，优先保障农产品物流等关系百姓民生的政策落实等。因地制宜，研究与当地发展水平相适应、与当地产业规划相契合的物流业发展方案，制定切实有效、操作性强的政策措施，有示范、有侧重地推动物流业发展。

附 录

iCity

• 附录 1 农业文明、工业文明时期的"理想城市"及对生态文明时期"理想城市"的探讨

在城市发展的历史长河中，社会经济体制的变革和科学技术的进步，总是不断影响着城市的结构（经济结构、社会结构、空间形体结构）和推动着人们对城市认识的发展。这种认识，既包含着现实的各种需求，也反映了对未来城市的想象和期望，即希望建设一个什么样的理想城市。这就是构成城市规划观念和指导思想的主要内容。不同历史时期的城市规划观念和指导思想，以及与之相适应的理论和方法，都自觉或不自觉地指导着城市建设的实践。

（一）农业文明时期的理想城市

中国古代拥有悠久的城市规划传统，并集中体现在大量的都城建设活动中。早期的城市以宫城为中心，"方九里，旁三门。国中九经九纬，经涂九轨。左祖右社，前朝后市。市朝一夫"（《周礼·考工记》）。这是早期的理想城市，也是一种规制，体现了奴隶制的等级制度和宗法礼教思想，当时城市的主要职能是政治统治中心。从唐朝开始，中国封建制度下的生产力有了很大发展，生产技术和工具取得显著进步，城镇中商业、手工业和各种行业的发展与自古沿袭下来的"里坊制"规划形制的矛盾愈来愈突出。大致到宋朝，北宋东京（今开封）开始采取一种新的规划形制——"街巷制"，即取消坊墙，使街坊完全面向街道，沿街设置商店，并沿着通向街道的巷道布置住宅。商业和各种行业的布置是开放型的，它们分布在城市各条主要街道上，并按一定专业相对集中布置，"瓦子"则是"娱乐区"。从"里坊制"到"街巷制"的演变，自唐末至南宋，大致经历了300多年才彻底完成。"街巷制"则经过元、明、清一直沿袭到近代，我国现在很多旧城市和旧城区仍然保存着"街巷制"的形制。我国古代这次城市规划形制的演变，是一次极其重要的规划观念的"革命"，它的起因是商品经济和后期受工业技术影响的发展。

从西方来看，15—16世纪的欧洲文艺复兴使人们冲破了精神桎梏，带来人类史上一次伟大的思想解放运动，反映在城市规划和建筑思想上，突出了以"人"为主体来代替"神"的权威。而精

神的解放，工场手工业和商品经济的发展，与中世纪的城市结构明显存在矛盾，促使人们探索规划和建设城市的新观念，从而萌发"理想城市"的思潮。17世纪初，斯卡莫齐（Scamozzi）的理想城市方案是个典型的代表，他所设想的理想城市，中心不是教堂而是市民集会的广场，东西两侧是商业广场，南北是交易所和燃料广场，都处于显要的位置；平面呈多边形的城墙则是出于防御的需要。

（二）工业文明时期的理想城市

如果说以上关于理想城市的观念，只不过反映了在生产力水平相对低下的农业文明时期条件下人们的一些朦胧理想的话，那么19世纪后半期产业革命后人们对"理想城市"的观念就发生了新的质变。资本主义经济的发展带来了人类史上空前的工业发展和城市人口增长，这些发展与原有城市结构的矛盾日益尖锐，出现了大量的城市丑陋化现象，使人们一时陷于束手无策的境地。在此背景下，一些具有社会改革思想的先驱者提出了新的"理想城市"概念，他们的共同特点几乎都是在揭露"城市问题"，并在批判旧城市结构的同时，提出建立新型城市的主张，如欧文（Robert Owen）1825年在新拉纳克（New Lanark）试验的"新协和村"，具有"乌托邦"空想社会主义色彩。直到19世纪末，英国人霍华德（Ebenezer Howard）吸取了空想社会主义"理想城市"概念中某些积极因素，结合他自己的观察和体验，提出了"田园城市"的新概念，又称之为"社会城市"；它集合了城市和农村的优点，第一次打破了城市与农村在空间和形态上截然对立和分隔的旧观念，把城市和农村结合起来研究，为人类提供了一种新型的、城乡结合的结构模式。这种观念实质上反映了一种摒弃旧城市、大城市，崇尚自然，追求新的、理想的城市结构模式的思潮。这种思潮一时甚为流行，且影响深远。虽然它具有理想主义的色彩，但是它对人们的启示以及半个多世纪以来对城市发展实践的导引作用，却有着不可磨灭的意义。

19世纪后半叶是人类史上充满伟大科技发明的时代。虽然1827年开始使用火车是在前半叶，但是从19世纪70年代起，一系列对城市发展有重大影响的发明或发现相继出现了，如钢结构应用于房屋建筑（1870年），电话的问世（1877年），电灯的发明（1879年），电车的出现（1880年），伦敦建成世界上第一条地下铁道（1886年），纽约安装第一部电梯（1889年），汽车正式使用（1907年）等。这些科技成就既为城市建筑、交通、通讯等提供了很大的方便，使城市的空间结构开始发生历史性的变化（100多年后的今

天仍可明显看到），同时也改变着人们发展和建设城市的观念。在此背景下，1882 年西班牙人索里亚·马塔（ArturoSoria Y. Mata）提出沿着铁路干线发展带形城市的主张；1910 年法国建筑师戛纳尔（Tony Garnier）的"工业城"规划，第一次把城市中的工业区、港口、铁路与居住区在用地布局上严格地区分开。1922 年，法国著名建筑师勒·可比西耶（Le Corbusier）提出了关于未来城市发展模式的设想，主张依据减少市中心的拥堵、提高市中心的密度、提高交通运输的效率、增加城市的植被绿化等四个原则对现存城市尤其是大城市本身的内部改造，并以巴黎市中心为实例进行了 300 万人（巴黎市的人口规模）的"现代城市"规划设计。他的有关理论设想后来被写入著名的《雅典宪章》（又称《城市规划大纲》，1933 年），其观念的影响一直延续到第二次世界大战后，近 20 年又开始向地下空间发展。然而，有关城市发展的种种理论畅想，与霍华德建议的"田园城市"构想一起，都只是工业文明时期的理想城市模式而已。现实的城市建设往往是在实际的条件下运行着。

（三）生态文明时期的理想城市

20 世纪下半叶以来，全球经济、社会及科学技术发展进入一个新时期。第二次世界大战期间的一些军事技术开始向民用领域拓展，如原子能、计算机、集装箱运输、卫星通信、航天科学和基因工程等。其中，以计算机（1946 年）、互联网（1969 年）为代表的信息通信技术的发展尤为瞩目，而新近物联网（1999 年）、云计算（2006 年）等技术的发展则进一步加速了这一进程。与前几波科技浪潮相比，这一波科技发展虽然起步较晚，但却具有系统性突出的特点，与生产、生活、建筑、交通、管理等各方面均发生广泛关系。此外，还有一系列的相关科学技术进展，如新能源技术、数字化制造、新型材料、生物技术等，共同推动着产业发展与社会进步。加之全球化石能源日益枯竭，信用泡沫和金融危机引发世界经济秩序重组，所有一切汇集成一股新的时代潮流——正如有关专家和媒体所言，全球开始兴起"第三次工业革命"。"智能城市"正是这一时代背景下的产物，其核心在于一整套相对完整的技术体系：互联网及其控制技术、物联网与传感器网络技术、三网融合及信息交换技术、卫星通信定位及导航技术、可视化与图形显示技术、云计算技术、监控和预警技术、能源网技术（如智能电网等）、智能卡技术、智能管理技术等。

从上述内容及意义上讲，信息化、智能化新技术的发展和应用并不是孤立的，而是与低碳、生态、新能源、新材料和数字化制造等方方面面的内容有着广泛的联系；智能城市既不是一种城市类型，也不是一种城市发展目标，而更多地表现为一种城市发展理念。从社会发展的趋势来看，人类正在从工业文明时期向生态文明时期转变和过渡。中国共产党的十八大报告已明确提出"必须树立尊重自然、顺应自然、保护自然的生态文明理念，把生态文明建设放在突出地位"，"更加自觉地珍爱自然，更加积极地保护生态，努力走向社会主义生态文明新时代"。所谓"智能城市"，正代表了人们对生态文明时代的理想城市的一种追求。

党的十八大以来，以习近平为总书记的党中央提出"中国梦"的重要理念。让人民生活更美好，这是中国梦的重要内涵，也是中国梦的实现前提。随着城镇化率首次超过 50%，中国城镇化发展进入新阶段，追求美好的城市生活已成为越来越多的人的梦想。信息化、智能化等新技术发展无疑正为"城市梦"的实现提供了时代的契机。

那么，人们向往的智能城市，究竟会是一种怎样的图景？这实际上是智能城市发展的目标问题，涉及智能城市未来发展的大方向。从根本上讲，它主要由当前中国城市发展的现实问题、"生态文明"的发展要求以及新科学技术应用的可能性所决定。从中国的现实国情出发，初步考虑可从如下八个方面加以构想。

（1）城市产业（职能）：以高新科技、先进制造和现代服务业为主导，多样化的、有活力、有创新的经济结构，稳固而又能长期支撑城市发展，低能耗、不污染。

（2）城市土地：打破城乡分割，一体化合理利用，集约高效，无土地财政和地产投机。

（3）城市人口：取消二元户籍，人口自由迁移，贫富差距缩小（基尼系数平均在 0.3 左右），人民具有在继承历史、文化、自然等方面保持连续性的观念。

（4）城市住房：人人拥有自己的住房，空间尺度适宜人居，无投资、投机行为。

（5）城市环境：干净、安全、高质量，以公园、生态绿地、河湖水系为主导（绿化面积大于城区面积 3 倍），自然环境和人工环境交相辉映。

（6）交通通讯：免费公交全覆盖，新能源车辆普及，三网融合，多类型、多层次的接触、联系、交往（通讯和交通）和灵活换乘。

（7）公共服务：普及 12 年优质教育，免费基本医疗，多样化、特色

化的文化娱乐活动，公共服务和社会保障均等化，所有城市居民的基本需要（食品、水、住房、工作、安全、收入）能够得到满足和保障。

（8）政府管理：拥有既能广泛吸取群众意见，又能协调各部分利益与矛盾，全心全意为人民谋福利、说到做到的城市政府；在智能决策系统有效支持下城市决策的民主化、科学化和智能化。

（四）未来城市空间结构的演化趋向

在未来的信息社会条件下，城市的性质必将会发生巨大改变，它们将不再是工业社会中典型的生产活动中心，也不再是人们的集中居住中心，城市功能更多地表现在信息控制中心、服务中心等方面。受人们生产、生活方式改变的影响，城市的空间结构也必将产生深刻变化。当前可以预见的变化主要是：

（1）工业生产活动逐渐脱离城市而进行广域化布局，城市空间趋于小型化、专业化，空间布局趋于分散化和区域化；

（2）城乡空间的边界更加模糊，城市空间形态更多地趋向于"网络城市"的模式，即城乡空间格局主要由通讯和综合交通网络所主导，城市更突出地表现为一定区域内网络结构的功能节点；

（3）社区功能将大为强化，在现有以居住功能主导的基础上拓展工作、娱乐和社交功能，社区将成为人们的主要生活单元，成为决定理想城市空间结构的基本空间单元；

（4）城市中心区的"泛中心化"，传统的高层高密度的 CBD 职能逐渐分化，逐渐被更加亲切、宜人且与高品质休闲空间相融合的人性化空间所取代。

此外，未来城市的发展，将会对传统的城镇体系空间结构产生潜在的变革推动力。从根本上讲，"第一次和第二次工业革命时期传统的、集中式的经营活动将逐渐被第三次工业革命的分散经营方式取代；传统的、等级化的经济和政治权力将让位于以节点组织的扁平化权力"[①]。在这一变革进程中，小城镇在保持适度规模、拥有社区凝聚力、打破城市与乡村的藩篱、最大限度地与自然融合等方面拥有显著的优势，这对于改变我国 20 多年来以大城市和特大城市为主导的发展模式，促进城镇化的相对均衡与健康协调发展，将是新的历史机遇。

---

① 全球正迎来第三次工业革命 [N/OL]. 经济参考报，2012-06-07. http://www.china-up.com/newsdisplay.php?id=1427861.

•附录 2　城镇化率首次超过 50% 的国际现象观察——兼论新科学技术应用助推健康城镇化

（一）研究目的与思路

近几年来，关于中国城镇化率首次超过 50% 已成为一个十分热门的话题。上至中央政府的工作报告，下至普通百姓的日常讨论，从会议讨论、学术研究到媒体访谈，不论城市规划、城市建设还是与之相关的各领域工作，都"时髦"于将中国城镇化率超过 50% 与各方面的广泛议题相提并论。但是，在人们的脑海中，却往往并没有清晰的概念，一旦追问起来：作为一个统计概念（或数字），城镇化率超过 50% 究竟有何意义？ 它与城镇化率在之前的 40% 左右或之后的 60% 左右等有何差别或转折？ 2011 年中国 51.27% 的城镇化率是否真实可信？ 它又能说明什么问题？ 都很难回答。

根据城镇化发展的阶段理论，城镇化发展通常要经历三个不同的阶段，而城镇化率达到 50% 之时正处于城镇化发展中期阶段的中间点；从变化趋势来看，在城镇化率超过 50% 之后，城镇化仍将维持快速发展的趋势，但城镇化率的增速逐渐趋缓（见图 A2.1）。在大量的文献中，常常将城镇人口比重超过农村人口比重（即城镇化率超过 50%）作为某一国家（或地区）发展成为城市化国家（地区）或实现现代化的一个重要标志（唐子来和周一星，2005；李克强，2010；周锦尉，2012；段成荣和邹湘江，2012）。温家宝总理在 2012 年政府工作报告中指出，"城镇化率超过 50%，这是中国社会结构的一个历史性变化"（温家宝，2012）；经济学家认为，"城镇化率超 50% 是工业化的巨大成果，意味着第一产业的比重逐步降低，二、三产业的比重越来

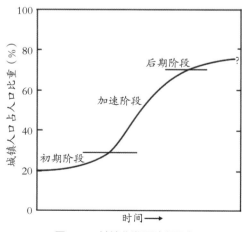

图 A2.1　城镇化发展阶段示意

越高，代表了生产方式的转变"①；政治经济学者认为，"这在中华民族的发展历史上是一个具有标志意义的重大历史事件，意味着中国从一个农业大国迈入一个城市化的工业大国的门槛"②；人口和社会学家指出，"这是前所未有的社会事件，可以预见整个社会的思想观念、物质和文化生活等方面都将随之发生深刻变化，城市管理、社会公平等方面也将面临诸多挑战"（段成荣和邹湘江，2012）；中央电视台评论则提出，"城镇发展，也就是我们市长这个角色就慢慢地凸显出来"③……这些认识对于辨识城镇化率超过50%的科学内涵具有十分重要的价值。但是，它们较多地表现为一种理论性或理念式的描述。如何才能获得更进一步的科学实在认识？

认识一个国家或地区的发展问题，只有放眼于更宏观的全球视野，才能获得较为清晰的概念。同时，城镇化发展作为某一国家或地区社会经济发展的过程与结果，必须立足于动态发展的渐进演化过程，才能更有利于探寻相应的规律及发现问题，因此"历史"的观念也就十分重要。从全球城镇化历程来看，有不少国家已经完成快速城镇化发展阶段而进入到相对成熟与稳定的高级城镇化阶段。对于中国城镇化现状的科学认识而言，观察这些国家的城镇化发展历程及其经验教训无疑具有十分重要的借鉴意义。

关于中国城镇化发展的国际比较研究需要在相对可比的框架内进行。全球范围内大约有24个国家与中国具有相对的可比性④，它们在经济和城镇化发展方面表现为三个不同的梯队（李浩，2013）。以此认识为基础，本研究从这24个国家中选择城镇化率相对较高（即已完成快速城镇化阶段）的8个具有典型代表性的国家开展比较研究。根据较权威的《联合国城市化报告》（每隔一年予以更新）和 The Making of Urban Europe, 1000—1994（《1000—1994年欧洲城市化进程》）（Hohenberg & Lees，1995）等文献中相对可靠和可比的数据，笔者绘制了这些国家的城镇化发展历史曲线（见图A2.2）。从统计数据来看，这8个国家城镇化率首次超过50%的具体年份分别是：英国为1850年、德国为1892年、法国为1931年、美国为1918年、墨西哥为1959年、巴西为1965年、日本为1968年、韩国为1977年。

① 曹茸. 中国城镇化率首超50%就业和社会保障等问题待解 [N/OL]. 农民日报，2012-03-14. http://finance.sina.com.cn/nongye/nyhgjj/20120314/154211588938.shtml.

② 周锦尉. 我国城镇人口首超农村意味着什么？[EB/OL]. 东方网，2012-02-15. http://pinglun. eastday.com/p/20120215/u1a6364369.html.

③ 杨禹. 两会热评：城镇化率首超50%的思考 [EB/OL]. 新浪网，2012-03-13. http://news.sina. com.cn/c/2012-03-13/184124108810.shtml

④ 即国土面积超过200万 km² 或 GDP 超过6500亿美元的国家或地区（包含中国在内）。参见李浩（2013）。

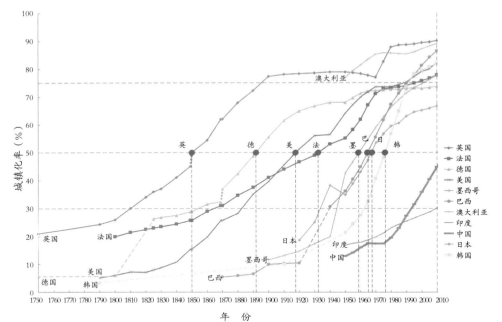

图 A2.2　世界典型国家的城镇化历程

资料来源：1950 年以后城镇化率数据统一取自历年《联合国城市化报告》；1950 年以前的城镇化率数据，欧洲国家取自 *The Making of Urban Europe, 1000—1994*（Hohenberg & Lees, 1995），其他国家的通过查询有关统计公报等多种方式经过甄别得到

　　需要强调的是，本研究就典型国家城镇化率超过 50% 的有关讨论，绝非刻意为其进行"辩护"，而是希望遵循历史唯物主义的观念，从客观现象的观察出发，通过对各方面线索的梳理，对历史现象的发生所可能代表（或体现）的客观规律性进行归纳，然后分析现象及规律背后的内在原因，进而结合中国的有关情况加以讨论。为了避免"就 50% 论 50%"的思维局限，本研究对历史现象的观察，并不仅仅关注于城镇化率超过 50% 的具体年份这一时间节点，而是将其前后的一段相对较长的特定历史时期作为研究对象，期望在"大视野"中把握"大趋势"。当然，由于论题的宏大属性，本研究还只是探索性的尝试，期望抛砖引玉，引发同行的批评和讨论。

　　（二）典型国家的历史现象观察：城镇化率超过 50% 的时代背景与大事件

　　1. 1850 年前后的英国

　　在现代意义上，城镇化是人类进入工业社会后的一种社会发展现象。英

国是工业革命的发源地，也是世界上最早实现工业化和城镇化的国家。从时代背景来看，1850 年前后正是英国十分鼎盛的维多利亚时代；自 18 世纪 60 年代开始工业化进程以来，工业革命的完成使英国成为世界头等强国；1848 年英国的钢产量超过世界其他国家的总和；1851 年伦敦举办首届世界博览会（又称万国工业博览会），展示了一流的工业技术成就。在这一时期，伴随工业革命浪潮在西欧的传播，竞争日益加剧下英国的对外开发步伐加快，海外殖民主义获得大发展。英国于 1849 年废除了实行 200 多年的《航海条例》，1853 年取消沿海贸易限制（外国船只享有同等地位）和 123 种货物的进口税，经济自由化发展。随着城镇化的迅猛发展，国内就业困难，国外殖民扩张加快，1820—1850 年间英国向澳大利亚大批移民（澳大利亚总人口从 3.4 万发展到 41 万，增长 11 倍），1849 年基本完成对印度的征服，使之成为英国投资场所，英国因此自诩为"日不落帝国"。同时，海外殖民扩张也成为英国农村剩余劳动力转移的重要方式之一。

从城市发展状况来看，1850 年前后的英国呈现大城市人口膨胀、空间高度拥挤、居住环境恶化的特点。1851 年伦敦人口比 1810 年增长 1 倍（从 1810 年的 100 万增长到 1851 年的 200 万，1881 年又增至 400 万），但城市半径只从 2mi（3.2km）发展到 3mi（4.8km），人口高度密集。饮用水污染严重，1832 年、1848 年和 1866 年发生三次大规模流行性霍乱，1854 年 J. 斯诺医生研究发现霍乱发生与受污染机井的联系；婴儿死亡率极高，1840—1841 年利物浦每千名婴儿中有 259 人在 1 岁以内死亡。正是在此背景下，恩格斯 1845 年发表《英国工人阶级状况》，1848 年《共产党宣言》单行本正式在伦敦出版。

从政府的应对来看，伴随城镇化的快速发展，英国的公共政策与现代城市规划日益兴起。在 1850 年前后，英国发布了一系列重要的政府报告，如 1840 年的城市卫生报告、1844—1845 年的大城市状况报告，1855—1870 年发动贫民区"大扫荡"运动。在相关报告的基础上，为了有效应对各类城市发展问题，通过立法来确定相应的公共政策，成为英国的独特传统。这一时期的重要立法如 1848 年的《公共卫生法》、1855 年的《消除污害法》和 1866 年的《环境卫生法》等。这样的社会环境，促使有关现代城市规划的理论思想和实践探索开始在英国起源并逐步发展。正如意大利著名建筑历史学家贝内沃洛所言："现代城市规划始于 1830 年至 1850 年之间，起源于英国和法国这两个工业化已经取得长足发展的国家"（阿尔伯斯，2000）。而 1898 年霍华德所著《明日的田园城市》、1912 年昂温所著《拥挤无益》和 1915 年格迪斯所著《进化中的城市》等，则代表着英国现代城市规划理论的进一步发展和完善。

2. 1892 年前后的德国

基于临近英国和地处欧洲地理中心的独特区位，以及煤炭、钢铁的资源优势，德国继英国之后实现工业化和城镇化的快速发展，并于 1892 年城镇化率首次超过 50%。从历史发展来看，德国自 19 世纪 50 年代（即英国城镇化率超过 50% 的时期）工业化发展开始起步，19 世纪 70 年代主导第二次工业革命，成为英国在欧洲的主要工业和军事竞争对手，并逐渐超过英国而成为世界头号经济体；1871 年普法战争结束（击败法国并完成以普鲁士为主体的统一）至 1890 年期间正是德意志帝国民族统一、经济繁荣的辉煌时期，此后于 1914 年发动第一次世界大战。

就城市发展状况而言，德国与英国有诸多类似之处，也处于各类城市问题的凸显时期：城市人口呈现爆发式的增长，1871—1890 年柏林人口增长将近一倍（从 80 多万增加到 160 万）；土地占有高度集中，国有化呼声高涨，据 1874—1876 年土地调查，1/4 的城市土地掌握在仅 1 200 个人手中；房租和居住质量等居住环境问题突出。随着社会发展进步与人们生活水平的提高，在许多的城市建设项目中，卫生条件、公共健康、阳光和空气质量必须达到相关标准。

从政府的应对来看，德国效仿英国，更前瞻性地制定城镇化健康发展的公共政策。譬如，较早在主要大城市成立城市统计局（法兰克福于 1865 年，柏林于 1868 年，科隆于 1876 年），关注人口发展、死亡率等问题；1874 年德国建筑师和工程师联合协会首次集会，提出《城市扩展的基本特点》（赖因博恩，2009）。德国在这一时期相关的主要立法包括 1870 年的《道路红线法》、1874 年的《土地和建筑征用法》和 1875 年的《普鲁士建筑线条例》等，从而建立起具有现代意义的综合性的城镇扩展法制框架。

19 世纪末期，是德国城市规划理论与实践的活跃期，同时开创了现代城市规划理论起源的一个重要分支。1891 年，法兰克福市颁布《分级建筑规则》（早于美国的《区划法》），是国际上采用"区划法规"（zoning，我国称控制性详细规划）进行土地利用规划管理的开端，也是国际现代城市规划发展的一个重要里程碑和转折点，促使德国通过法制手段更加理性、有效地应对城镇化发展的相关问题。这一时期德国的重要规划活动包括 1862 年完成柏林市建设规划，1896 年鲍迈斯特编制第一部城市规划大纲，1902 年成立"德意志田园城市协会"开始田园城市运动，1903 年德累斯顿举办第一次德国城市规划展览等。

重要的理论成果如 1889 年卡米洛·西特出版的《遵循美学原则的城市规划》（城市规划的艺术性），1896 年特奥多尔·弗里奇出版的《未来的城市》等。

与英国有所不同的是，德国在应用先进科学技术助推城镇化健康发展方面形成了鲜明的特色。这主要是在德国的工业化和城镇化发展过程中，工业革命逐渐走向成熟，而由于德国主导第二次工业革命，不少新技术又得到了广泛应用，如早期非常昂贵的蒸汽机等得到更廉价的使用，生产效率得到很大提高，同时人们对人居环境也产生更高的要求。特别值得一提的是，早在 1865 年柏林出现有轨马车，1877 年卡塞尔出现蒸汽式有轨电车，1891 年哈勒第一个实现街车电气化线路，这是全球第一个现代化公共交通系统的率先应用。在这一时期，小汽车虽然已经发明（1886 年）但尚未得到普及使用，而高速、可靠和大运量、低运费的公共交通系统则领先建立起来，这就为城镇空间发展的有机疏散、城市和区域的互动发展创造了有利条件。在这一时期，德国的大城市人口虽然增长很快，但却并没有像伦敦那样走向恶性膨胀。直到近几年，德国人口规模超过 100 万的城市只有 4 个，最大城市柏林的人口不过 346 万（2010 年年底）。另外，相对英国而言，德国的城镇化率并没有达到很高的水平，在城镇化率达到 50% 的时候，已处于从快速城镇化阶段的中期向后期过渡阶段，而城镇化率超过 65% 以后即进入城镇化发展的成熟期（见图 A2.2）。

3. 1918 年前后的美国

作为一个典型的移民国家，美国于 1918 年城镇化率首次超过 50%（同样作为移民国家的邻国加拿大是在 1921 年前后，情况类似）。从美国的发展历史来看，1865—1920 年为其工业革命和经济发展的最重要时期，整个 20 世纪 20 年代为经济繁荣期，之后进入经济大萧条直至二战。1918 年前后为第一次世界大战之后美国的工业化和经济腾飞时期，这一时期美国举办了多届世博会（1987 年费城、1893 年芝加哥、1904 年圣路易斯、1915 年旧金山、1926 年费城、1933 年芝加哥、1939 年纽约等），而 1904 年举办的圣路易斯奥运会是奥运会历史上首次在欧洲之外的国家举办。

从社会发展来看，1918 年前后美国的科技发展和应用取得长足进步。1910 年农业基本实现机械化，农业生产率极大提高；20 世纪 20 年代城市居民住宅通电比例从 10% 上升到 50%。与英国和德国显著不同的是，美国的幅员辽阔，在国家政策方面，20 世纪 20 年代以后美国的西部大开发（自 18 世纪 80 年代起步）走向深入，从农业开发转向工业化发展。1860—1910 年间美国中西部城市人口从 600 万增加到 4 200 万，洛杉矶取代旧金山、奥克兰成为西海岸最大的制造业中心和港口（王旭，2006；利维，2003）。

美国的城镇化是移民和工业化发展共同作用的结果。作为移民国家，其城市人口甚至部分农业人口大量由移民而来，由此造成城镇化呈现长期持续发展趋势，阶段特征不十分显著。但是，1918 年前后仍然可以称作城镇化的鼎盛时期：1915 年总人口突破一亿大关，1917 年的《文化测验法》和 1921 年的《移民限额法》旨在遏制欧洲移民潮；东北部地区成为高度城镇化地区，不足 10% 的面积承载全美制造业就业人数和产量的 70% 以上，全国 2/3 的汽车产自底特律；与此同时，都市区逐渐成为城镇化发展的重点和主体形态。

机动化发展和郊区蔓延是美国城镇化发展的显著特点。1908 年福特公司开始成批生产"T"型汽车，汽车逐渐普及。1920 年美国的汽车登记数为 823 万辆，1929 年增加至 2 312 万辆。与德国不同的是，当美国开始机动化大发展的时候，其公共交通网络尚不发达，更缺乏大容量的快速交通系统，由此造成以小汽车使用和住房建设运动主导的"郊区化"大发展：1920—1921 年劳工部发起"拥有自己的住房"运动，20 世纪 20 年代售出 350 万套新住房。这就造成了一系列突出的问题：建设用地低密度蔓延、资源环境过度消耗、中心城区衰退、非人性化等一系列问题，而超前消费和股市投机泡沫等则引发了 1929 年的经济大危机。

与英国、德国极为类似，美国城镇化率超过 50% 的时期也是其公共政策及现代城市规划体制得以确立的时代。但与英国、德国所不同的是，美国公共政策及城市规划体制体现出私权至上的重要特点，譬如，其高速公路政策就为郊区化发展起到了推波助澜的作用：1916 年通过《联邦资助道路建设法》，1921 年通过《联邦公路法》，修建公路成为政府第二大财政支出项目，高速公路系统取代城市间铁路，本来基础就较薄弱的公共交通进一步走向衰退。正如彼得·霍尔所言，美国是一个由猖獗的个人主义左右着经济发展和土地利用的地方（霍尔，2008）。正是在这样的背景下，起源于德国的、旨在控制拥挤和防止外部入侵的区划理论开始在美国付诸实践：20 世纪 20 年代分区条例在全国范围内普及：1901 年洛杉矶制定土地使用分区管制规划，1916 年纽约市制定分区规划，1924 年联邦出台《州分区授权法》。同时，以 1906 年的《芝加哥规划》和 1917 年美国城市规划师学会（AIP）的成立为主要标志，美国现代化城市规划的基本观念也得以创立，在对社会问题的关注、动态更新规划、公众参与等方面具有显著特色。

4. 1931 年前后的法国

作为西欧的重要国家之一，法国城镇化率首次超过 50% 是在 1931 年，这一时期正是第一次世界大战胜利后的法兰西第三共和国时期，国际经济呈现动荡格局，特别是经历 1929—1933 年的大危机：华尔街股市暴跌，金融崩溃，引发大规模失业（据 1932 年数据，美国失业人口为 1 370 万，德国为 560 万，英国为 280 万）；农业衰退，激起作为共产主义替代物的浪漫—极权主义政治运动（如德国纳粹）。法国城镇化率首次超过 50% 的时期要显著晚于其毗邻的英国和德国，以及远在大西洋彼岸的美国。究其原因，主要是法国的国土以农业地区为主，没有像英、德工业化发展所依赖的集中性大煤田，除了北部靠近比利时边境地区外无大型工业。因此，虽然法国的工业化和城镇化是在紧随英国之后起步，但城镇化发展却呈现出时间较长、速度较慢的特点，其快速城镇化阶段（城镇化率从 1850 的 25% 到 1975 年的 73%）较英国持续的时间更长（法国为 115 年，英国为 100 年）。虽然以 1855 年、1867 年、1878 年、1889 年、1900 年和 1925 年等连续多届的巴黎世界博览会为标志，法国在城镇化率超过 50% 之前的很早时间就已确立其世界强国地位，但其工业化和城镇化发达的地域主要集中在大巴黎地区，而作为整体的国家层面的城镇化水平则长期处于较低状态。

大城市人口膨胀、交通拥堵和环境恶化等，同样是法国城镇化发展方面的突出问题。此外，法国还有区域发展不平衡的显著特点，即大巴黎地区发展迅速，其他地区长期停滞甚至衰退。巴黎大区以 2% 的国土面积承载 19% 的人口和 29% 的工业、就业；西部乡村地区面积占 55%，人口占 37%，工业就业岗位却只占 24%（1960 年数据）。这种状况的存在，除了自然地理因素外，与法国在 1980 年以前的高度中央集权的体制也有重要关联。而 1931 年前后也是法国"大城市病"恶化之后的城市公共政策调整时期：1853—1871 年奥斯曼进行巴黎改造，1925 年勒·柯布西耶出版《明日之城市》，1933 年发表《雅典宪章》（现代城市规划大纲）。

5. 1959 年前后的墨西哥和 1965 年前后的巴西

墨西哥和巴西是拉丁美洲的两个重要国家，其城镇化率首次超过 50% 分别是在 1959 年和 1965 年。两个国家所处的时代背景极为相似，都是经济发展较快，工业化加速，从农业国家向工业国家转变的重要时期：1945—1980 年巴西人均年收入平均增长 2.7%；1965 年墨西哥实施工业发展计划，在边界地区设立自由区、采取特殊关税政策，吸引美国公司入住，北部地区工业获得大发展。就发展模式而言，墨西哥和巴西基本上都是实行以进口替代作为基础的工业化，农产品出口赚取大量外汇成为工业化主要财源之一。这种模式虽然使国家经济获得较快的发展，但却造成农业逐渐衰败和就业困难等突出问题：墨西哥 1965 年后农业增长率明显下降，从粮食自给自足转变为大量依赖进口；进口产品为资本密集型，就业机会较少；第三产业过度膨胀（就业人口比重多在 60% 以上），非正规就业不断扩张（非正式部门在墨西哥城经济活动中的比重约占 50%）。由此造成沉重的债务负担：对西方国家在资金、技术、生产设备和原材料等方面高度依赖，外贸逆差日益扩大，20 世纪 80 年代债务危机爆发后经济发展陷入困境。

从城镇化和城市发展状况来看，墨西哥和巴西呈现超前于工业化的快速、"过度"发展特点。其诱因主要是：二战后出生率上升、死亡率下降，总人口及城市人口急剧增长（1940—1950 年墨西哥城市人口年增长 5.9%）；农村人口转移的压力，即历史上的大地产制度，广大农民无地、少地，而农业机械化发展摧毁了农村手工业，农村劳动力被进一步排挤，农村地区贫困化推动人口向城市转移；由于自发移民潮的失控，对移民不加控制（或缺乏有效控制措施），形成移民向大城市集中的突出现象。两个国家的城镇化发展十分迅猛。就城镇化快速发展阶段而言，巴西持续了 60 年，墨西哥持续了 45 年，其城镇化率年均增长均在 1% 左右，不仅超过了 19 世纪西方国家的工业化和城镇化速度，也超过了自身工业化和经济发展的速度，出现"过度城镇化"。

由于城镇化发展的失控，大城市人口过度膨胀，引发区域失衡、就业困难、城市配套不足等一系列问题，形成严重的"大城市病"。首都人口占全国人口的比重分别为：巴拿马 66%，海地 56%，多米尼加 54%，乌拉圭 52%，尼加拉瓜 47%，阿根廷 45%，智力、巴拉圭、玻利维亚均为 44%（1980 年数据）；巴西圣保罗州和里约热内卢州占国土面积的 0.34%，集中近 30% 的人口和 46.5% 的 GDP（范红忠和周阳，2010；张宝宇，1989）。巴西城镇人口年均增长高达 5%~7%，城市建设投资难以适应人口增长需要；贫困问题突出，5%~30% 的城市居民住在贫民窟；圣保罗州贫民窟超过 1 500 多个，墨西哥城非正规住宅占 40%（1980 年数据）；环境卫生问题严重，1991 年霍乱蔓延，秘鲁引发 32 万例患者，2 600 人死亡。

针对诸多城镇化和城市发展问题，墨西哥和巴西两国政府也实施了一系列的公共政策。以巴西为例，1960 年实施迁都（从里约热内卢迁往巴西利亚），旨在推动中西部发展；1966 年联邦政府制定全国地方统一规划体制，意在加

强城市规划管理；1969 年选定 457 个城市实行优先发展政策；等等。但是，由于城镇化与工业化和经济发展关系的内在失衡，诸多城市发展问题仍在进一步恶化之中，大力推行的公共政策和城市规划"无力回天"。

6．1968 年前后的日本

日本城镇化率首次超过 50% 是在 1968 年。从时代背景来看，这一时期正是二战后日本经济的高速增长阶段：1956—1972 年是朝鲜战争后日本工业化发展的黄金时期，18 年间工业生产增长 8.6 倍，年均增长 13.6%，其中1965—1970 年又被称为伊弉诺景气的经济空前高速增长时期，1968 年超过德国跃居世界第二经济大国。在这一时期，日本举办了一系列的大事件，如1964 年东京奥运会，1970 年大阪、1975 年冲绳和 1985 年筑波等多届世博会。

从城市发展状况来看，日本也呈现城镇化快速发展、城市病突出的特点。日本的土地以私有制为主，20 世纪 70 年代初提出日本列岛改造论后进入一个全面开发时期，土地资源高度紧张；随着小汽车的大量使用，交通拥挤、住房紧张等大城市问题尖锐，环境逐步恶化，1971 年公害案件比 1960年增长了 3 倍，1973 年、1979 年两次出现石油危机（付恒杰，2003）。

为了有效应对各类城市发展问题，日本政府积极实施了一系列强有力的政策干预，通过"技术立国""教育立国"和新农村建设等重大战略推动经济和城镇化健康发展：1950—1973 年引进技术 2 019 万项，是世界上引进技术最多的国家；1950 年普及义务教育，1970 年高中毕业升入大学者达 23.6%；20 世纪 70 年代中期农业发展基本实现从耕作、插秧到收获的全面机械化，1973 年正式启动"村镇综合建设示范工程"。1968 年前后的重要立法包括：1962 年《煤烟限制法》，1966 年《城市住宅计划法》，1967 年《公害对策基本法》，1968 年《新城计划法》和《农振法》，1970 年《建筑基准法》修订，1972 年《自然环境保护法》，1974 年《国土利用计划法》。同时，日本还连续五次实施全国综合开发规划：第一次 1961—1968 年，第二次 1969—1976 年，第三次 1977—1986 年，第四次 1987—1997 年，第五次 1998—2008 年，从而为经济和城镇化的健康发展创造了有利条件。

7．1977 年前后的韩国

毗邻日本的韩国于 1977 年城镇化率首次超过 50%。其时代背景与日本有很大的相似性，均可概括为通过战略转型实现经济高速增长：1962 年实施出口导向型发展战略后开始迅速工业化过程，20 世纪 60 年代至 70 年代为经济奇迹起飞阶段；尤其是在 20 世纪 70 年代以后，韩国依靠经济增长方式、产业结构和经济增长动力结构的转变，实施了发展战略的重要转型，即从 1953—1961 年进口替代出口战略、1962—1971 年轻纺工业出口导向战略，逐步转变为 20 世纪 70 年代的重化工业战略和 20 世纪 80 年代的技术立国与经济稳定增长战略。

韩国的城镇化呈现出高速发展的特点，城镇化率从 1960 年的 28% 到 1995 年的 78% 仅用了 35 年，城镇化率年均增长 1.43 个百分点。韩国自 20 世纪 60 年代开始农村人口向城市的大规模、持续移民浪潮，20 世纪 70 年代后期规模更大。同时，农地大量流失，土地价格上涨，20 世纪 70 年代平均涨速达 6.4%，20 世纪 80 年代地价上涨率高过 16.2%。

与法国、日本等相似，韩国的城镇化呈现出空间极化发展特点。面积占全国 11.7% 的首尔都市圈，其总人口占全国的 48.1%；国土面积 0.6% 的首尔容纳了全国总人口的 1/4 以上。这与韩国的特殊国情密切相关：国土面积 $9.9 \times 10^4 km^2$（约为中国的 1%），其中山地占 70% 以上，平原不足 20%。为推动经济和城镇化的健康发展，韩国政府积极实施"政府主导性增长战略"，进行有效的计划性干预。1977 年前后的重要立法包括 1972 年的《国土利用管理条例》，1977 年的《产业布局法案》和《环境保护法》，旨在推动人居环境建设。1976—1980 年发动"新村运动"，1977 年开始强调村容村貌建设。此外，韩国政府还推进了三次国土综合开发规划：第一次（1972—1981 年）首都圈与东南沿海工业区的节点式开发；第二次（1982—1991 年）引导人口向地方转移，新城开发；第三次（1992—1999 年）推进西海岸产业区和地方分散性国土开发国际化与对外开放。

（三）启示与思考：兼论中国城镇化发展现状

1. 城镇化率超过 50% 的划时代意义

从历史现象来看，城镇化率达到 50% 左右的时期，是很多国家经济快速发展的黄金时期，通常举办国际重大事件（世博会、奥运会等）、实施对外扩张，确立其世界强国地位。同时，在英国、德国、美国、日本等国家的城镇化率先后达到 50% 的时期，世界经济强国的"交椅"也在它们之间进行"接力式"转换，如 19 世纪末德国成为英国的主要竞争对手并在经济上超过英国，一战后美国取代德国成为世界头号经济强国，20 世纪 60 年代末日本超过德国跃居世界第二经济大国。历史发展到今天，这一"接力"仍在继续：

伴随着城镇化率首次超过 50%，中国已于 2010 年首次超过日本而成为世界第二大经济体；2008 年北京奥运会、2011 年上海世博会的成功举办，再次续写了"大国崛起"的历史新篇章。虽然各界对于我国的城镇化率数据仍有很大争议，但也正如有关学者的专门研究所指出的，我国现行城镇人口的统计口径基本上符合目前国际上通行的城乡划分原则和标准，不应因为城镇化进程中某些问题的存在而否定我国已有半数以上人口聚居于城镇且拥有国际公认的城镇人口基本特征的事实（朱宇，2012）。

那么，各国城镇化率超过 50% 与经济发展繁荣之间，究竟是一种偶然的巧合，还是有着必然的关联？深入思考其实并不难理解，在历史现象的背后，反映出的正是某一国家或地区经济发展水平与城镇化水平之间的相关性：一方面，经济发展带动了人口聚集与城镇化；另一方面，城镇化的发展反过来又对经济发展起到了重要的拉动和促进作用。因此，城镇化快速发展到一定阶段，也就伴随着经济发展水平的阶段性提升，而经济繁荣乃至"大国崛起"也就在情理之中了。

2. "相似的现象背后，有各不相同的故事"

从历史现象来看，各个国家在城镇化率达到 50% 的时候，大都处于工业化和城镇化的快速发展时期；就发展趋势而言，在城镇化率超过 50% 以后，各个国家的城镇化普遍仍然进一步发展，并且经过 15~50 年左右的时间以后进入城镇化发展的成熟阶段。但是，在较为相似的现象背后，各个国家社会经济及城镇化发展的情况却各不相同，譬如大片农业地区的法国与煤炭、钢铁资源丰富的英国和德国，国土辽阔的美国与面积狭小的韩国、日本等，包括城镇化发展的动力机制、城镇化发展的国际环境和外部条件等，都存在显著的差异，城镇化发展的问题和矛盾也不尽相同。这既源于各国自然地理、社会经济及文化方面的差异，也源于城镇化发展所处历史时代及相应的科学技术发展条件等的不同。可见，对于不同的国家而言，"城镇化率达到 50%"有着截然不同的内涵及其历史意义。

对于中国而言，毫无疑问，"城镇化率超过 50%"的内涵与我国城镇化发展所具有的鲜明的"半城市化"特点密切相关。我国的城镇化率统计指标高于实际的户籍非农业人口比重 15 个百分点左右[①]，城镇人口中有高达 1/3 的

[①] 根据第六次全国人口普查数据公报，2010 年年底我国城镇人口约 66 557.5 万，占总人口的比重为 49.68%；根据公安部 2010 年《全国分县市人口统计资料》，2010 年我国户籍非农业人口为 45 963.7 万，占总人口的比重约为 34.17%。二者相差 15.51 个百分点。

比重（规模超过 2 亿人）属于"候鸟式"迁徙的流动人口群体，他们既不可能回到农村从事农业生产，也难以享受城市中的教育、医疗、文化等公共服务设施和社会福利，难以融入城市生活和定居，这就造成十分独特的"二元"社会结构，也构成了社会不稳定因素。就此而论，"半城镇化"无疑是我国城镇化的最突出特点。针对中国的特殊国情，城市发展与城市治理的重点首先应当放在"两栖"农民工群体"市民化"的政策设计上来。而实现农民工群体在中国未来城镇化进程中的"安居乐业"，或许正是中国特色城镇化道路的核心内涵所在。

3. 发展模式的战略性调整及政府作为

从各个国家的城镇化发展现象来看，城镇化率达到 50% 左右的时期，往往既是城镇化的持续发展期，也是城市建设矛盾凸显期和城市病集中爆发阶段。这就迫切需要发展模式的转变，通过区域政策、城市规划等有效的政府干预和综合调控手段，促进城镇化与社会经济的健康协调发展。墨西哥、巴西与日本、韩国为典型的对比案例，4 个国家同样处于二战后人口剧增、工业化大发展等相似的时代背景，但是由于发展思路与模式的差异，经济发展与城镇化出现了截然不同的结果：日本和韩国通过战略转移、技术和教育立国以及规划调控等有效的政府干预措施，实现了城镇化与经济发展的相互协调与促进；而巴西和墨西哥却长期采取较为单一的进口替代战略实现工业化发展，未能进行及时的战略性调整，从而导致大规模人口盲目迁移与"过度城镇化"的持续发展。应该承认，这与它们陷入"中等收入陷阱"有很大的内在联系。事实表明，在城镇化率达到 50% 左右的历史时期，致力于进行国家发展模式的战略性调整，着力推进城镇化与经济发展的协调推进等，对于实现城镇化的长期健康稳定发展意义重大。

就中国的城镇化发展而言，改革开放 30 多年来的快速城镇化发展形成了鲜明的模式特点：从动力来看，主要是发端于外向型特征的沿海经济高速发展的需要；从对象来看，主要是农民通过打工、经商、上学、当兵等多种形式转变身份移居城镇，但是他们在农村的承包地、宅基地在政策上予以保留，使大规模的人口迁移保持稳定；从运作模式来看，开发区、新区和新城建设是政府推动城镇化发展的主要形式；从空间表现来看，呈现出以东部沿海地区主导的非均衡发展格局。多年来持续快速的城镇化发展，有力地支撑了中国经济的持续高速发展，为中国赢得了制造业发展的竞争优势，使中国成为全球第二大经济体。在一定意义上可以讲，没有数以亿计的农村人口

向城市迁移的城镇化过程，我国持续 30 余年的经济高速增长几乎是不可能的。但是我们也要清醒地认识到，当前我国城镇化发展已进入新阶段，包括以 2008 年金融危机为标志，我国经济发展模式转向外源、内需双轮驱动，城镇化发展的动力机制发生变化；"80 后" "90 后"新生代农民工逐渐成为流动人口的主体，他们的生活方式、价值取向等发生深刻变化，"候鸟式"生存方式的挑战越来越突出；城镇化发展造成的生态环境危机日益突出，社会群体性事件频发，农业发展严重滞后；等等。面对新的形势和新的发展阶段，及时调整国家发展战略和城镇化模式，已迫在眉睫。概括来说，中国未来的城镇化发展必须探索一条不以牺牲农业和粮食、生态和环境为代价的，新型工业化、农业现代化、信息化与城镇化协调发展的新模式，努力形成资源节约、环境友好、经济高效、文化繁荣、社会和谐的城乡全面健康协调可持续发展的新格局。

4．新技术的发展与应用

虽然城镇化率达到 50% 左右的时期往往是各类城市发展问题的集中爆发期，对此让人感到由衷的无奈，但是，从德国的身上，我们似乎看到了城镇化健康发展的希望所在，这就是新技术的发展与应用。同样是交通技术的发展与应用，以有轨电车为代表的轨道交通技术和小汽车技术，分别投影到德国和美国却产生了截然不同的社会影响，前者有力推动了城镇化的健康发展，后者却造成了城镇化发展中难以解决的突出问题（郊区化）。当前，科学技术发展仍在突飞猛进，特别是信息和智能化新技术，低碳、生态技术等，对于优化城镇空间布局、提高资源利用效率和改善环境等具有重要实践价值，无疑为"后发"国家的城镇化健康发展提供了可能。当前，中国正拥有这方面的"后发优势"。当然，科学技术发展不可能"自动"地、"智能"地助推城镇化发展进入健康轨道，必须综合考虑政治、经济和文化等多种因素，加强科学研究，予以因势利导和综合调控。因此，国家应从战略层面上高度重视信息、智能化技术和低碳、生态技术在城镇化发展进程中的引导和应用，切实提高城镇化发展的质量。

5．城市规划理论的创新探索

作为一种公共政策和城市治理手段，城市规划的理论和实践发展与城镇化密切相关。纵观英国、德国和美国的快速城镇化发展，都为现代城市规划理论的创立提供了生长的"土壤"，而各国国情条件的差异，又使其现代城市规划理论各具特色。回顾我国城市规划发展的历程，前 30 年以学习和模仿"苏联模式"为主，后 30 多年则广泛借鉴欧美等国的规划理论和方法；60 多年来的城市规划发展，虽然也在规划体系、规划程序和内容方法上形成一套基本制度，但正如有学者所言，"一流的规划实践，二流的规划理论"，城市规划实践与社会经济和城镇化持续、健康发展的要求之间存在着显著的差距，适应时代发展诉求的、具有中国特色的现代城市规划理论亟待建立。可以预测，未来 10~20 年我国城镇化仍将保持持续较快发展的势头，这将是城市规划发展的重要战略机遇期。从我国的国情和城镇化发展的特点出发，城乡统筹的理念，即为农村人口、城市人口及"两栖"迁移人口创造统筹发展的人居环境，必然应当成为中国特色城市规划理论的核心要义。

（四）结　语

作为一个统计数字，某一国家（或地区）的城镇化率超过 50%，单纯来看或许并无太多的实质性意义。但是，当我们把目光投向更多的国家，以历史的眼光去观察典型国家的历史现象与大事件，则又能获得一定的规律性认识。它们只是一种历史的巧合吗？或许是，或许不是。历史现象背后所反映出的，正是城镇化与经济社会发展的内在关联性，某一国家（或地区）自然条件和政治因素对城镇化发展的重要影响，以及在推动城镇化健康发展方面政府和城市规划工作的可能性作为。"历史者，记载已往社会之现象，以垂视将来者也"（蔡元培）。通过历史现象的观察，应该对我们前进的道路有所启迪。

（撰稿：李浩，博士，中国城市规划设计研究院邹德慈院士工作室高级规划师。本文载于《城市规划学刊》2013 年第 1 期）

• 附录 3 智能城市的空间结构——试论信息化发展对城市空间发展的影响

（一）前　言

进入 21 世纪以来，有关智能城市（或数字城市、智能城市等）的研究日益兴起。所谓智能城市，主要从 20 世纪 80 年代的智能建筑（大厦）发展而来，从办公楼（通讯、办公的自动化）、住宅（通讯、家用电器、保安、管理的自动化）逐步向酒店、公寓、商场、地下工程乃至广场、小区拓展，从数字化逐步向信息化、智能化发展，体现出高科技应用较为集中、知识化发展的特点。智能城市较多面向未来，强调作为一种新的城市模式，即未来城市的雏形。

智能城市的衡量标准，主要为信息化指数。换句话，智能城市也就是信息化高度发达条件下的一种城市发展模式。概括而言，影响城市信息化发展的新技术主要包括：物联网与传感器网络等信息获取技术，云计算等信息存储技术，三网融合及信息交换等信息加工技术，互联网、局域网等信息传输技术，信息可视化、图形显示、虚拟现实等信息反馈和表达技术，信息监控、预警等信息动态评估技术，卫星通信、定位、导航、智能卡等信息服务技术。总之，如果用一句话概括智能城市，这就是：让城市拥有自己的"大脑"！通过信息的存储、交流、反馈、控制等，城市的各项功能运转有了中枢神经系统，城市也就具有了类似"生命体"的"智能"特征。

目前，国内外智能城市相关研究主要集中于信息技术发展、信息设施建设等方面，从城市空间结构视角出发的研究较为缺乏。城市空间结构涉及如何从整体上认识和把握信息化发展的系统性影响，涉及如何立足长远并科学引导当前的城镇化和城市发展进程，其重要性不言而喻。本研究尝试就此问题进行初步的探讨。

（二）现代科学技术对城市空间结构演化的影响

在人类社会的历史进程中，科学技术的发展与应用具有广泛而深刻的影响，不仅推动着生产力的发展与生产关系的变革，也极大地改变了人类的生活方式与聚居形态，进而导致城市功能与空间结构的巨大变迁。自工业革命以来，新型科学技术对城市空间结构的影响大致可以归纳为以下几方面：以蒸汽机等为代表的机器大生产，推动工业生产活动和人口在城市的高度聚集，导致城市规模的扩大；以混凝土、钢结构和电梯等为代表的建筑新技术，推动城市的立体化和高密度发展；以小汽车、有轨电车等为代表的交通新技术，推动城市空间的蔓延与区域化发展；以电报、电话为代表的通信技术发展，使跨区域的便捷信息传递成为可能。

20世纪60年代以来，随着半导体、集成电路、计算机、数字通信、卫星通信的发明和应用，以电子计算机的普及、计算机与现代通信技术的有机结合为主要标志，信息化发展获得加速和深化，人类不仅能在全球任何两个有相应设施的地点之间准确地交换信息，还可利用机器收集、加工、处理、控制、存储信息。机器开始取代了人的部分脑力劳动，扩大和延伸了人的思维、神经和感官的功能，使人们可以从事更富有创造性的劳动。这是前所未有的变革，是人类在改造自然中的一次新的飞跃。

（三）信息化发展对人类生产、生活方式的影响

1. 对生产活动的影响

（1）生产效率的提高，劳动力的进一步解放

信息化新技术应用于工业生产活动，可以大大提高生产的自动化、智能化水平，把人从繁重的体力劳动、部分脑力劳动以及恶劣危险的工作环境中解放出来。以煤矿开采活动为例，通过应用计算机、网络、信息、控制、智能和煤矿生产工艺技术，可以实现企业的经营、安全、生产管理和设备控制、生产决策等信息的有机集成，实现对矿山所有机电设备的集中控制，实现煤矿生产少人（无人）化，不但可以大大减少井下生产人员，提高矿井的安全水平，而且可以使生产系统得到优化，进一步提高煤矿的生产效率。

（2）生产组织方式的广域化与弹性化

现代信息技术的发展大大降低了企业内部管理和信息传递成本，使原来局限于某一固定地区进行的一体化生产过程在不同生产区位的地域分割开来成为可能，从而可以在相当广阔的地域范围内组织有关生产活动，特别是物流成本较低的高科技、高附加值、轻质产品的生产，甚至可以进行全球范围的生产组织。以目前为数众多的跨国公司为例，它们依据其在产品价值链不同增值环节中的比较优势，广泛开展外包和协作，借助信息技术。同时，便捷的信息交换与调配，进一步增加了生产活动的机动灵活性。

（3）生产性服务业需求的快速增长

信息技术的应用不仅加速了传统服务业的升级，还创造出大批新兴服务业，并大大加快服务业活动脱离原来的生产活动，成为独立的产业部门及环

节。信息化条件下生产活动的高效组织，需要产品研发、储存与运输以及广告、保险、会计和法律服务等全过程的配套协作，这一过程的每一环节都伴生服务需求。生产性服务，无论是"内化"服务（即企业内部提供的服务），还是"独立"服务（从企业外部购买的服务），都已经形成了生产者所生产的产品差异和增值的主要源泉。有关数据显示，美国的生产性服务业总量已接近 6 万亿美元，超过服务业总量的 70%，约占 GDP 的 48%。[①]

2. 对居住、工作和生活的影响

（1）居住、工作的便捷化与一体化

由于信息和通信技术的发展，能够为人们提供全方位的信息交换功能，市民的生活和工作模式发生了巨大变化。在家中，可通过家里的电脑或者智能终端操作系统实现灯光、窗帘、家电远程控制和可视对讲、视频监控等各类功能，帮助家庭与外部保持信息交流畅通，优化人们的生活方式。出门在外，可通过电脑监控家中每个角落，人们可有效安排时间，增强家居生活的安全性，甚至为各种能源费用节约资金。通过智能系统还可实现家庭的安全防范，如遇家中有外人入侵、火灾隐患、燃气泄漏等情况时，系统可以及时向主人或物业报警。

利用无线宽带网和云计算技术，人们可以移动办公，可以随时随地处理工作事务。每个人的梦想都可以通过网络的支持、合作获得实现的机会，突破了传统依赖自有有限资源的束缚。教育不只是学校学习时间的延长，而是任何时候都可以进行的知识积累和能力与素质培训；工作不只是已有知识、技能的掌握和应用，知识管理、知识创造的重要性日益突出。更多的人在任何地方和任何时间都可以随时上班、工作，从而摆脱了有形空间和距离的束缚。

信息化发展使家庭办公系统普及，人们工作岗位与居住场地相分离的现象得以改变，在家里即可方便地工作，住宅居住、工作一体化发展。早在 20 世纪 80 年代，美国就出现了名为 SOHO（Small Office Home Office，小型办公、家里办公）的公寓，其最大的特点是工作与生活不再明显地分割，办公与居家合而为一：它们兼具白天的写字楼功能和晚间的住宅使用功能，提高了空间资源的使用率；由于通勤交通大为减少，可以减少每天的交通时间及能源消耗；减少过去在公共办公场所和任何形式的写字楼中因处理人际关系而浪费的不必要的精力；可以根据自己的习惯，自由地安排时间，使办公更

---

① http://www.zgzbjj.com/qikanshow.asp?parentid=29&classid=31&articleid=107.

轻松，更具个性化。

（2）商业贸易活动的电子化与虚拟化

随着信息化和网络技术的发展，传统的商业贸易活动业态发生了巨大变化。现在，越来越多的商业和贸易活动可以通过网络购物、电子商务等形式实现，也就是利用简单、快捷、低成本的电子通讯方式，买卖双方不谋面地进行各种商贸活动。对于消费者来说，可以获得较大量的商品信息，购物方式不再受时间、地点的限制，网上支付较传统拿现金支付更加安全；由于网上商品省去租店面、招雇员及储存保管等一系列费用，总的来说其较一般商场的同类商品更物美价廉，节约了消费者的时间和体力，消除了消费者与商家的面对面冲突。对于商家来说，网上销售库存压力较小、经营成本低、经营规模不受场地限制等，通过互联网可对市场信息的及时反馈适时调整经营战略，以此提高企业的经济效益和参与国际竞争的能力。对于整个市场经济来说，这种新型的购物模式可在更大的范围内、更广的层面上以更高的效率实现资源配置。

自 1998 年国内第一笔网上电子商务成功交易以来，网络购物和电子商务在国内得到飞速发展。据艾瑞咨询最近统计数据，2011 年中国网络购物市场交易规模达 7 735.6 亿元，较 2010 年增长 67.8%，占社会消费品零售总额的比重从 2010 年的 2.9% 增至 2011 年的 4.3%；同时，网络购物用户规模达到 1.87 亿人，在宽带网民中的渗透率为 41.6%。[1]著名的京东商城目前拥有遍及全国各地的 2 500 万注册用户，近 6 000 家供应商，日订单处理量超过 30 万单，网站日均浏览量超过 5 000 万，2010 年跃升为中国首家规模超过百亿元的网络零售企业，连续六年增长率均超过 200%。[2]图书市场的变化尤为显著，2007—2010 年，著名网上书店当当网营收高速增长，由 4.469 亿元上涨到 22.817 亿元，增幅超过 410%，而同样是在这一时期，中国的民营书店则倒闭了 1 万余家之多，许多大型民营书店如北京第三极、风入松等相继关门 [3]。2009 年中国数字出版业总值达 795 亿元人民币，已首度超越传统书、报、刊出版物的生产总值 。[4]

（3）社会公共服务的自动化与即时化

在信息化高度发达的条件下，社会公共服务的方式也在发生深刻的变

① http://tech.qq.com/a/20120111/000286.htm
② http://baike.baidu.com/view/1241593.htm
③ http://www.ewise.com.cn/Industry/201111/shudian101213.htm
④ http://www.sinicprint.com/news/news_detailed_23422.html

革。在交通服务方面，智能交通的建设使道路、使用者和交通系统之间紧密、活跃和稳定的相互信息传递与处理成为可能，从而为出行者和其他道路使用者提供了实时、适当的交通信息，使其能够对交通路线、交通模式和交通时间作出充分、及时的判断，可以获得全新的出行体验。在医疗服务方面，远程医疗系统、电子病历系统的建设和互联互通、数据共享平台的实现，可以在更大的范围内合理配置医疗资源，并通过专家信息库、病历库、医疗诊断和临床治疗库的智能搜索，辅助医师对患者病情作出准确的诊断和治疗，为城市居民提供更为完善和及时的医疗服务。在城市公共服务和管理方面，协同办公平台、地理信息平台、政务公开服务平台、云计算公共服务平台的建设和多部门集成，可以实现一站式市政服务，让市民和企事业单位足不出户就能快速办理行政审批，提高政府服务的效率，降低运转成本，大大提高城市管理者的服务水平和城市居民的满意度。这是服务型政府建设的题中之义。在维护社会安定、动态安全监管和高效应急事件处置方面，通过犯罪实时监控、预警和分析侦破系统，从海量数据中甄选有价值的信息，为公安机关等部门提供智能分析支持，使案件侦破手段显著改进，有利打击和预防犯罪，保证城市的安全稳定。

通过推广网上办公，包括市政管理、城管执法、城市供电、公共安全、交通管理、道路传输、环境保护、食品药品安全等方方面面，都可以逐步实现"零距离"办事和"零跑路"服务，大大提高行政管理效率，提高公共服务质量。以北京市为例，除了目前正在探索的智能交通以外，很多人去医院看病之前已经可以通过互联网实现预约挂号；而在气候环境监测方面，很多数据也都采取了智能化的管理，为气象和环境部门及时提供了一些重要信息。

（4）休闲游憩活动需求的日益增强

信息化的发展提高了工作效率，避免了重复劳动，人们为物质生产而付出的社会必要劳动时间越来越少，他们的闲暇时间将大大增加，可以花更多的时间进行休闲、旅游、文化娱乐等活动。休闲活动的增强，不仅可以发展智力，促进精神自由，还可以腾出更多的时间从事自己喜欢做的事，可以在更广泛的领域进行新探索，如各种体验、经历，接受新知识、新观念、新技巧、新文化、新艺术、新学科的学习，并进行心理、文化素养、智商、情商、享受能力等方面的新投资，由此提升人的价值。科技发展越来越智能化、人性化，优美舒适的环境也为人类新的生活和工作的价值创造提供了良好的支持条件，教育、工作和休闲活动日益融合，学习和工作的过程就是享受的过程。

（四）理论畅想：城市空间结构的演化趋向

未来信息技术高度发达条件下城市空间结构的演化趋向，受到社会、经济、文化等多方面因素的影响，充满着复杂性和不确定性。对其加以认识的途径，初步考虑可以首先抛开城市现状基础、社会因素（人）的影响、经济可行性等现实性问题，进行理论模式的建构，进而结合现实性问题加以修正。

1. 工业生产活动与城市空间的相对分离

生产组织形式改变，自动化生产与智能控制，在生产效率提高的同时，直接从事加工制造环节的劳动力需求数量减少，工人数量、配套服务需求规模相应减少。信息化调控手段促进专业化社会分工，工厂选址区位更加趋向于原材料、土地、能源等成本较低地区，并通过发达的交通、物流系统与消费市场和利润较高的地区取得便捷联系。在此情况下，高度信息化的工业生产对城市的直接依赖性将大为降低，只要处于一定的物流、市场网络的辐射范围之内，工业区完全可以相对分离地灵活布局。

2. 部分传统商业、公共服务、办公等实体空间的萎缩乃至消亡

图书、家电及部分日常用品的商业销售更多地通过网络进行，实体商业店面空间将逐渐减少。医疗、金融、行政审批等公共服务大量可以以个人客户终端服务等远程方式进行，不再需要各部门专门的实体空间场所。越来越多的办公室工作、现代服务业岗位，如设计、创意、广告、出版等，可以在家中或休闲活动空间进行，少量的公共办公场所将更多地承担汇报、交流等功能，实体空间需求将逐渐减少。

3. 居住、游憩、交往、文化、娱乐等生活休闲空间的大量增长

由于居住、工作的一体化，以及生活条件的改善，居家的空间需求增长，特别是需要专门化的工作空间。工作效率的提高使必要的工作时间大为缩短，人们可以有更多的时间去休闲、娱乐，以及参加各类文化活动，发展个人兴趣，甚至完全可以长时间脱离办公室和家庭，在休闲、娱乐环境中工作和生活，休闲、游憩和娱乐等空间需求必然越来越多。在生活休闲空间数量增长的同时，人们对其环境品质将有更高的要求，生态环境良好的宜人地区，特色鲜明的自然和历史文化地区的空间质量将得到大大提升。

4. 信息、交通、物流等基础设施网络的高度发达

城市的高度信息化和智能化，必然需要高度发达的信息基础设施和信息控制系统作为支撑。以电子、网络方式进行的商业贸易、社会服务，减少了人与人、人与物的面对面交流或交往，但却对物流系统的需求更加强烈，同时必然需要发达的交通设施网络作为支撑。

5. 空间功能的复合化

信息化发展使大量的生产、生活可以在小型化空间场所中进行，并增强了生产、生活方式的灵活性，大量社会活动完全可以在特定空间中混合进行。城市内部边界的模糊，城市各项功能实现方式的虚拟化，导致土地使用兼容化和用地比例构成的变化，促进各类空间功能的复合化与网络化发展。

6. 城乡融合与一体化发展

信息化改变了城市的性质，它们不再是工业社会中典型的生产活动中心，也不再是人们的集中居住中心，城市功能更多地表现在信息控制中心、服务中心等方面。未来信息化高度发达条件下的城市空间形态，更多地趋向于"网络城市"模式，即主导城乡空间格局的主要是通讯和综合交通网络，城市空间将趋于小型化、专业化。信息化发展使城乡空间的边界更加模糊，人们的居住、生活、工作可在城市中进行，而乡村中也完全可能具备相应的条件，人们可以更加自主、灵活地选择空间场所。

（五）回归现实：城市空间发展的潜在危机

当前，我们正处于城镇化快速发展的时代，面临资源短缺、交通拥堵、环境恶化等诸多问题。作为一种新技术，信息化发展和智能城市概念的提出，给了人们更多的希望和寄托。在相关文献中，已有关于智能城市诸多发展优势的大量论述，如智能城市可以节约资源、减少拥堵、促进社会公平等。然而，事物都具有两面性，信息化技术对城市发展的影响不可能有益而无害。从现实的角度，我们应当清醒地认识到信息化发展对城市空间发展的潜在挑战。

1. 特大城市空间蔓延的加剧

特大城市处于城镇体系的顶层，经济发达，知识和智力资源富集，同时具有各类便捷的交通设施网络，门户优势突出；在城市信息化发展中，项目建设选址、市场发展等受惯性和吸引力作用，必然继续倾向于与特大城市取得便捷联系，而便捷的通讯、交通网络则为许多人在特大城市周边地区居住生活提供便利条件和综合发展优势。因此，信息化有可能成为继小汽车之后助推大城市和特大城市空间蔓延与无序增长的又一核心要素。

2. 交通拥堵的进一步恶化

信息化发展虽然使很多面对面的人员交流、货物交换活动减少，但却大大增加了物流活动需求，特别是跨地区、长距离的物流活动，这将产生新的交通量；居住、工作等的一体化发展，虽然可能使通勤交通减少，但休闲、游憩、文化、娱乐等活动的增长却又会带来新的交通需求，这就增加了促进交通拥堵的可能性。同时，由于各项生产、生活活动的广域性和灵活性，交通物流的类型将更加多样、网络体系将更为复杂，交通组织与调控将愈加困难。

3. 城市能耗、运行成本及安全风险的增长

总体来说，智能城市需要十分庞大的基础设施网络作为物质支撑，它虽然能够对能源需求和利用进行智能控制，但其本身系统的运转即增加了能耗需求；由于信息化新技术的发展迅速，瞬息万变，各类信息、交通等基础设施的建设、运行、维护和更新的成本必然也十分庞大。同时，城市运转所需的各项信息复杂交织，信息安全保障也将成为威胁城市和社会安全的重要问题。

4. 阶层分化与社会隔离

智能城市对知识、技术、信息需求极高，而现实社会中不同人群的知识和技术基础完全不同，获取、分析、利用信息资源和信息技术的能力必然存在巨大差异；伴随信息化的发展，各类人群必然呈现分化趋势，增加阶层差异。同时，信息化发展可能使得人与人的面对面交往大为减少，更多地以网络、电子等"虚拟"方式进行，甚至休闲娱乐等各项活动也完全沉溺于互联网等"虚拟世界"，长期在这样的环境中势必会造成孤僻、心理扭曲、神经质等诸多社会问题。

5. 区域不平衡与极化发展

世界各国、不同地区发展基础条件不同，受信息化的影响也必然存在显著差异。在信息化发展过程中，必然是处于最高端的一些地区和城市，如世界城市和门户城市等，优先获得发展机遇，从而拉开与其他地区的发展差距。同时，各地区特色资源条件的不同，对于生产、生活的吸引力必然存在差异，也会造成新的发展不平衡。

（六）结 语

信息化、智能化的不断发展和进步，对城市发展及其空间结构必将产生深刻的影响。作为一种新技术，城市的信息化和智能化能为我们应对今天的资源危机、环境危机和交通拥堵等"城市病"提供一些更加有效的应对措施。然而，在信息化发展和智能城市建设过程中，又充满着矛盾性和复杂性，信息化发展不可能使城市发展"自动地"、"智能地"步入良性运转轨道，对于城市空间发展的潜在威胁，必然要加强有效的人为干预。干预的途径，正在于加强城市科学研究，谋划合理规划对策，从而趋利避害，引导城市朝向健康和良性的方向发展，为广大人民创造福祉。为此，城市规划需要理论和实践的创新改革探索。

（撰稿：李浩，博士，中国城市规划设计研究院邹德慈院士工作室高级规划师。本文入选"智能城市与精明增长"第十九届海峡两岸城市发展研讨会论文集并作会议交流）

• 附录 4 浅议智能城市建设中文化的发展与传承

当信息技术成为当代科学技术革命的核心要素，城市的信息化发展程度就成为衡量现代城市综合发展水平和竞争实力的重要标志。在知识经济的发展要求下，城市信息化建设经过十多年的发展，使得智能城市的建设成为城市发展的必然趋势。

当前，科技已经渗透到文化事业和文化产业的方方面面和各个环节，成为文化建设的重要动力。在信息化及智能建设的过程中，文化已越来越成为一个国家综合国力的重要组成部分，国与国之间的竞争越来越表现为文化的竞争与融合、文明的碰撞与交辉。

（一）信息技术中的文化

1998 年年底，一场关于信息技术能否创造可持续竞争优势的世纪论战正式展开。在此背景下，很多学者对"同样的信息技术产生不同的应用效果"这一现象进行了深入研究。研究结果表明，在技术水平不断发展的条件下，技术不再作为一种独立存在，而更多地承载了一种管理思想；同时，信息技术的实现过程也不再是一个单纯的技术过程，而是一个技术与社会环境、组织结构、人员水平密切联系、互动的社会技术过程，组织需要在特定的文化环境下权衡众多相互冲突又彼此联系的利益相关者（Myers & Tan, 2002; Walsham, 2002; Robey & Boudreau, 1999; Ford et al., 2003）。由此可以看出，信息技术与文化之间存在着密切的联系，不同层次（如国家层、组织层、部门层）的文化特征和因素不但会对组织行为和个体行为产生重要影响，而且还会直接影响到技术应用实施的效果。

文化部前部长蔡武曾经指出："数字信息技术使得文化产品的创造、传播、流通变得更加便捷，文化内容更加丰富多彩引人入胜，这为我们文化产业创新业态转型升级提供了非常有利的条件。"作为战略性新兴产业，文化产业以新技术为手段，成为技术和文化的统一体。如网上影院、动漫游戏、数字传输等新兴产业的发展提高了文化消费意识，为文化产业拓宽了市场空间，也为拉动内需创造了条件。戴维斯也曾指出："信息技术的成熟与发展，必然使以技术创新为主的文化让位于以信息内容为主的信息化产业。"

1. 网络环境中的公众参与文化

随着城市开发的全面商品化和社会化，很多封闭的管理模式被打破，资

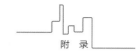
源在市场作用下得以优化配置（如土地资源、景观资源等）。在这种情况下，资源将通过公平合理的市场竞争达到真正的共享，而社会大众也会通过受法律保护的市场支撑而获得真正公平参与的机会。因此，只有市民真正参与社会变革和公共生活，才能使社会资源和自然资源达到最充分的利用。

2. 科技发展中的高科技文化

现代大工业和高科技不断改变着人们的生活方式，也改变着人们的时空观和价值观。人们在追逐现代高科物质文明时，也在享受与此文明相伴而生的高科精神文明。以信息技术为代表的现代科技、信息化与文化的互动，对不同民族文化的价值系统、思维方式、伦理观念等都产生了难以估计的影响。

3. 信息技术是智能文化

信息技术是智能技术的重要组成部分，由信息技术衍生出的文化则是一种知识的文化和智能的文化。在操作的技术中，文化可能在操作的技能和规范中体现出来。而在信息技术中，文化则更偏重于理性和知识。因此，人类进入文明社会后，技术文化发展无论在哪个阶段，知识都是它不可缺少的组成部分之一。信息技术的发展和普及给我们创造了一个丰富的信息环境，但拥有信息并不意味着拥有文化的核心科学知识。

（二）智能城市的构建

1. 智能城市的发展及内涵

智能城市作为一个名词早已出现，但是其定义与研究重点在不同的阶段各不相同。查阅文献资料可以发现，较早期的智能城市研究集中于智能建筑。20 世纪 80 年代，智能建筑开始出现，成为现在很多智能城市理论研究的重要部分。智能建筑 IB(Intelligent Building) 同样是信息时代的产物，它的基本要素是通信系统的网络化、办公业务自动化和智能化、建筑柔性化和建筑物管理服务的自动化。

关于智能城市的系统性研究目前还很少。齐连胜（1999）认为智能城市的逻辑形态为网络城市，智能大厦、智能小区、智能化的工厂等是这个网络的节点。他从智能城市的智能化建设（各类网络建设）、信息时代的城市生活方式、智能城市与生态城市理想、智能城市的规划和管理以及智能城市的未来等方面，讨论了城市智能化进程以及城市的智能化技术，但是关于智能城市的体系特征、要素关联、动力机制等基本的问题没有详细分析。

总体来看，目前很多研究对城市信息化和数字城市的发展方向提出了很多有意义的观点，但在智能城市理论方面还没有提出较为完善的城市理论体系。城市的智能化进程已经开始，在城市的各功能网络中城市交通管理系统、城市规划管理系统、城市社会保障体系、城市的金融系统等的智能化建设已经初见成效，但是缺乏统一的理论指导，各功能网络的智能化没有统一规划。

季铸（2011）指出，智能城市是智能经济的产物，是以人脑智能、电脑网络和物理设备为基本要素，以智能经济、智能政府、智能社会为基本内容的城市结构、增长方式和城市形态。因此，智能城市不是一个单纯的技术性概念，更是一个建立在技术保障基础之上，广泛适应社会、政治、经济、文化等背景条件的理论体系，是信息社会城市发展的更高层次理论描述；智能城市具有鲜明的层级性，其总体构成建立在城市大学科的系统框架之上，而不是单纯沿袭数字城市的技术实现体系；智能城市是城市先进性的最直接表现形式，其终极目标是实现具有高度智能化、良好自我调控功能的可持续发展的城市格局，城市自然与人文环境维系着共生共荣的价值关系。

2. 智能城市的典型特征

（1）开放性

智能城市必须是一个开放城市，在空间、资源、人员与文化心态上全方位开放，从而形成了与外界日益广泛和密切的联系。在智能城市中，凭借网络技术、数据库等信息技术的优势才能做到经济要素（如劳动力、资金、技术、信息）在各个微观单元和宏观部门之间的自由快速流动，才能实现资源的优化合理配置。

（2）资源共享

依托物联网、通信网络和计算机网络技术，整合优秀传统文化和现代文化信息资源，基于统一的标准建立文化信息资源数据库，基于 Web 服务（Web Service）设计广域文化资源共享系统，基于共同的利益机制形成文化遗产资源共建共享的工作体制，打破实物文化资源地域和部门分割，实现文化资源最大范围、最深层次、最高效率的开发与共享利用。

3. 智能城市的要素分析

（1）智能化

智能城市的基本要素应该是智能化，从城市各类信息基础设施到管理体

系，从城市政府各功能到企业的日常运作和市民的生活，城市的各个网络、节点都将智能化运行。作为智能城市的基本要素，智能化包含了两个层面的体系建设。首先，智能城市系统要对庞大的城市运行数据进行处理，必须要求城市的基础设施体系、数据获取和加工环节、智能技术研发等方面能提供强大的平台和技术支撑。其次，智能城市要实现各种综合管理功能，必须要有全面、完善的信息系统，例如城市交通的智能管理与控制，城市资源的监测与可持续利用，城市应急反应和灾难的预防治理，信息产业的发展，电子商务和物流体系的完善，网上金融服务的强大，以及生态预测与监控等各类专业管理系统。

（2）知识和人才

城市要实现智能化运行，知识和人才也是重要的组成要素。知识是经济增长最重要的源泉，知识的生产、传递和交换对智能城市的发展有根本的促进作用。世界劳动分工的不断深化，科技知识的迅速深化，对城市在专业化知识的积累和创新提出了更高的要求，追求大而全的知识生产方式显然不能适应目前的劳动分工深化的需要。专业化的知识对智能城市的建设有着巨大的影响作用。智能城市的发展程度，在一定意义上可以说是由城市的人才素质决定的。

"人工智能"一词本源于人工设计的机器对人类智能的模仿和类比，将机器的智能作为参照系。如果要使城市智能化，也主要是发展人类的智能，而非机器的智能。发展人类的智能，最重要者无疑是要发展教育，提高市民的科学知识水平。科学知识可以归于广义的文化范畴；科学知识水平的提高，可以使人们能够更真切地认识现实世界，更理性地进行各种活动。

（3）经济、社会、环境

经济、社会和环境要素是任何阶段、任何类型城市建设都应考虑的基本要素。智能城市的经济包括两方面的内容，一方面是经济增长，即一个城市的国民生产总值或人均国民生产总值增加；另一方面是经济发展，指随着经济增长而同时出现的经济结构、社会结构、政治结构的变化。以一定的物质生产活动为基础而相互联系的人类共同体构成了社会。环境是各种生物存在和发展的空间，是资源的载体。环境质量直接关系到城市居民的生活条件和身体健康，影响城市自然资源的存量和质量水平，是城市经济发展的基础。

4. 文化因素对智能城市建设的影响

2010 年上海世博会期间，联合国教科文组织总干事亲自发布了联合国成立 65 年来第一份关于文化的重要报道。这个报告结合信息技术和智能城市等对文化作了新的解释，对不同地区的不同文化给予了充分肯定。随着智能城市的建设，信息传播的方式已经转向网络型、参与型的格局，大大地扩展了人类参与文化活动的自由。在这种背景下，只有大力发展新兴的文化和基地，才能提升国家的软实力。同时，依托智能城市建设中的各种有利条件，集聚多种资源在文化建设中作出更大的贡献。

认识文化的视角、对待文化的态度以及发展文化的思路，不仅仅体现一个城市的战略眼光，还体现了一个城市的人文品质，彰显一个城市的人文境界。智能是文化进程中独创的执行力，由智力体系、知识体系、方法与技能体系、非智力体系、观念与思想体系、审美与评价体系等构成。当前，我国在智能城市的建设过程中，强调的是产业广度、科技成果及方法，忽略了文化传承与创新。

不同的国家、组织、团队的使用者受到文化因素的影响，对智能城市中涉及的信息技术、信息系统的态度和接受程度不同，这将直接影响他们的行为。如果不对这些影响因素加以控制和处理，就有可能出现用户不愿意接受或抵触系统的局面。国外研究显示，文化因素会影响用户对信息技术的接受行为（Downing et al., 2003; Rose et al., 2003），分析和辨识出这些因素将帮助管理者制定出有效的解决方案，提高使用者对信息技术和信息系统的接受程度。

（三）利用智能城市环境大力发展核心文化

1. 创造传播核心文化的优势环境

智能城市建设的目标是优化和重塑城市管理服务流程，实现决策运行的智能化、协同化、精准化和高效化；智能城市还要实现各个产业的智能化和各智能产业的集聚化，如智能制造、知识中心、能源、交通等重点领域；同时，还要实现社会大众知识获取能力的普及和深化；最终实现资源环境的智能化和低消耗。

2. 加强城市文化建设和人文精神塑造

加强城市文化建设和人文精神塑造，是"从技术时代回归人文时代"的要求。在我国，社会发展存在着两重性。欠发达地区，是从农业时代向技术时代发展，这些地区需要吸引投资，承接东部地区的产业转移，加快发展区域经济；而东南沿海地区，则需要实现从技术时代向人文时代的转变，要

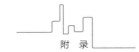

从市场经济的负面效应中超越出来。缺乏人文精神的支撑，会造成对物质生活的过度追求，社会群体压抑、焦虑等问题会影响国家优秀文化的传承与发展。要使智能城市的建设走上正确的历史发展过程，必须加快先进文化建设，加强人文精神塑造，实现人性的全面发展。

3. 利用智能环境实现文化的优化应用

文化是维系现代化城市生存和提升的基本要素。随着经济全球化及网络技术的发展，不同思想的文化交互影响。如果没有自己的文化思想，不能坚持正确的文化发展之路，就很难拥有自主的国际文化产业地位。国际社会衡量一座城市的发展水平，除了 GDP 指标，还倡导用人类发展报告 (HDR) 这个人文发展指标。科技与文化如影随形，科学技术的每一次重大进步，都会给文化的传播方式、表现形式、发展样式带来革命性变化。网络技术迅猛发展，智能城市的建设都为思想文化传播提供了新的载体，催生了新的文化业态。科技的发展，也以独特的方式增强着文化的表现力、吸引力和感染力。为了不断增强文化发展的意识形态竞争力，我们需要在创新意识上作出更大努力，加强对优势文化进行整合，发挥文化的创新能力和民族文化的影响力，促进社会经济的可持续发展。

（撰稿：罗静，博士，中国城市规划设计研究院学术信息中心副研究员；金晓春，教授级高级城市规划师，中国城市规划设计研究院学术信息中心副主任。本文入选"智能城市与精明增长"第十九届海峡两岸城市发展研讨会论文集并作会议交流）

参考文献

［德］G. 阿尔伯斯 . 2000. 城市规划理论与实践概论 [M]. 吴唯佳，译 . 北京：科学出版社 : 24.

［美］约翰·M. 利维 . 2003. 现代城市规划 (第五版)[M]. 张景秋，等，译 . 北京：中国人民大学出版社 .

［英］彼得·霍尔 . 2008. 城市和区域规划 (第四版)[M]. 邹德慈，李浩，陈熳莎，译 . 北京：中国建筑工业出版社 .

陈蔚镇，郑炜 . 2005. 城市空间形态演化中的一种效应分析——以上海为例 [J]. 城市规划，29(3):15-21.

陈振明 . 1998. 政策科学 [M]. 北京：中国人民大学出版社 .

仇勇懿 . 2014. 创意阶层视角下的城市空间运行理论——基于大数据方法的上海创意互动空间成长模式和空间叠合模式研究 [D]. 上海：同济大学 .

邓悦，王铮，熊云波，等 . 2002. 上海市城市空间结构演变及预测 [J]. 华东师范大学学报：自然科学版，(2):67-72.

段成荣，邹湘江 . 2012. 城镇人口过半的挑战与应对 [J]. 人口研究，(2):45-49.

范红忠，周阳 . 2010. 日韩巴西等国城市化进程中的过度集中问题——兼论中国城市的均衡发展 [J]. 城市问题，(8):2-8.

付恒杰 . 2003. 日本城市化模式及其对中国的启示 [J]. 日本问题研究，(4):18-21.

盖伊·布里格斯 . 2010. 智能城市：广谱网络还是人文环境？ [M]// 尼克拉·丹姆普斯，麦克·占克斯 . 可持续城市的未来形式与设计 . 北京：机械工业出版社 :27.

工业与信息化部电信研究院 . 2014. 2014 年 ICT 深度观察 [M]. 北京：人民邮电出版社 .

韩靖 . 2014. 微博热点与城市空间形态相互关系研究 [D]. 上海：同济大学 .

贺东林 . 2010. 智慧让城市腾飞——eCity 智慧城市解决方案研讨 [R]. 深圳：

华为中国区软件业务部.

胡象明.1991.行政决策分析 [M].武汉：武汉大学出版社.

季铸.2011.智能城市：智能经济背景下的新城市体系 [J].中国社会科学报, (6).

李浩.2013."24 国集团"与"三个梯队"——关于中国城镇化国际比较研究的若干思考 [J].城市规划, (1).

李健,宁越敏.2007.1990 年代以来上海人口空间变动与城市空间结构重构 [J].城市规划学刊, (2):20-24.

李克强.2010.关于调整经济结构促进持续发展的几个问题 [J].求是, (11):3-15.

迈克尔·塞勒.2013.移动浪潮 [M].北京：中信出版社.

孟华.1999.21 世纪网络技术对中国行政决策的影响 [M].厦门大学学报（社科版）, (2).

钮心毅,丁亮,宋小冬,等.2014.基于手机数据识别上海中心城的城市空间结构 [J].城市规划学刊, (6):61-67.

齐连胜.1999.智能城市研究 [D].广州：华南理工大学.

石巍.2012.多中心视角下的上海城市空间结构研究 [D].上海：华东师范大学.

宋小冬,钮心毅.2013.地理信息系统实习教程（第三版）ArcGIS 10 for Desktop [M].北京：科学出版社:215.

唐子来,周一星.2005.国外城市化发展模式和中国特色的城镇化道路 [R]. 2005-09-29.

王德,朱玮,谢栋灿,等.2014.基于手机信令数据的城市空间分析框架、难点及初步进展 [C].同济大学城市规划方法与技术团队 2014 年度学术报告会,上海,2014-11-25.

王旭.2006.美国城市发展模式——从城市化到大都市区化 [M].北京：清华大学出版社.

温家宝.2012.政府工作报告——2012 年 3 月 5 日在第十一届全国人民代表大会第五次会议上 [M].北京：人民出版社.

尹占娥,殷杰,许世远,等.2011.转型期上海城市化时空格局演化及驱动力分析 [J].中国软科学, (2):105-106.

张宝宇.1989.巴西城市化进程及其特点 [J].拉丁美洲研究, (3):40-46.

张克生.2004.国家决策：机制与舆情 [M].天津：天津社会科学院出版社.

赵成根.2000.民主与公共决策研究 [M].哈尔滨：黑龙江人民出版社.

中国互联网络信息中心.2013.中国互联网络发展状况统计报告（第 31 次）[C].

北京 : 中国互联网络信息中心 .

周锦尉 . 2012. 我国城镇人口首超农村意味着什么 ?[E/OL]. 东方网 , 2012-02-15. http://pinglun.eastday.com/p/20120215/u1a6364369.Html.

朱光磊 . 1997. 当代中国政府过程 [M]. 天津 : 天津人民出版社 .

朱宇 . 2012. 51.27% 的城镇化率是否高估了中国城镇化水平 : 国际背景下的思考 [J]. 人口研究 , (2):31−36.

Abdoullaev, A. 2011. A Smart World: A Development Model for Intelligent Cities [C]. The 11th IEEE International Conference on Computer and Information Technology.

Alonso, W. 1964. Location and Land Use: Toward a General Theory of Land Rent [M]. Cambridge: Harvard University Press.

Caragliu, A., Del Bo, C., Nijkamp, P. 2009. Smart cities in Europe. Series Research Memoranda 0048. VU University Amsterdam, Faculty of Economics, Business Administration and Econometrics.

Dirks, S. 2010. Smarter cities for smarter growth: How cities can optimize their systems for the talent-based economy [R]. IBM Institute for Business Value.

Dirks, S., Mary, K. 2009. A vision of smarter cities: How cities can lead the way into a prosperous and sustainable future [R]. IBM Institute for Business Value.

Downing, C.E., Gallaugher, J., Segers, A.H. 2003. Information technology choices in dissimilar cultures: Enhancing empowerment [J]. Journal of Global Information Management, 11(1):20−39.

Ford, D.P., Connelly, C.E., Meister, D.B. 2003. Information systems research and Hofstede's culture's consequences: An uneasy and incomplete partnership [J]. IEEE Transactions on Engineering Management, 50(1): 8−26.

Giffinger, R., Christian, F., Hans, K., Robert, K., Nataša, P., Evert, M. 2007. Smart cities— Ranking of European medium-sized cities. Centre of Regional Science of the Vienna University of Technology, OTB Research Institute for Housing; Urban and Mobility Studies of the Delft University of Technology, and Department of Geography at University of Ljubljana [E/OL]. http://www.smart-cities.eu [2011-10-15].

Glenn, A., Mcgarrity, J.P., Weller, J. 2001. Firm-specific human capital, job matching, and turnover: evidence from major league baseball, 1900−1992 [J]. Economic Inquiry, 39(1):86−93.

Halpern, D. 2005. Social Capital [M]. Bristol: Policy Press.

Hohenberg, P., Lees, L. 1995. The Making of Urban Europe, 1000−1994 [M]. Harvard University Press.

Hollands, R.G. 2008. Will the real smart city please stand up? [J]. City, 12(3):303−320.

Kang, C.G., Liu, Y., Ma, X.J., et al. 2012. Towards estimating urban population distributions from mobile call data [J]. Journal of Urban Technology, 19(4):3−21.

Martinez, V.F., Soto, V., Hohwald, H., et al. 2012. Characterizing Urban Landscapes using Geolocated Tweets [C]. Proceedings of the International Conferences on Social Computing (SocialCom'12) and Privacy, Security, Risk and Trust (PASSAT'12), IEEE:239−248.

Myers, M.D., Tan, F.B. 2002. Beyond models o f national culture in informational system research [J]. Journal of Global Information Management, 10(1):24−32.

Noulas, A., Mascolo, C., Martinez, E.F. 2013. Exploiting Foursquare and Cellular Data to Infer User Activity in Urban Environments [C]. Proceedings of the 14th International Conference on Mobile Data Management, IEEE:167−176.

Reiss, B. 2007. Maximising non-aviation revenue for airports: Developing airport cities to maximise real estate and capitalise on land development opportunities [J]. Journal of Airport Management, 1(3):284.

Robey, D., Boudreau, M. 1999. Accounting for the contradictory consequences of information technology: Theoretical directions and methodological implications [J]. Information Systems Research, 10(2):167−185.

Rose, G.M., Evaristo, R., Straub, D. 2003. Culture and consumer responses to web down load time: A four-continent study of mono and polychronism [J]. IEEE Transaction on Engineering Management, 50(1):31−43.

Sakaki, T., Okazaki, M., Matsuo, Y. 2010. Earthquake Shakes Twitter Users: Real-time Event Detection by Social Sensors [C]. Proceedings of the 19th International Conference on World Wide Web:851−860.

Walsham G. 2002. Cross-cultural software production and use: A structurational analysis [J]. MIS Quarterly, 26(4):359−380.

索 引
INDEX